Prozesse & Projekte

ROLAND GAREIS
MICHAEL STUMMER

Prozesse & Projekte

- Wettbewerbsvorteile durch Prozessmanagement
- Methoden zum Makro- und Mikro-Prozessmanagement
- Zusammenhänge zwischen Prozessmanagement und Projekt- bzw. Projektportfoliomanagement
- Strukturen des prozess- und projektorientierten Unternehmens

MANZ

Zitiervorschlag: *Gareis/Stummer,* Prozesse & Projekte (2006)

ISBN-10: 3-214-08267-1
ISBN-13: 978-3-214-08267-3

Telefon: (01) 531 61-0
E-Mail: verlag@MANZ.at
World Wide Web: www.MANZ.at
Satz und Datenkonvertierung: BuX. Verlagsservice, www.bux.cc
Gestaltung: designby frank scheikl · www.frankscheikl.at
Druck: MANZ CROSSMEDIA, 1051 Wien

Für unsere „Fans“.

Einleitung

Die Ziele

Prozess- und die Projektorientierung sind neue Organisationsstrategien, die wesentliche Beiträge zur Wettbewerbsfähigkeit und zur Sicherung der Überlebensfähigkeit von Unternehmen liefern. Im vorliegenden Buch werden einerseits Methoden des Prozessmanagement und andererseits Modelle des prozess- und projektorientierten Unternehmens dargestellt.

Dabei wird auf „Happy Projects!" (Gareis, Manz, Wien, 2005), wo sowohl die Prozesse und Methoden des Projekt-, Programm- und Projektportfolio-Management, als auch die Strategien, Strukturen und Kulturen des projektorientierten Unternehmens beschrieben sind, aufgebaut. Auf diese Inhalte wird hier daher nur kurz eingegangen. Es erfolgt aber eine Analyse der Zusammenhänge zwischen Prozessmanagement und Projekt-, Programm- bzw. Projektportfolio-Management.

Ein weiteres Ziel ist die Darstellung der Strukturen des prozess- und projektorientierten Unternehmens. Die nachhaltige Etablierung von Prozessmanagement, Projekt- und Programm- sowie Projektportfolio-Management in Unternehmen setzt deren Institutionalisierung durch entsprechende formale Organisationsstrukturen voraus. Spezifische Rollen, wie z. B. Prozesseigentümer, PzM/PM Office, Projektauftraggeber, Projektmanager und Portfolio Group, spezifische Organigramme, in denen Prozesse und Projekte symbolisch dargestellt sind, und spezifische Kommunikationsstrukturen, wie z. B. Prozessmanagement-Teamsitzungen, Projektteamsitzungen, Projektauftraggebersitzungen und Portfolio-Sitzungen, sind zu schaffen, um den Nutzen der Prozess- und Projektorientierung zu sichern.

Die Strategien „Prozessorientierung" und „Projektorientierung" werden in Unternehmen oft unabhängig voneinander, parallel oder auch hintereinander umgesetzt. Durch die unterschiedlichen Methoden, die unterschiedlichen Rollen und Kommunikationsstrukturen sowie durch unterschiedliche Zuständigkeiten für die Umsetzungen entsteht eine hohe Komplexität in Unternehmen. Dadurch wird das Risiko, dass die Umsetzungen der Prozess- und Projektorientierung scheitern, hoch.

Eine Reduktion des Risikos und der Komplexität ist durch das Schaffen von Synergien von Prozessorientierung und Projektorientierung möglich. Die anzuwendenden Methoden, die neuen Rollen und die Kommunikationsstrukturen können aufeinander abgestimmt und dadurch können Redundanzen vermieden werden. Erst ein integrierter Ansatz der Prozess- und Projektorientierung ermöglicht deren effiziente Umsetzung in Unternehmen.

Die Inhalte

Im Kapitel A wird unser Organisations- und Managementverständnis beschrieben. Ein „neues Management-Paradigma" wird als Kontext der Prozess- und Projektorientierung von Unternehmen dargestellt. Die Nutzen der Prozess- und Projektorientierung, wie

z. B. die Steigerung der Wettbewerbsfähigkeit, sowie die spezifischen Strategien und Kulturen prozess- und projektorientierter Unternehmen werden im Kapitel B dargestellt. In den Kapiteln C, D und E werden die Ziele und Aufgaben des Prozessmanagement sowie Methoden des Makro- und Mikro-Prozessmanagement beschrieben. Dadurch soll eine operative Vermittlung unseres Prozessmanagement-Ansatzes gelingen.

Die Ziele des Projekt-, Programm- und des Projektportfoliomanagement sowie das Design dieser Prozesse werden in Kapitel F dargestellt. Dies ermöglicht in Kapitel G Analysen der Zusammenhänge zwischen Prozessmanagement und Projekt-, Programm- bzw. Projektportfolio-Management. Eine Darstellung und teilweise Integration organisatorischer Strukturen prozess- und projektorientierter Unternehmen erfolgt im Kapitel H. Spezifische Rollen, wie z. B. Prozesseigentümer, PzM/PM PM Office, werden beschrieben. Im Kapitel I werden spezifische Strukturen des Personalmanagement des prozess- und projektorientierten Unternehmens dargestellt.

Das Maturity Modell: Management des prozess- und projektorientierten Unternehmens wird im Kapitel J zur Analyse und Weiterentwicklung von prozess- und projektorientierten Unternehmen vorgestellt. Im abschließenden Kapitel K werden in drei Fallstudien Best Practices zu den obigen Themen präsentiert.

Nicht behandelt werden Zusammenhänge des Prozessmanagement zum Qualitätsmanagement sowie Modelle und Tools des Workflowmanagement. Es werden auch keine IT-Tools zum Projekt-, Programm- und Projektportfolio-Management dargestellt, da vor allem ein organisatorischer Zugang zum Thema gewählt wurde.

Die Zielgruppe

„Prozesse & Projekte" ist ein Handbuch

- für Manager prozess- und projektorientierter Unternehmen,
- für Prozesseigentümer und Mitglieder von Prozessmanagement-Teams,
- für Projekt- und Programmauftraggeber, Projekt- und Programmmanager,
- für Mitarbeiter von PzM/PM Offices und Mitglieder von Portfolio Groups,
- für Management-Trainer und Berater

und es ist ein Textbuch

- für Lehrer von Universitäten, Fachhochschulen und Höheren bildenden Schulen,
- für Studenten und Schüler.

Zielgruppe von „Prozesse & Projekte" sind Frauen und Männer, obwohl wir im Text nur männliche Ausdrucksformen verwendet haben. Wir bitten Sie, dies auf Grund der Steigerung der Lesefreundlichkeit zu akzeptieren.

Allen wünschen wir viel Erfolg beim Vermitteln und beim Leben der Prozess- und Projektorientierung!

Die Entstehungsgeschichte und Danksagungen

Seit einigen Jahren stellt das Prozessmanagement neben dem Projekt- und Programmmanagement einen Trainings- und Beratungsschwerpunkt der ROLAND GAREIS CONSULTING dar. Die dafür notwendigen Produktentwicklungen resultierten in unseren Ansätzen zum Prozessmanagement und zur Organisation des prozess- und projektorientierten Unternehmens. Der Bedarf, diese eigenständigen Ansätze zu dokumentieren, führte zu unserer ersten gemeinsamen Buchpublikation.

Diesbezüglichen Dank dürfen wir an die Studenten der Wirtschaftsuniversität Wien sagen, die durch kritische Fragen und kreative inhaltliche Beiträge die Entwicklung der Ansätze förderten. Unseren Beratungsklienten dürfen wir für die gemeinsame Entwicklung praxisrelevanter Lösungen und für die Bereitstellung von Fallstudien für dieses Buch danken. Unseren Kollegen und Mitarbeitern der PROJEKTMANAGEMENT GROUP der Wirtschaftuniversität Wien und der ROLAND GAREIS CONSULTING dürfen wir für das Liefern vieler Anregungen danken. Die Praxisorientierung von „Prozesse & Projekte“ wird durch die Fallstudien von Dagmar Zuchi, Stefan Fiedler und Wolfgang Vrzal wesentlich unterstützt.

Herzlichen Dank an unsere Familien, die akzeptieren, dass unsere Jobs oft auch unsere Hobbies darstellen.

Happy Projects!

Roland Gareis und Michael Stummer

Inhaltsverzeichnis

D Methoden des Makro-Prozessmanagement

E Methoden des Mikro-Prozessmanagement

H Organisationsstrukturen des prozess- und projektorientierten Unternehmens

I Personalmanagement im prozess- und projektorientierten Unternehmen

J Maturity des prozess- und projektorientierten Unternehmens

K Fallstudien prozess- und projektorientierter Unternehmen

A

Organisation und Management

Der Begriff Organisation kann institutionell und funktionell verwendet werden. Institutionell wird der Organisationsbegriff in einem weiteren Sinn für Unternehmen oder Unternehmensbereiche verwendet. Im engeren Sinn werden die organisatorischen Strukturen eines Unternehmens oder Unternehmensbereichs als Organisation verstanden. Funktionell ist unter Organisation das Designen aufbau- und ablauforganisatorischer Strukturen zu verstehen.

Nimmt man Organisationen als soziale Systeme wahr, bedingt dies ein systemisches Managementverständnis. Ziele des Managens sind der Aufbau und Abbau von Komplexität, der Umgang mit Dynamik und die Vermittlung von Sinn an die Organisationsmitglieder. Prozesse und Projekte sind Elemente sozialer Systeme.

A Organisation und Management

Inhalt

A 1 Organisationsverständnis

Der Begriff Organisation kann institutionell und funktionell verwendet werden. Institutionell wird der Organisationsbegriff in einem weiteren Sinn für Unternehmen oder Unternehmensbereiche verwendet. Im engeren Sinn werden die organisatorischen Strukturen eines Unternehmens oder Unternehmensbereichs als Organisation verstanden.

Funktionell ist unter Organisation das Designen aufbau- und ablauforganisatorischer Strukturen zu verstehen. Elemente des organisatorischen Designs sind Rollen, Organigramme, Kommunikationsstrukturen, organisatorische Regeln, Prozesse und organisatorische Hilfsmittel zu deren Erfüllung.

Hier wird eine Organisation als soziales System verstanden, dessen organisatorische Strukturen durch Differenzierung und Integration geschaffen werden.

A 1.1 Organisation als Institution und als Funktion

Staehle nimmt eine Differenzierung in einen institutionellen und funktionellen Organisationsbegriff vor. Im institutionellen Verständnis sind Organisationen für ihn soziale Gebilde. Die Tätigkeit des Organisierens entspricht dem funktionellen Organisationsbegriff.[1] Die Organisation als soziales Gebilde bietet den Rahmen, innerhalb dessen das Management seine Aufgaben durchführt.[2]

Das institutionelle Verständnis von Organisationen kann sich in einem weiteren Sinn auf permanente Organisationen, wie Unternehmen und Unternehmensbereiche, aber auch auf temporäre Organisationen, wie Projekte und Programme, beziehen. Im engeren Sinn können die aufbau- und ablauforganisatorischen Strukturen eines Unternehmens oder Unternehmensbereichs als Organisation verstanden werden.

Funktionell ist unter Organisation das Designen organisatorischer Strukturen zu verstehen. „Organisation als Funktion stellt einen Entscheidungs- und Durchführungsprozess dar, dessen Ergebnis, ein mehr oder weniger formalisiertes Ordnungsmuster als Mittel zu möglichst dauerhaften Lösung der Systemprobleme ist".[3] Ziele des organisatorischen Designen sind die Erhöhung der Wettbewerbsfähigkeit und die Sicherung der Überlebensfähigkeit eines Unternehmens durch das Bereitstellen adäquater Organisationsstrukturen.

A 1.2 Aufbau- und Ablauforganisation

In der klassischen Organisationslehre wird Organisation in einem engeren Sinn als Aufbau- und Ablauforganisation eines Unternehmens oder Unternehmensbereichs verstan-

1) Vgl. Staehle, Management, Vahlen, Stuttgart, 1987
2) Vgl. Staehle, Management, Vahlen, Stuttgart, 1987
3) Vgl. Staehle, Management, Vahlen, Stuttgart, 1987

den. Der Aufbau stellt den statischen Teil der Organisation dar, wogegen bei der Ablauforganisation Raum und insbesondere Zeit eine Rolle spielen, so dass sich diese als dynamischer Anteil bezeichnen lässt.[4] Aufbau- und Ablauforganisation stellen wichtige Instrumente zur Steuerung des Verhaltens und der Leistung der Organisationsmitglieder im Hinblick auf die Organisationsziele dar.[5]

Mit Aufbauorganisation bezeichnet man die beständige vertikale Gliederung eines Unternehmens in Hauptabteilungen, Abteilungen, Arbeitsgruppen und Stellen.[6] Weiters beschäftigt sich die Aufbauorganisation mit der Zuweisung abgegrenzter Aufgabenkomplexe an organisatorische Einheiten sowie mit der Gestaltung von Weisungs- und Kommunikationsbeziehungen zwischen diesen Einheiten.[7]

Die Strukturierung der Aufbauorganisation kann auf Grund der Modelle der Einlinien-, Mehrlinien- und Stablinienorganisation erfolgen (siehe Exkurs A1). In Abhängigkeit z. B. von der Unternehmensgröße können dabei die Modelle der Funktional-, Regional- und Divisionalorganisation angewandt werden (siehe Exkurs A2).

Die Ablauforganisation beschäftigt sich vor allem mit den (chrono-)logischen Zusammenhängen von Aufgaben. Ziel der Ablauforganisation ist die optimale Gestaltung der Arbeitsabläufe unter Berücksichtigung der Arbeitsmenge, des Leistungsvermögens der Arbeitskräfte und der verfügbaren Sachmittel.[8] Betrachtungsobjekte der Ablauforganisation sind Prozesse sowie organisatorische Hilfsmittel zu deren Erfüllung.

Aufbau- und Ablauforganisation stehen in einem engen Zusammenhang. Sie bauen aufeinander auf und bedingen einander. Die Aufbauorganisation liefert das organisatorische Gerüst, innerhalb dessen sich die Prozesse vollziehen können.[9]

4) Vgl. Gaitanides, Prozessorganisation, Vahlen, München, 1983
5) Vgl. Vahs, Organisation: Einführung in die Organisationslehre und -praxis, Schäffer-Pöschel, Stuttgart, 2001
6) Vgl. Weuster, Unternehmensorganisationen – Organisationsprojekte – Aufbaustrukturen, Hampp, München, 2004
7) Vgl. Frese, Grundlagen der Organisation, Gabler, Wiesbaden, 2000
8) Vgl. Vahs, Organisation: Einführung in die Organisationslehre und -praxis, Schäffer-Pöschel, Stuttgart 2001
9) Vgl. Jung, Allgemeine Betriebswirtschaftslehre, Oldenbourg, München, 2004

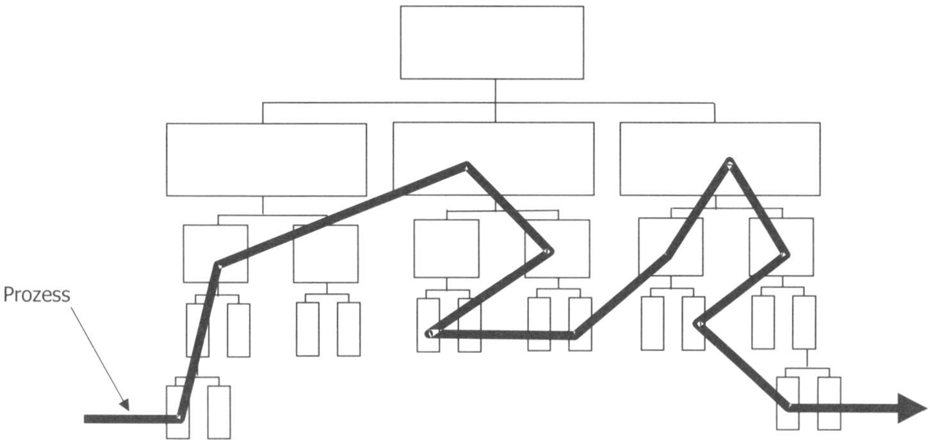

Abb. A1.1: Zusammenhang zwischen Aufbauorganisation und Prozessen

···> Exkurs A1: Einlinien-, Mehrlinien- und Stablinienorganisation

In den grundlegenden Organisationsmodellen der Einlinien-, Mehrlinien- und Stablinienorganisation werden die Beziehungen zwischen den organisatorischen Rollen in Hinblick auf Auftragserteilung sowie Berichtslegung geregelt. Diese beiden Dimensionen können unter dem Begriff „Leitungshierarchie" zusammengefasst werden.

Das besondere Merkmal des Einlinienmodells ist die Verwirklichung des Prinzips der „Einheit der Auftragserteilung". Jedes Organisationsmitglied hat nur einen Vorgesetzten, der Weisungen erteilen darf, der Vorgesetzte hat jedoch mehrere Untergeordnete.[a] Die Kommunikation läuft entsprechend der hierarchischen Linien von oben nach unten bzw. von unten nach oben.

Im Gegensatz zur Einlinienorganisation hat ein Organisationsmitglied in der Mehrlinienorganisation mehrere Vorgesetzte. Damit wird ein direkter Zugriff mehrerer Leitungskräfte auf Organisationsmitglieder möglich. Die Mehrlinienorganisation erfordert eine Spezialisierung der Leitung. Der auf eine bestimmte Funktion spezialisierte Vorgesetzte ist für seinen Bereich weisungsbefugt. Werden durch die zu erfüllende Aufgabe mehrere Bereiche berührt, so sind die jeweilig zuständigen Vorgesetzten weisungsbefugt. Dadurch entsteht ein erhöhter Abstimmungsbedarf zwischen den Vorgesetzten.

Eine Sonderform der Mehrlinienorganisation stellt die Matrixorganisation dar. Ihre besondere Charakteristik ergibt sich daraus, dass nicht nach einem, sondern simultan nach zwei (Matrixorganisation) oder mehreren (Tensororganisation) Zentralisationskriterien integriert wird.[b] Beispiele dafür sind die Strukturierungen nach funktionalen, regionalen und produktbezogenen Kriterien(siehe Abbildung A1.2).

KAPITEL
A

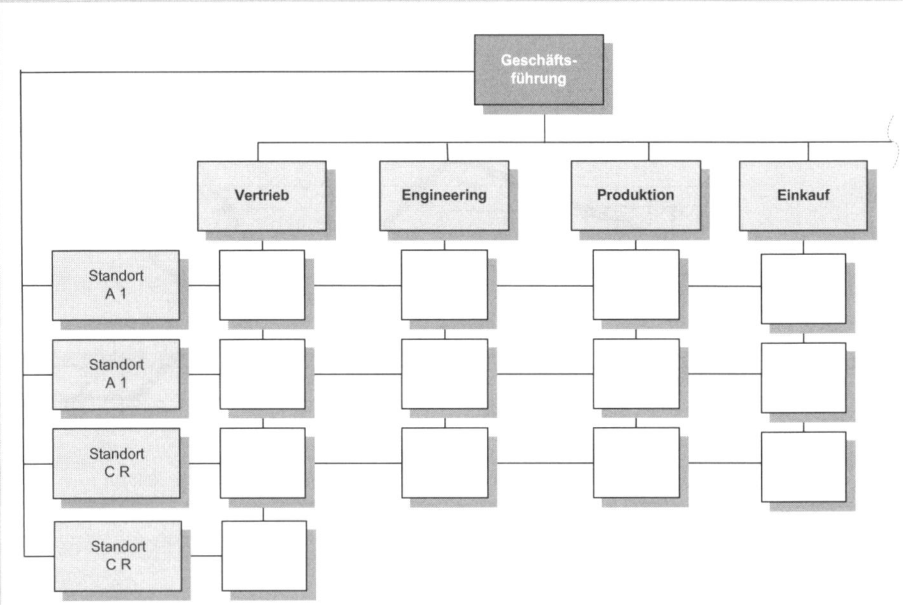

Abb. A1.2: Matrixorganisation eines Produktionsunternehmens (Ausschnitt)

Zur quantitativen und/oder qualitativen Entlastung können Organisationseinheiten Stabsstellen zur Seite gestellt werden. Stäbe stehen neben der Leitungshierarchie und haben keine Auftragserteilungsbefugnis. Die Aufgabe von Stäben ist die Erbringung von Beratungsleistungen. Im Organigramm werden sie horizontal zugeordnet (siehe Abbildung A1.3). Typische Beispiele für Stabsstellen sind Public Relations oder Direktionsassistenz. In der Praxis ist ein Trend zur Reduktion der Stäbe zu erkennen.

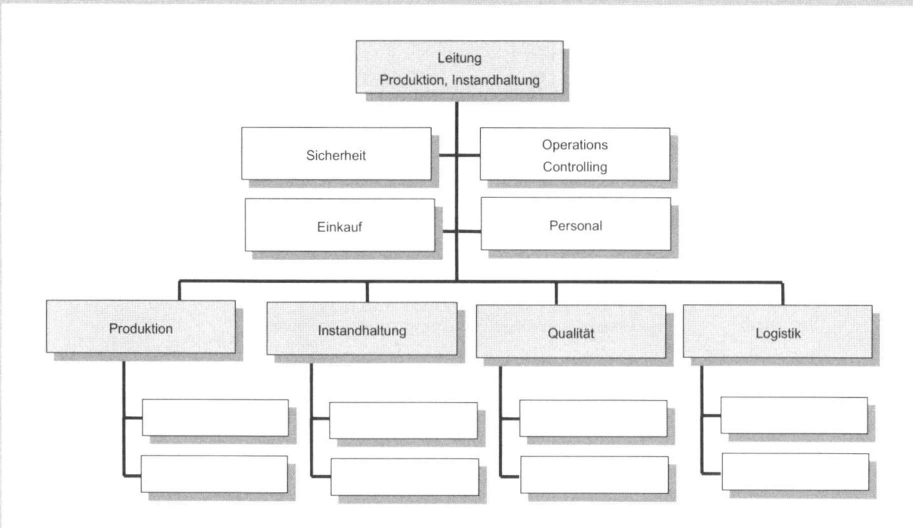

Abb. A1.3: Funktionale Stablinienorganisation des Bereichs „Produktion und Instandhaltung" eines Chemieunternehmens

(a) Vgl. Staehle, Management, Vahlen, Stuttgart, 1987
(b) Vgl. Bleicher, Organisation, Gabler, Wiesbaden, 1991

KAPITEL A

Exkurs A2: Funktional-, Regional- und Divisionalorganisation

Die Bildung von Unternehmensbereichen und von Abteilungen kann nach unterschiedlichen Kriterien erfolgen. Übliche Kriterien zur Strukturierung von Organisationen sind: Funktionen, Regionen und Divisionen.[a] Kriterien zur Strukturierung eines internationalen Konzerns sind in der Abbildung A1.4 dargestellt.

Kriterium	Organisationseinheit
Funktionen	Planung, Beschaffung, Produktion, Verkauf, ...
Regionen	Österreich, Europa, Asien, ...
Divisionen	LKW, PKW, Schienenfahrzeuge, ...

Abb. A1.4: Kriterien zur Strukturierung eines internationalen Konzerns

Ausschlaggebend für die Qualifizierung als Funktional-, Regional- oder Divisionalorganisation ist jenes Kriterium, nach dem auf der zweiten hierarchischen Ebene strukturiert wird.[b] Ein Beispiel einer divisionalen Organisation ist in Abbildung A1.5 dargestellt.

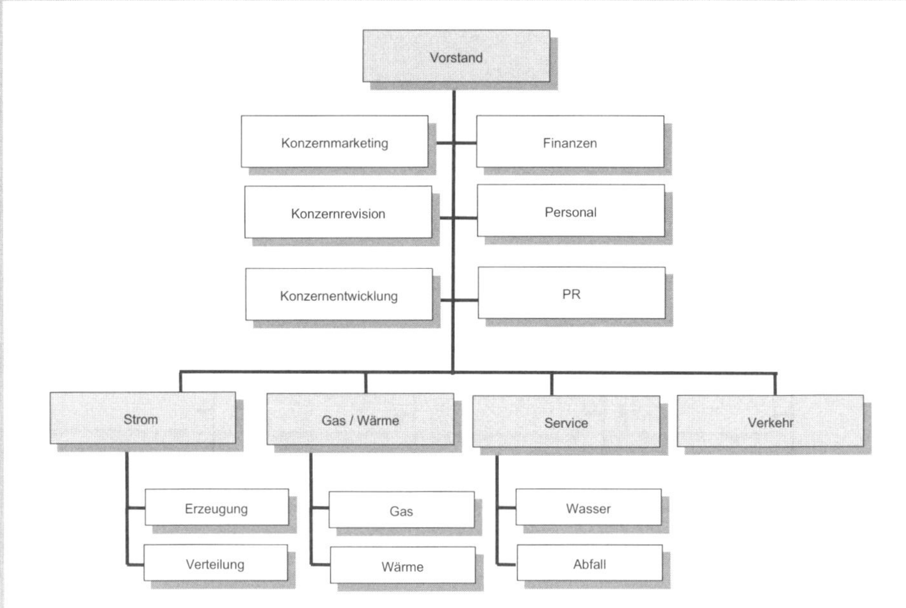

Abb. A1.5: Divisionale Stablinienorganisation eines Utility Unternehmens

(a) Vgl. Staehle, Management, Vahlen, Stuttgart, 1987

(b) Vgl. Staehle, Management, Vahlen, Stuttgart, 1987

A 1.3 Differenzierende und integrierende Organisationsstrukturen

Die klassische Trennung in Aufbau- und Ablauforganisation findet in der Literatur nicht ungeteilte Zustimmung. Die klassische Trennung ist dahingehend kritisiert worden, dass sie lediglich gedanklich zu leisten und somit für die praktische Organisationsarbeit wenig nützlich sei.[10)]

Als Alternative wird z. B. die Unterscheidung in Strukturen zur Differenzierung und zur Integration angeboten. Differenzierende Strukturen sollen eine adäquate Vielfalt zur Anpassung an die bestehende Komplexität ermöglichen. Integrative Strukturen dienen der Koordination zur Erreichung übergeordneter Ziele. Staehle kennt die in Abbildung A1.6 dargestellten horizontalen und vertikalen Gestaltungselemente der Differenzierung und Integration.[11)]

---

10) Vgl. Staehle, Management, Vahlen, Stuttgart, 1987

11) Vgl. Staehle, Management, Vahlen, Stuttgart, 1987

Strukturart	Gestaltungselement
Horizontale Differenzierung (Spezialisierung)	Aufgabengliederung Abteilungsbildung
Vertikale Differenzierung (Hierarchisierung)	Kontrollspanne Breite und Tiefe der Hierarchie Einheit der Auftragserteilung Dienstweg
Horizontale Integration	Komitees Budgets Pläne Organisationsregeln
Integration des Einzelnen in die Organisation	Arbeitsplatzbeschreibung Arbeitseinsatzplan Arbeitsablaufplan

Abb. A1.6: Gestaltungselemente der Differenzierung und Integration

Ashby´s „law of required variety" folgend, ist bei der Gestaltung der Organisation ein ausreichendes Maß an Eigenkomplexität zu schaffen, um der Komplexität der Umwelt gerecht zu werden.[12] Diese Vielfalt kann durch organisatorische Differenzierung gewährleistet werden. Projektorientierte Unternehmen nehmen Projekte und Programme als temporäre Organisationen wahr und schaffen damit zusätzliche Möglichkeiten der organisatorischen Differenzierung.

Organisatorische Differenzierung schafft gleichzeitig Bedarf an Integrationsleistung, um die Handlungen innerhalb der Organisation „zusammenzuhalten" und mit dem übergeordneten Organisationsziel in Einklang zu bringen.

A 1.4 Organisation als soziales System

Organisationen können als soziale Systeme wahrgenommen werden (siehe Exkurs A3). Grundlage dieser Sichtweise ist die Theorie sozialer Systeme nach Niklas Luhmann.[13] Organisationen sind neben Interaktionssystemen, gesellschaftlichen Funktionssystemen (Wirtschaft, Recht, ...) und der Gesellschaft, soziale Systeme eigenen Typs.[14] Die Systemtypen nach Luhmann sind in Abbildung A1.7 dargestellt.[15]

12) Vgl. Ashby, Process of model-building, Ohio State Univ. Press, Columbia, 1970

13) Vgl. Luhmann, Soziale Systeme, Suhrkamp, Frankfurt, 1984

14) Vgl. Kasper, Mayrhofer, Meyer, Management aus systemtheoretischer Sicht, in: Eckardstein, Kasper, Mayrhofer, Management, Schäffer-Pöschel, Stuttgart, 1999

15) Vgl. Luhmann, Soziale Systeme, Suhrkamp, Frankfurt, 1984

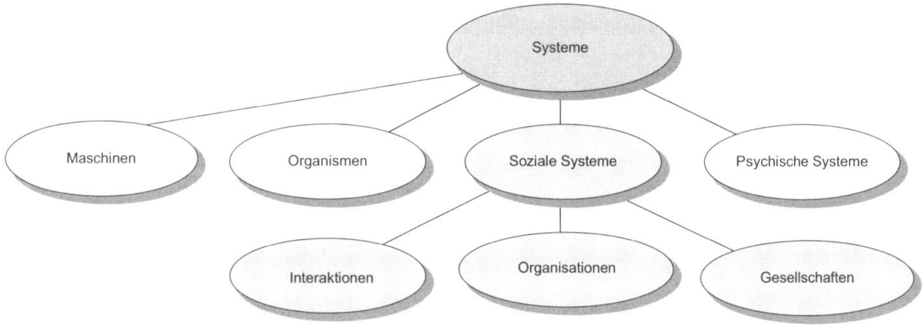

Abb. A1.7: Systemtypen nach Luhmann[16]

KAPITEL
A

Eine Differenzierung von Organisationen in permanente Organisationen (Unternehmen, Profit Zentren, etc.) und temporäre Organisationen (Projekte und Programme) kann vorgenommen werden.[17]

··· Exkurs A3: Soziale Systeme

Organisationen, wie z. B. Unternehmen, Geschäftsbereiche, Profit-Zentren aber auch Projekte und Programme, können als soziale Systeme wahrgenommen werden.

Als System lässt sich alles bezeichnen, worauf man die Unterscheidung von innen und außen anwenden kann. Die Innen-Außen-Differenz besagt, dass eine Ordnung festgestellt wird, die sich nicht beliebig ausdehnt, sondern durch ihre innere Struktur und durch die eigentümliche Art ihrer Beziehungen Grenzen setzt. Der Sinn dieser Konstruktion besteht für Luhmann darin, dass durch Abgrenzungen Systeme geschaffen werden, die weniger komplex sind als deren jeweilige Umwelt. Dadurch wird Komplexität reduziert und Potenzial zum Management geschaffen.

Elemente psychischer Systeme sind Gedanken und Vorstellungen, Elemente sozialer Systeme sind Kommunikationen. Soziale Systeme bilden sich auf der Grundlage von Kommunikationen. Für ihre Kontinuität ist fortlaufende Kommunikation unerlässlich.[a]

Einerseits sind soziale Systeme dadurch gekennzeichnet, dass sie sich durch spezifische Strukturen von ihren Umwelten abgrenzen, andererseits sind soziale Systeme nur in ihren Kontexten zu verstehen und von diesen abhängig.

Kontextdimensionen sind die relevante Umwelt, die Geschichte und die Erwartungen an die Zukunft der Systeme. Systeme sind grundlegend strukturell an ihrer Umwelt

16) Vgl. Luhmann, Soziale Systeme, Suhrkamp, Frankfurt, 1984
17) Vgl. Gareis, Happy Projects, Manz, Wien, 2005

orientiert und können ohne Umwelt nicht bestehen. Jedes soziale System ist durch seine Geschichte geprägt. Viele „Eigenarten" eines Systems lassen sich nur auf Grund von Ereignissen der Vergangenheit verstehen. Andererseits bestimmen die Erwartungen an die Zukunft des Systems das jeweils aktuelle Handeln.

Soziale Systeme sind komplex, selbstreferenziell und dynamisch. Luhmann definiert für den Grad der Komplexität von Systemen folgende Einflussfaktoren:

- Anzahl der Elemente des Systems
- Anzahl der möglichen Beziehungen zwischen diesen Elementen
- Verschiedenartigkeit dieser Beziehungen
- Entwicklung dieser drei Faktoren im Zeitablauf

(a) Vgl. Willke, Systemtheorie II, Lucius & Lucius, Stuttgart, 1994

Bei der Wahrnehmung von Organisationen als soziale Systeme werden Organisationen im weiteren Sinn betrachtet. Die Wahrnehmung von Organisationen als soziale Systeme schafft neue Perspektiven im Management. Sowohl die internen Strukturen als auch der Kontext der Organisation sind zu managen.

A 1.5 Identität der Organisation

Die das Verhalten sowie die Fremdwahrnehmung einer Organisation bestimmenden Merkmale können als Identität bezeichnet werden. Identität kann damit beschrieben werden, jemand zu sein, der trotz ändernder Lebensumstände, Körperbeschaffenheit und Beziehungen gleich bleibt, Kontinuität und Kohärenz aufweist.[18)]

Die Wahrnehmung einer Organisation als soziales System ermöglicht eine ganzheitliche Betrachtung der Identität. Das in Abbildung A1.8 dargestellte Identitätsmodell der Organisation ermöglicht durch die Gestaltung der internen Strukturen und der Umweltbeziehungen einer Organisation eine praktische Umsetzung der sozialen Systemtheorie. Die berücksichtigten Organisationsstrukturen entsprechen der Organisation im engeren Sinn.

---

18) Vgl. Simon, Sterlin, Die Sprache der Familientherapie, Klett-Cotta, Stuttgart, 1984

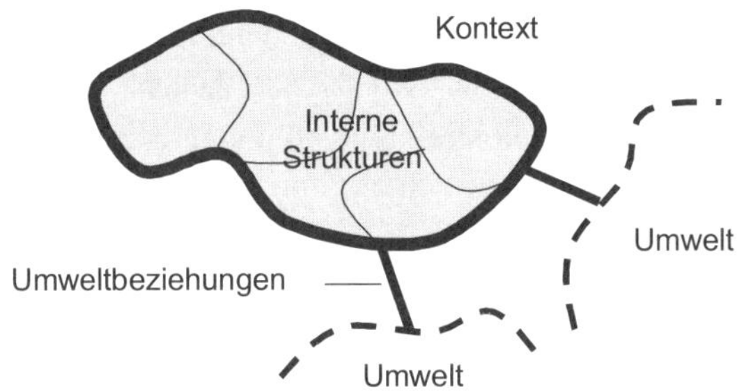

Interne Strukturen des Systems

- Ziele und Strategien der Organisation
- Dienstleistungen, Produkte
- Organisationsstrukturen (Organisation im engeren Sinn)
- Organisationskultur
- Personalstruktur
- Infrastruktur
- Budget, Finanzierung

Umweltbeziehungen des Systems

Kontext des Systems

- Beiträge zu den Zielen des übergeordneten sozialen Systems
- Relevante Umwelten
- Geschichte und Erwartungen an die Zukunft

Abb. A1.8: Identitätsmodell der Organisation

Die im Identitätsmodell berücksichtigten Identitätsmerkmale einer Organisation sind folgend kurz beschrieben:

Ziele und Strategien der Organisation

Ein wesentlicher Beitrag zur Festlegung der Organisationsgrenzen und zum Vermitteln von Orientierung für die Organisationsmitglieder erfolgt durch die Definition der Ziele und der Strategien der Organisation.

Die diesbezüglichen Aufgaben der strategischen Planung und des strategischen Controlling erfolgen im Rahmen des strategischen Management. Die Kommunikation der Ergebnisse kann mittels Leitbild, Vision, Ziele- und Strategiekatalogen erfolgen.

Dienstleistungen, Produkte

Dienstleistungen und Produkte sind für Dritte bestimmte Ergebnisse der operativen Tätigkeit einer Organisation. Durch die Erfüllung von Dienstleistungen und den Vertrieb von Produkten stiftet eine Organisation Nutzen. Dies gilt sowohl für gewinnwirtschaftlich orientierte Organisationen als auch für Non-Profit-Organisationen.

Die Gestaltung adäquater Produkt-Markt-Kombinationen und deren Vertrieb sind Marketingaufgaben. Die Erfüllung von Dienstleistungen bzw. die Produktion von Produkten sind Operations-Aufgaben.

Organisationsstrukturen

Durch organisatorische Strukturen werden Rahmenbedingungen geschaffen, die die Erfüllung der Dienstleistungen sowie die Produktion und den Vertrieb der Produkte direkt oder indirekt ermöglichen. Es soll gesichert werden, dass die Handlungen der Organisationsmitglieder aufeinander abgestimmt sind. Neben dem Koordinationsziel stehen Effizienzziele im Mittelpunkt der Gestaltung der Organisationsstrukturen.

Organisatorische Strukturelemente sind Aufgaben, Rollen, Organigramme, Kommunikationsstrukturen, Organisatorische Regeln und Prozesse. Diese Elemente werden im Kapitel A1.6 näher beschrieben.

Das organisatorische Designen ist eine Managementaufgabe, die von der Geschäftsführung bzw. von sonstigen leitenden Mitgliedern einer Organisation wahrzunehmen ist.

Organisationskultur

Eine Organisationskultur kann als die Gesamtheit der Werte, Normen, Verhaltensmuster und Artefakte, die die Mitglieder einer Organisation gemeinsam entwickeln und leben, verstanden werden. Die Kultur einer Organisation ist nicht direkt fassbar, sondern kann auf Grund von Symbolen, Fähigkeiten und eingesetzten Hilfsmittel beobachtet werden.

Kulturelemente sind z. B. der Name und das Logo der Organisation, die Sprache, Slogans, Events, organisatorische Hilfsmittel, aber auch die Architektur und die Büroeinrichtung.

Das (Weiter-)Entwickeln einer Organisationskultur ist eine Managementaufgabe, die von der Geschäftsführung bzw. von sonstigen leitenden Stellen einer Organisation wahrzunehmen ist.

Personalstruktur

Zur Erfüllung der Aufgaben der Organisation, sind die entsprechenden quantitativen und qualitativen personellen Voraussetzungen zu schaffen.

Diesbezügliche Aufgaben des Personalmanagement sind die Personalplanung, Personaldisposition und Personalcontrolling, die Personalrekrutierung, die Personalentwicklung und die Personalfreisetzung.

Personalmanagementaufgaben sind einerseits durch die Human Ressource-Abteilung und andererseits durch leitende Mitglieder der Organisation wahrzunehmen.

Infrastruktur

Die Infrastruktur einer Organisation kann unterschieden werden in Standorte und Verkehrsanbindungen, Gebäude und Räume sowie Informations- und Telekommunikationstechnologien.

Die Gestaltung der infrastrukturellen Voraussetzungen ist eine Aufgabe des Facility Management und des Informations- und Kommunikationstechnologie (IKT)-Management.

Budget und Finanzierung

Die Tätigkeit einer Organisation setzt die Verfügbarkeit von finanziellen Mitteln voraus. Die Budgetierung, die Bereitstellung sowie die Disposition der finanziellen Mittel für z. B. das Personal, die Infrastruktur, etc. hat im Rahmen des Finanzmanagement zu erfolgen.

Aufgaben des Finanzmanagement sind die Finanzmittelplanung und das Finanzmittelcontrolling, die Finanzmittelbeschaffung und die Finanzmitteldisposition.

Die Budgetierungs- und Finanzierungsaufgaben sind durch Finanz- und Controllingbereiche wahrzunehmen.

Umweltbeziehungen

Die Identität einer Organisation ist von der Gestaltung der Beziehungen zu ihren relevanten Umwelten abhängig. Dienstleistungen und Produkte werden für Kunden unterschiedlicher Märkte erfüllt bzw. produziert. Märkte für Dienstleistungen und Produkte können nach Regionen oder nach Kundengruppen differenziert werden.

Die Gestaltung von Kundenbeziehungen sowie von Kooperationsbeziehungen mit Partnern, Lieferanten, Behörden, etc. stellt eine wesentliche Managementaufgabe dar.

Kontext: Beiträge zu den Zielen des übergeordneten sozialen Systems

Eine Organisation gehört einem oder mehreren übergeordneten sozialen Systemen an. Ein Unternehmen kann z. B. einem Konzern angehören und ist Teil eines regionalen Wirtschaftssystems. Ein Unternehmensbereich gehört einem Unternehmen an, zu dessen wirtschaftlichen Ergebnis es einen Beitrag leistet.

Einerseits ist der Nutzen, den die Organisation stiftet, bewusst und transparent zu machen, andererseits ist Klarheit über die strukturellen und kulturellen Zusammenhänge zwischen der betrachteten Organisation und dem übergeordneten System zu schaffen.

Kontext: Relevante Umwelten

Relevante Umwelten einer Organisation sind alle sozialen Systeme, die den Erfolg und das Verhalten der Organisation beeinflussen können. Eine Differenzierung in interne Umwelten einer Organisation (z. B. Geschäftsführung, Mitarbeiterinnen) und externe Umwelten (z. B. Kunden, Lieferanten, Partner, Behörden, Konkurrenten, etc.) ist möglich.

Eine Analyse der Strukturen der relevanten Umwelten ist möglich, eine direkte Beeinflussung nicht.

Kontext: Geschichte und Erwartungen an die Zukunft

Die Identität einer Organisation wird wesentlich durch ihre Entwicklung und Zukunftserwartungen beeinflusst. Das Kennen der Geschichte und der Erwartungen an die Zukunft einer Organisation ist eine Grundlage des strategischen Management. Durch Anekdoten aus der Geschichte können Werte an Organisationsmitglieder und an relevante Umwelten kommuniziert werden.

A 1.6 Organisationsstrukturen

Die im Identitätsmodell angeführten Organisationsstrukturen (siehe Abbildung A1.8) beinhalten als Elemente die zu erfüllenden Aufgaben, Rollen, Organigramme, Kommunikationsstrukturen, organisatorische Regeln und Prozesse. Diese Elemente werden folgend kurz beschrieben.

Aufgaben und Rollen

In einer Aufgabenanalyse sind die in einer Organisation zu erfüllenden Aufgaben zu definieren und zu gruppieren. Diese Aufgaben können in einer Aufgabenstruktur dargestellt werden, in Prozessen zusammengefasst und weiter detailliert und zu Rollen gebündelt werden.

Die organisatorische Rolle ist durch eine Aufgabenbündelung, durch einen versachlichten Personenbezug, durch die notwendigen Kompetenzen zur Erfüllung der Aufgaben sowie durch die Verantwortung für die Aufgabenbewältigung gekennzeichnet. [19] Rollen sind personenunabhängig, d. h. unabhängig vom Rollenträger bleiben die Erwartungen an die zu erfüllenden Aufgaben und übertragenen Befugnisse gleich. Eine Person kann den mit einer Rolle verbundenen Erwartungen mehr oder weniger entsprechen. Eine Person kann mehrere Rollen in einer Organisation wahrnehmen.

Es kann zwischen Individualrollen und Gruppenrollen differenziert werden. Individualrollen sind durch eine Person wahrzunehmen (z. B. Abteilungsleiter Einkauf), Gruppenrollen werden durch mehrere Personen erfüllt (z. B. Vorstand eines Unternehmens). Die Wahrnehmung einer Gruppenrolle erfordert ein gemeinsames Handeln der Rollenträger.

In Rollenbeschreibungen können die wesentlichen Erwartungen an Rollenträger dokumentiert werden. Rollenbeschreibungen sind einheitlich zu strukturieren. Wesentliche Inhalte einer Rollenbeschreibung sind die Ziele der Rolle, deren organisatorische Stellung, die zu erfüllenden Aufgaben, die Weisungsbefugnisse und eventuell auch die Beziehungen der Rolle zu relevanten Umwelten. Ein Beispiel einer Rollenbeschreibung ist in Abbildung A1.9 dargestellt.

---

19) Vgl. Krüger, Organisation der Unternehmung, Kohlhammer, Stuttgart, 1993

Abteilungsleiter Kundenberatung
Ziele
• Leitung der Abteilung Kundenberatung • Wahrnehmen strategischer Kundenkontakte • Erarbeitung von Strategien und Maßnahmen zur Erreichung der Budgetziele • Laufende Optimierung der organisatorischen, personellen und infrastrukturellen Strukturen der Abteilung
Organisatorische Stellung
• Position: Abteilungsleiter • Unterstellt: Geschäftsführer • Vorgesetzt: Allen Mitarbeitern der Abteilung Kundenberatung
Aufgaben
Dienstleistungsbezogene Aufgaben • Mitarbeit bei der Erstellung von Kundenvereinbarungen • Punktuell Entscheidungen in Geschäftsfällen • Laufender Kontakt zu Geschäftsführungen von Kunden und Partnern • Definition von Beratungs- und Akquisitionsstrategien • ... Organisationsbezogene Aufgaben • Leitung der Abteilung • Analyse und Erarbeitung von Organisationsstrategien und Maßnahmen zur Sicherung der Erreichung der Abteilungsziele • ... Mitarbeiterbezogene Aufgaben • Adaption des Mitarbeiterplans für die Abteilung • Erstellung eines Mitarbeiterentwicklungsplans für die Abteilung • ... Finanzbezogene Aufgaben • Erstellung von Jahresbudgets für die Abteilung • Laufende Budgetkontrolle • ...
Formale Befugnisse
• Entscheidungen bezüglich der organisatorischen und personellen Strukturen der Abteilung
• ...

Abb. A1.9: Rollenbeschreibung des Leiters der Abteilung Kundenberatung

KAPITEL A

Organigramme

Die Rollen einer Organisation und deren Beziehungen zueinander können in Organigrammen dargestellt werden. Organigramme dienen zur Visualisierung der Aufbauorganisation. Organigramme sind somit rollen- und nicht personenorientiert.

Eine traditionelle Form eines Organigramms findet sich z. B. in der Abbildung A1.2, welche die Matrixorganisation eines österreichischen Produktionsunternehmens darstellt. Alternativ dazu ist in der Abbildung A1.10 das Organigramm der Gore GmbH dargestellt.

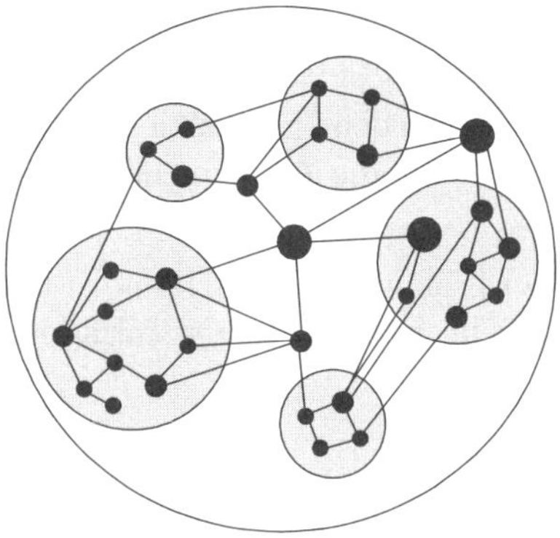

Abb. A1.10: Organigramm der Gore GmbH

Daraus wird ersichtlich, dass in Organigrammen unterschiedliche Symbole zur Darstellung verwendet werden können. Im Organigramm des Produktionsunternehmens werden die Bereiche und Abteilungen in Form von Kästchen dargestellt. Die Linien stellen die hierarchischen Beziehungen zwischen den Organisationseinheiten dar. Im Organigramm von Gore sind die Rollen als Punkte dargestellt, die Linien stellen die Kommunikationsbeziehungen zwischen den Rollen dar.

Kommunikationsstrukturen

Den Integrationsanforderungen einer Organisation kann durch hierarchische Strukturen alleine nicht entsprochen werden. Zusätzliche Integrationsfunktionen können durch formale Kommunikationsstrukturen erfüllt werden.

Kommunikationsstrukturen dienen zum Austausch von Informationen und zum Treffen von Entscheidungen. Typische formale Kommunikationsstrukturen in Organisationen sind z. B. die Vorstandssitzung, die Abteilungsleitersitzung, Abteilungssitzung, etc. Die einzelnen Kommunikationsstrukturen können bezüglich ihrer Ziele, Inhalte, Häufigkeiten und Teilnehmer beschrieben werden (siehe Abbildung A1.11). Dadurch wird den Organisationsmitgliedern Orientierung gegeben.

Struktur	Teilnehmer	Häufigkeit
Teamleiter-Meeting	Teamleiter	1 x pro Woche (Montag)
Leiter-Teamleiter-Meeting	Leitung Kundenberatung, Teamleiter	1 x pro Woche (Montag)
Team-Jour fixe	Mitarbeiter eines Teams	1 x pro Woche (Dienstag)

Abb. A1.11: Kommunikationsstrukturen der Abteilung Kundenberatung

Organisatorische Regeln

Organisatorische Regeln können sich auf das Führungsverhalten, auf das Verhalten in Sitzungen und Workshops, den Einsatz organisatorischer Hilfsmittel, den IKT-Einsatz, das Ablagewesen, das Verwenden von Logos und von Bezeichnungen, etc. beziehen.

Die organisatorischen Regeln sollen den Organisationsmitgliedern Orientierung für die Arbeit geben. Durch die Regeln soll die Zusammenarbeit effizient und kooperativ gestaltet werden.

Ein Auszug organisatorischer Regeln einer Abteilung ist in der Abbildung A1.12 dargestellt. Organisatorische Regeln sind in einem Organisationshandbuch zu dokumentieren.

Vereinbarungen zu internen Sitzungen
• Pünktlichkeit • Mobiltelefone werden ausgeschaltet oder auf „lautlos“ eingestellt. • Sitzungen werden durch die Sitzungsleitung sowie durch die Teilnehmer vorbereitet • In Sitzungen werden konkrete Ergebnisse erarbeitet
Ablagewesen
• Kundenrelevante Dokumente sind im Verzeichnis „XXXX“ entsprechend der Kundennummer abzulegen. • Die Dokumente sind folgend zu benennen: „Kundennummer-Auftragsnummer-Dokumententitel-Tag-Monat-Jahr-Versionsnummer“. • ...

Abb. A1.12: Organisatorische Regeln der Abteilung Kundenberatung (Auszug)

Prozesse

Ein Prozess ist ein klar abgrenzbarer, relativ umfangreicher organisatorischer Ablauf, der die Mitwirkung mehrerer Rollen einer oder mehrerer Organisationen bedingt. Elemente von Prozessen sind Aufgaben, Entscheidungen, deren Beziehungen zueinander sowie organisatorische Zuständigkeiten.

Die Definition des Prozessbegriffs und die Beschreibung der Methoden des Makro- und Mikro-Prozessmanagement wird umfassend in den Kapiteln B bis E behandelt.

A 1.7 Fallbeispiel: Identität der RGC

Die Anwendung des Identitätsmodells wird folgend am Fallbeispiel der ROLAND GAREIS CONSULTING (RGC) gezeigt. Zur Beschreibung der Identität des Beratungsunternehmens werden folgend Ausschnitte des Leitbilds, der Jahresziele, der Dienstleistungen und Produkte, des Organigramms, von Rollenbeschreibungen, der Kommunikationsstrukturen, der Infrastrukturen und der Umweltanalyse dargestellt. Dadurch soll ein ganzheitliches Bild des Unternehmens vermittelt werden.

Das RGC Leitbild in Abbildung A1.13 fasst wesentliche Dimensionen der Identität, die folgend detaillierter dargestellt werden, zusammen.

Leitbild

- Wir sind auf die Weiterentwicklung der Maturities von prozess- und projektorientierten Unternehmen spezialisiert. In der Managementberatung sowie in Lehrgängen und Seminaren vermitteln wir *ROLAND GAREIS Projekt- und Programmmanagement®*, *ROLAND GAREIS Management des projektorientierten Unternehmens®* und *Prozessmanagement (RGC)*. Unsere Management-Ansätze werden auch durch Publikationen und die Kooperationen mit unseren Lizenzpartner verbreitet.
- Wir fördern das Berufsbild „Projektmanager/in". Unsere über- und innerbetrieblichen Lehrgänge und Seminare stellen die Grundlage für Zertifizierungen entsprechend der Standards der IPMA-International Project Management Association und dem PMI-Project Management Institute dar. Durch ein „Training on the Project" fördern wir die Umsetzung der Trainingsinhalte in den Organisationen unserer Kunden.
- Wir kooperieren mit unseren Kunden auf der Grundlage eines systemisch-konstruktivistischen Beratungsansatzes.
- Die Weiterentwicklung der Maturities prozess- und projektorientierter Unternehmen unterstützen wir durch Audits von Prozessen, von Projekten sowie von Programmen und durch das Designen der Organisationen prozess- und projektorientierter Unternehmen. Wir übernehmen auch (Projekt- und Programm-) Management-Aufgaben für unsere Kunden auf Zeit.
- Unsere *pm lectures* und *pm events* informieren über neue Entwicklungen aus der Forschung und der Praxis. Die jährlichen *pm tage* stellen einen Höhepunkt in der Projektmanagement-Community dar.
- Als Prozess- und Projektmanagement-Expert/innen leisten wir einen wesentlichen Beitrag zur Entwicklung von Österreich als projektorientierte Gesellschaft. *RGC research* sichert unsere internationale Innovationsführerschaft.
- Unsere Organisation entwickeln wir kontinuierlich weiter. Unsere Mitarbeiter/innen fördern wir durch entsprechende Weiterbildungsmaßnahmen sowie durch die Bereitstellung herausfordernder Aufgaben.

Abb. A1.13: RGC Leitbild

Die RGC Jahresziele (siehe Abbildung A1.14) sind differenziert nach den Dimensionen des Identitätsmodells definiert. Die Formulierung der Ziele wurde in abstrahierter Form vorgenommen.

KAPITEL A

Dimension	Ziele
Dienstleistungen, Produkte, Märkte	• Prozessmanagement-Ansatz weiterentwickelt (Buch, Lehrgänge, ...) • Differenzierte Maturity-Modelle als Beratungsprodukte eingesetzt • Neue pm events, z. B. Symposien, durchgeführt • ...
Organisation	• Neuzuordnung interne Rollen • Weiterentwicklung Organisations-Manual • Verstärkter Einsatz von IT-Lösungen • ...
Personal	• Beschäftigung von X zusätzlichen Beratern und Y zusätzlichen Junior Beratern • Organisation einer RGC internen Beraterweiterbildung • ...
Infrastruktur	• Optimierung der Büroräume • Optimierung der IT-Infrastruktur (z. B. Datensicherung) • ...
Budget, Finanzierung	• Umsatz-Wachstum von X % • Auslands-Umsatz von X € • ...
Umweltbeziehungen	• Professionalisierung der Beziehungen zu den Lizenznehmern • Etablierung RGC Bukarest • ...

Abb. A1.14: RGC Jahresziele

Ein Ausschnitt der RGC Dienstleistungen ist in der Abbildung A1.15 dargestellt. Diese stellen die Grundlage für die Identifikation der Primärprozesse der RGC dar (siehe Abbildung D1.2).

Dienstleistungsart	Dienstleistung
Seminar, Lehrgang, Coaching	• Seminar überbetrieblich • Lehrgang überbetrieblich • Seminar/Lehrgang innerbetrieblich • Coaching innerbetrieblich
Beratung	• Unternehmensberatung • Projektberatung • Management auf Zeit
Event, Lecture	• pm tage • pm symposien • pm events
Forschung, Lizenz	• Forschung • Vergabe Lizenz • Betreuung Lizenzen

Abb. A1.15: RGC Dienstleistungen (Ausschnitt)

Wesentliche Organisationsstrukturen der RGC sind in den Abbildungen A1.16 bis A1.19 dargestellt, nämlich das RGC Organigramm, exemplarisch eine Rollenbeschreibung, die Kommunikationsstrukturen und Führungsregeln. Die Prozessliste, die Prozesslandkarte und weitere Prozessmanagement-Dokumente sind hier nicht dargestellt, diese finden sich in den Kapiteln D und E.

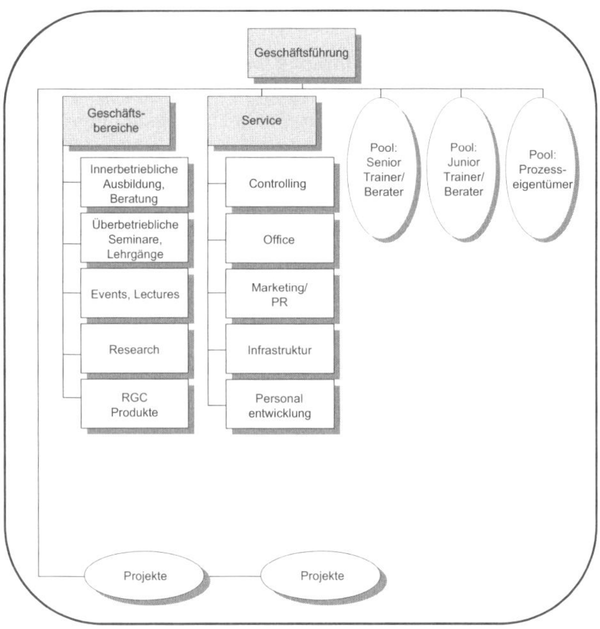

Abb. A1.16: RGC Organigramm

Senior RGC Trainer und Berater
Ziele
• Abwicklung von Seminaren, Lehrgängen und Beratungen • Abwicklung von Akquisitionen
Organisatorische Stellung
• Ist Mitglied des Pools von Senior Trainern und Beratern • Ist dem RGC Geschäftsführer unterstellt
Aufgaben
Dienstleistungsbezogene Aufgaben • Planung, Vorbereitung und Durchführung von Seminaren, Lehrgängen und Beratungen • Akquisition innerbetrieblicher Dienstleistungen • Mitarbeit bei der Vermarktung von überbetrieblichen Seminaren und Lehrgängen sowie von *pm events* • Mitarbeit bei der Weiterentwicklung von Dienstleistungen und Produkten Organisationsbezogene Aufgaben • Erfüllung von RGC-internen Aufgaben: Strategische Planung, Controlling, Infrastrukturmanagement, etc. • Teilnahme an RGC Staffsitzungen, RGC Jour Fixe, Höllentaltagen, Info-Workshops und Netzwerkpartner-Workshops Personalbezogene Aufgaben • Auftragsbezogene Führung von Office Mitarbeitern • Führung von Junior Beratern Finanzbezogene Aufgaben • Mitarbeit bei der Planung und der Erfassung von Auftrags- und Akquisitionsdaten gemeinsam mit Controlling • Mitarbeit bei der Erstellung auftragsbezogener Rechnungslegungen in Zusammenarbeit mit Buchhaltung
Formale Befugnisse
• Durchführung von Trainings- und Beratungsaufträgen (in Abstimmung mit der Geschäftsführung) • Durchführung von Akquisitionen • Unterstützung des RGC Office

Abb. A1.17: Rollenbeschreibung „Senior RGC Trainer und Berater“

Kommunikationsform	Ziele	Teilnehmer	Häufigkeit
Staff-Sitzung	• Herstellen eines gemeinsamen Wissensstandes in der RGC • Diskussion aktueller Themenschwerpunkte • Controlling	RGC Mitarbeiter, evtl. Gäste	Alle 6 Wochen
Höllentaltage	• Herstellen eines gemeinsamen Wissenstandes • Strategisches Management • Inhaltliche Weiterentwicklungen	RGC Mitarbeiter	2 x jährlich
RGC Jour Fixe	• Behandlung auftragsrelevanter und genereller Themen und Problemstellungen, Beitrag zur Teambildung, informeller Austausch	RGC Trainer und Berater	Alle 6 Wochen
Netzwerkpartner-Workshop	• Information über neue Entwicklungen in der RGC • Netzwerken	RGC Mitarbeiter, RGC Netzwerkpartner	1 x jährlich
Auftragsbezogene Sitzungen	• Behandlung auftragsrelevanter Themen und Problemstellungen	Auftragsbezogenes Trainer- oder Beraterteam	Nach Bedarf

Abb. A1.18: RGC Kommunikationsstrukturen

Die RGC Infrastruktur, differenziert nach Räumen, Hardware, Software und Geräten, und die jeweils Zuständigen sind in Abbildung A1.19 gelistet.

Infrastrukturart	Infrastruktur	Zuständig
Räume	Seminarraum, Sitzungsraum, Büroräume, Beraterzimmer, Cafeteria, Küche, WCs	Locker
Hardware	Server, PCs, Notebooks	Geringer
Software	MS Office, MS Project, Visio, etc.	Vrzal
Geräte	Kopierer, Faxgerät, Telefonanlage, etc.	Locker

Abb. A1.19: RGC Infrastruktur

Die relevanten Umwelten der RGC sind in Abbildung A1.20 dargestellt. Je Umwelt werden Maßnamen zur Gestaltung der Beziehung geplant und umgesetzt.

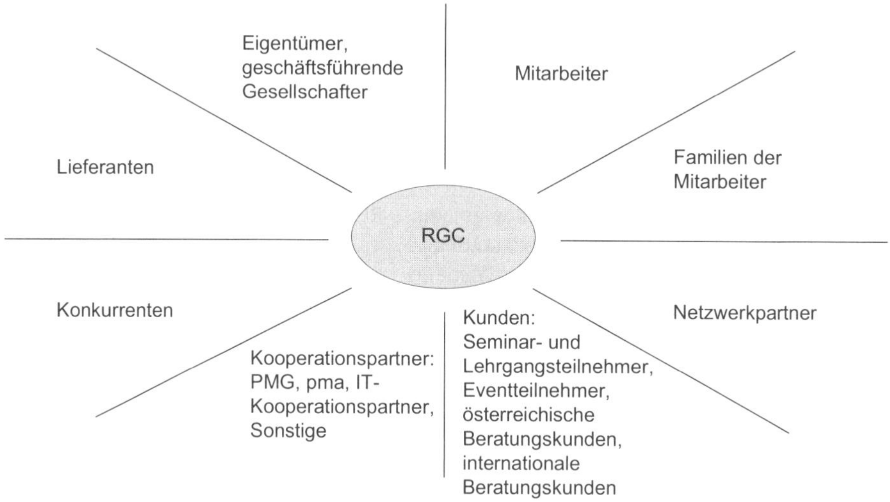

Abb. A1.20: RGC Umwelten

A 2 Managementverständnis

Der Managementbegriff kann funktional und institutionell definiert werden. Traditionellerweise werden dem funktionalen Managementbegriff Aufgaben wie das Entscheiden, Planen, Kontrollieren, Organisieren und Führen zugeordnet. Management im institutionellen Sinn bezieht sich auf die Personen oder Rollen einer Organisation, die Managementaufgaben wahrnehmen.

Nimmt man Organisationen als soziale Systeme wahr, bedingt dies ein systemisches Managementverständnis. Ziele des Managens sind demnach der Aufbau und Abbau von Komplexität, der Umgang mit Dynamik und die Vermittlung von Sinn an die Organisationsmitglieder.

Moderne Managementansätze, wie z. B. das Lean Management, das Total Quality Management, das Kaizen oder die kontinuierliche Verbesserung, das Business Process Reengineering sowie die lernende Organisation, haben wesentliche Einflüsse auf ein „neues" Managementparadigma.

A 2.1 Managementbegriff

Der Managementbegriff kann funktional und institutionell definiert werden. Traditionellerweise werden dem funktionalen Managementbegriff Aufgaben wie das Entscheiden, Planen, Kontrollieren, Organisieren und Führen zugeordnet. Management im institutionellen Sinn bezieht sich auf die Personen oder Rollen einer Organisation, die Managementaufgaben wahrnehmen.

Management im institutionellen Sinn bezieht sich auf die Personen oder Rollen einer Organisation, die Managementaufgaben wahrnehmen. Managementaufgaben werden von mehreren Ebenen einer Organisation wahrgenommen, daran knüpft sich auch die Möglichkeit der Differenzierung in unterschiedliche Managementebenen.

Nimmt man Organisationen nicht als triviale Systeme, sondern als soziale Systeme wahr, bedingt dies ein systemisches Managementverständnis. Die Unterschiede der Wahrnehmung von Organisationen als triviale Systeme oder komplexe soziales Systeme sind in der Abbildung A2.1 dargestellt.[20]

Organisation als triviales System	Organisation als komplexes soziales System
Konstruierbar	Beschränkt gestaltbar
Vergangenheitsunabhängig	Vergangenheitsabhängig
Vorhersagbar	Unvorhersagbar
Sicherheit erreichbar	Unsicherheit reduzierbar
Beherrschbar mit „Restrisiko“	Nicht lenkbar, sondern handhabbar
Schaffung von Vereinheitlichung	Zulassung von Unterschieden
Erlassung von verbindlichen Regeln, Verfahren und Abläufen	System entwickelt Formen der Selbststeuerung
Führung durch Anweisungen	Führungsverhalten ist beeinflussbar durch die Einsicht des Managers in die Autonomie des Sytems, das durch seine Fähigkeiten zur (Selbst-) Reflexion und Selbststeuerung (selbstorganisierende Prozesse)

Abb. A2.1: Wahrnehmung von Organisationen als triviale oder als soziale Systeme

KAPITEL **A**

A 2.2 Moderne Managementansätze

Moderne Managementansätze, wie z. B. das Lean Management, das Total Quality Management, das Kaizen oder die kontinuierliche Verbesserung, das Business Process Reengineering sowie die lernende Organisation, haben wesentliche Einflüsse auf das Organisations- und Managementverständnis. Die jeweiligen Vertreter und die zentralen Merkmale dieser Managementansätze sowie ein daraus abgeleitetes „neues“ Managementparadigma sind folgend dargestellt.

Lean Management

Vertreter des Lean Management („schlankes Management“) sind Womack, Jones und Ross.[21]

---

20) Vgl. Kasper, Mayrhofer, Meyer, Management aus systemtheoretischer Perspektive, Schäffer-Pöschel, Stuttgart, 1999

21) Vgl. Womack, Die zweite Revolution in der Autoindustrie, Campus Verlag, Frankfurt am Main, 1992

Ziele des Lean Management sind die Vermeidung von Verschwendung und die Konzentration auf das „Wertsteigernde“. Zentrale Merkmale des Lean Management sind:

- „Schlanke“ Geschäftsprozesse
- Konzentration auf Kernkompetenzen
- Empowerment der Mitarbeiter
- Teamarbeit
- Flache Organisation

Eng mit dem Lean Management verbunden, ist die Idee des Outsourcing. Das Outsourcing bezieht sich vor allem auf nicht wertschöpfende bzw. auf nicht auf eigenen Kernkompetenzen basierende Prozesse.

Total Quality Management

Wesentliche Vertreter des Total Quality Management sind Deming, Ishikawa und Juran.[22)]

Unter Total Quality Management wird eine „auf die Mitwirkung aller ihrer Mitglieder gestützte Managementmethode einer Organisation, die Qualität in den Mittelpunkt stellt und durch Zufriedenstellen der Kunden auf langfristigen Geschäftserfolg sowie auf Nutzen für die Mitglieder der Organisation und für die Gesellschaft zielt“ verstanden.[23)]

Qualitätsmanagement hat seinen Ursprung am Beginn des 20. Jahrhunderts. Durch die von Frederick W. Taylor eingeführte Arbeitsteilung und Massenproduktion entstand der Bedarf, die Qualität von Produkten zu kontrollieren. Qualitätsmanagement hat sich seit damals von einer produktbezogenen Qualitätskontrolle zu einem organisationsbezogenen Total Quality Management-Ansatz entwickelt.

Als Begründer des Qualitätsmanagement sind vor allem Juran[24)] und Deming zu nennen[25)]. Deming zeigte auf, dass Qualität und Produktivität einander nicht widersprechen, sondern positiv miteinander korrelieren, sofern die Produktion als ein Prozess wahrgenommen wird, der Kundenbeziehungen und Kundenfeedback berücksichtigt.

Deming beschreibt folgende Kettenreaktion: Die Verbesserung der Qualität führt zu geringeren Produktionskosten, da weniger Fehlerkorrekturen notwendig sind. Weniger Fehler führen zu einer besseren Nutzung der Maschinen und des Materials. Niedrigere Produktionskosten führen zu einer besseren Produktivität und machen eine bessere Qualität zu niedrigeren Preisen möglich. Das führt zu einem höheren Marktanteil, der wiederum die Existenz der Firma und somit der Arbeitsplätze sichert. Deming führte auch den Deming Zyklus ein, der sowohl die Fehlerkorrektur als auch die Fehlervermeidung berücksichtigt. Der Deming Zyklus besteht aus den Schritten „plan, do, check and act – PDCA“ (siehe Abbildung A2.2). Damit wurde die Basis für eine kontinuierliche Verbesserung von Geschäftsprozessen gelegt.

---

22) Vgl. Deming, Crisis, Cambridge University Press, Cambridge 1992
23) Vgl. DIN EN ISO 8402
24) Vgl. Juran, Handbuch der Qualitätsplanung, Verlag Moderne Industrie, Landsberg am Lech, 1991
25) Vgl. Deming, Crisis, Cambridge University Press, Cambridge, 1992

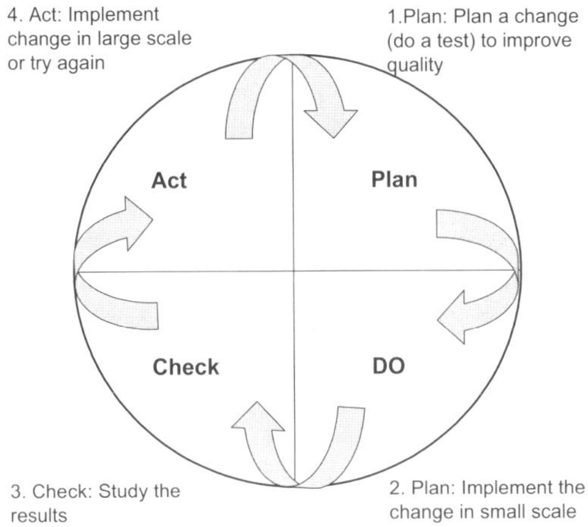

Abb. A2.2: Deming-Zyklus

Der Ansatz von Deming wurde von den Japanern Ishikawa und Taguchi weiterentwickelt[26]. Ishikawa postulierte, dass alle Unternehmensbereiche und alle Mitarbeiter für die Qualität verantwortlich sind. Die Qualität wird vom Kunden definiert, wobei als Kunde nicht nur der Endkunde verstanden wird, der für das Produkt bezahlt, sondern jeweils die nächste Person im Prozess. Jeder Mitarbeiter ist daher zugleich Kunde als auch Lieferant.

Aus diesen Weiterentwicklungen entstand der Total Quality Management-Ansatz, der durch sieben Prinzipien charakterisiert werden kann:

- Kundenorientierung
- kontinuierliche Verbesserung der Systeme und Prozesse
- Prozessmanagement
- Suche nach der wahren Fehlerursache: Das Problem an sich ist lediglich ein Symptom. Die Ursache liegt im System bzw. im Prozess.
- Datenerhebung und statistische Methoden
- Mitarbeiterorientierung
- Teamorientierung

Kaizen oder kontinuierliche Verbesserung

Kaizen (jap. kai = ändern; zen = das Gute; wörtl. Verbesserung) ist ein aus Japan stammendes Management-Konzept, das im westlichen Raum unter dem Namen kontinuierlicher Verbesserungsprozess (KVP) Einzug gehalten hat.[27]

Die Grundidee des Kaizen ist die Involvierung der Führungskräfte als auch der Mitarbeiter in einen ständigen Verbesserungsprozess der Prozesse und Produkte eines Unter-

26) Vgl. Ishikawa, Lu, Quality Control, Prentice Hall, Englewood Cliffs, 1985
27) Vgl. Imai, Der Schlüssel zum Erfolg der Japaner im Wettbewerb, Langen/Müller, München, 1992

nehmens. Durch die Einbindung aller Mitarbeiter soll deren Potenzial ausgeschöpft aber auch deren Motivation und Identifikation gesteigert werden. Die Integration der Mitarbeiter erfolgt primär über Teamarbeit.

Kaizen rückt kontinuierliche Veränderungen in den Vordergrund und grenzt sich so vom Reengineering, das diskontinuierliche, sprunghafte Veränderungen vorsieht, ab.

Merkmale des Kaizen sind:

- Mitarbeiterorientierung
- Teamorientierung
- Prozessorientierung
- Qualitätsorientierung
- Anwendung statistischer Methoden

Business Process Reengineering

Der Ansatz des Business Process Reengineering (BPR) geht auf Hammer und Champy zurück[28]: „*Reengineering is the fundamental rethinking and radical redesign of business processes to achieve dramatic improvements in critical, contemporary measures of performance, such as cost, quality, service, and speed.*"

Das Konzept des BPR zeichnet sich dadurch aus, dass bestehende Strukturen in Frage gestellt und auf Basis einer hohen Kunden- und Kernkompetenzorientierung „neu konstruiert" werden. Ziel sind sprunghafte Verbesserungen, besonders in Bezug auf die Kriterien Kosten, Qualität, Service und Zeit.

BPR bezieht sich im Regelfall nicht nur auf einen einzelnen Prozess, sondern auf alle kundennahen, wertschöpfenden Prozesse. Alle weiteren Prozesse haben diese zu unterstützen. Gestaltungskriterien für Prozesse sind:

- Orientierung an den kritischen Prozessen
- Orientierung der Prozesse an den Kunden
- Konzentration auf Kernkompetenzen
- Nutzung von Informationstechnologie zur Prozessunterstützung

Neben den obigen Gestaltungsprinzipien für Prozesse zeichnet sich der Managementansatz des BPR durch folgende Merkmale aus:

- Fundamentales Überdenken und radikales Redesign von Unternehmen
- Prozessdenken versus Ressortdenken
- Gesamtprozessoptimierung versus Optimierung einzelner Prozessschritte
- Prozessverantwortung bei „Process-Owner"
- Prozessteams statt Fachabteilungen

---

28) Vgl. Hammer, Champy, Business Reengineering, Campus Verlag, Frankfurt, 1995

Lernende Organisation

Ein wichtiger Vertreter des Ansatzes des organisatorischen Lernens ist Peter Senge, der in seiner Publikation „The Fifth Discipline“ das Modell der lernenden Organisation vorstellte.[29)]

Als lernende Organisation wird eine anpassungsfähige, auf äußere und innere Reize reagierende Organisation bezeichnet. Sie ist ständig in Bewegung. Ereignisse werden als Anregung aufgefasst und für Entwicklungsprozesse genutzt, um die Wissensbasis und Handlungsspielräume an die neuen Erfordernisse anzupassen.

Merkmale des organisatorischen Lernens sind:

- Wahrnehmen der Organisation als Wettbewerbsvorteil
- Differenzierung zwischen organisatorischem Lernen und individuellem Lernen
- Kontinuierliches und diskontinuierliches Lernen und Entlernen
- Lernen zur Verbesserung von Prozessen
- Lernen in Prozessen
- Selbststeuerung
- Vertrauen

A 2.3 Organisations- und Managementverständnis der Autoren

Traditionelles Managementparadigma

Ein „traditionelles Managementparadigma“ ist durch ein traditionelles Organisationsverständnis charakterisiert. Ein traditionelles Organisationsverständnis sieht eine funktionale Strukturierung von Organisationseinheiten, die Nutzung der Hierarchie als zentrales Integrationsinstrument, die Realisierung von Kooperationen auf Grund von Schnittstellendefinitionen und arbeitsteilige Abläufe vor. Traditionelle Organisationen nutzen damit z. B. die organisatorischen Potenziale von Projekten und Programmen nicht.

Neues Managementparadigma

Zum erfolgreichen Management von Organisationen ist ein modernes Organisationsverständnis auf Basis eines „neuen Managementparadigmas“, das von den oben beschriebenen modernen Managementansätzen beeinflusst ist, Voraussetzung. Folgende Merkmale, die man als Merkmale eines neuen Managementparadigmas bezeichnen kann, haben moderne Managementansätze gemeinsam:

- Konzentration auf Kernkompetenzen
- Prozess- und Projektorientierung
- Wahrnehmung der Organisation als Wettbewerbsvorteil
- Teamarbeit

---

29) Vgl. Senge, The fifth discipline, Century Business, London, 1998

- Empowerment der MitarbeiterInnen
- Kundenorientierung
- Netzwerken mit Kunden, Partnern, Lieferanten und Mitbewerbern
- Förderung eines kontinuierlichen und diskontinuierlichen Wandels

Organisationsverständnis der Autoren

Den folgenden Ausführungen liegt folgendes Organisationsverständnis zu Grunde:

- Eine Organisation wird als soziales System wahrgenommen, wobei in permanente Organisationen (Unternehmen, Unternehmensbereiche) und temporäre Organisationen (Projekte und Programme) unterschieden wird.
- Es ist zwischen Organisation im weiteren Sinn (siehe oben) und Organisation im engeren Sinn (Organisationsstrukturen) zu unterscheiden.
- Die praktische Umsetzung des systemischen Verständnisses der Organisation erfolgt mittels eines Identitätsmodells. Elemente des Identitätsmodells der Organisation sind einerseits deren Ziele und Strategien, deren Dienstleistungen und Produkte, deren Organisationsstrukturen und -kulturen, deren Personalstruktur, Infrastruktur, Budget und Finanzierung, und andererseits die Umweltbeziehungen sowie die Kontextdimensionen, nämlich die Beiträge zu den Zielen des übergeordneten sozialen Systems, die relevanten Umwelten und die Geschichte und die Erwartungen an die Zukunft der Organisation.

Managementverständnis der Autoren

Den folgenden Ausführungen liegt folgendes Managementverständnis zu Grunde:

- Ein neues Managementparadigma ist charakterisiert durch die Konzentration auf Kernkompetenzen, Prozess- und Projektorientierung, Wahrnehmung der Organisation (im engeren Sinn) als Wettbewerbsvorteil, Teamarbeit, Empowerment der Mitarbeiter, Kundenorientierung, Netzwerken mit Kunden, Partnern, Lieferanten und Mitbewerbern und die Förderung eines kontinuierlichen und diskontinuierlichen Wandels.
- Managementziele sind der Aufbau und Abbau von Komplexität in der Organisation, der adäquate Umgang mit Dynamik und die Vermittlung von Sinn an die Organisationsmitglieder.
- Managementaufgaben sind das Informieren und das Interpretieren des Kontext des organisatorischen Handelns, das Treffen von Entscheidungen und das Lösen von Konflikten, das Beobachten, Reflektieren und Feedback geben sowie das Fördern des organisatorischen und individuellen Lernens. Diese Managementaufgaben sind bezüglich der Betrachtungsobjekte Dienstleistungen und Produkte, Organisationsstrukturen, Personal, Infrastruktur, etc. zu erfüllen.
- Organisatorisches Designen erfolgt durch differenzieren und integrieren. Elemente des organisatorischen Designs sind Aufgaben und Rollen, Organigramme, Kommunikationsstrukturen, organisatorische Rollen und Prozesse.
- Organisieren grenzt sich daher vom strategischen Management, Marketing, Personalmanagement, Finanzmanagement, etc. ab. Diese Managementaufgaben stellen den Kontext für das Organisieren dar.

Prozessmanagement-Ansatz der Autoren

Der hier dargestellte Prozessmanagement-Ansatz unterscheidet sich von traditionellen Prozessmanagement-Ansätzen. Relevante Unterscheidungskriterien sind

- das Prozess- und das Prozessmanagement-Verständnis,
- die im Prozessmanagement einzusetzenden Methoden,
- die Betrachtung der Zusammenhänge zwischen Prozessmanagement und Projekt-, Programm- und Projektportfolio-Management zur Schaffung von Synergien sowie
- die Betrachtungsobjekte des organisatorischen Designs von Unternehmen.

Die wesentlichen Unterschiede hinsichtlich dieser Kriterien sind in der Abbildung A2.3 dargestellt.

KAPITEL
A

Kriterium	Traditionelles Prozessmanagement	Prozessmanagement-Ansatz der Autoren
Prozessverständnis	Prozess als objektive Wirklichkeit	Prozess als soziale Konstruktion
	Prozess als Menge von Tätigkeiten, durch die Input in Output umgewandelt wird	Prozess als abgrenzbarer, relativ umfangreicher Ablauf, an dem Rollenträger einer oder mehrerer Organisationen mitwirken
Prozessmanagemen-Verständnis	Prozessmanagement als eine Menge von Methoden	Differenzierung in Makro- und Mikro-Prozessmanagement
Ziele des Prozessmanagement	Effizienzsicherung	Effizienzsicherung, organisatorisches Lernen, individuelles Lernen
Prozessmanagement und Projekt-, Programm- und Projektportfolio- Management	Zusammenhänge nicht betrachtet	Synergien durch die Betrachtung der Zusammenhänge
Methoden des Makro-Prozessmanagement	Prozesslandkarte	Prozesslandkarte, Prozess-Ketten, Prozess-Netzwerke, Prozessportfolio-Berichte
Methoden des Mikro-Prozessmanagement	Prozesslandkarte	Prozessabgrenzung, Prozessstrukturplan, Flussdiagramm, Funktionendiagramm, Prozesscontrolling-Berichte
Organisationen zur Erfüllung von Prozessen	Permanente Organisation	Permanente und temporäre Organisation (Projekte, Programme)
Organisatorisches Design von Unternehmen	Prozessorientierung	Kombination der Prozess- und Projektorientierung

Abb. A2.3: Unterschiede zwischen traditionellen Prozessmanagement-Ansätzen und dem Prozessmanagement-Ansatz der Autoren

Literatur

Ashby, W. R., (Process of model-building) The process of model-building in the behavioral sciences, Ohio State University Press, Columbia, 1970

Bleicher, K., (Organisation) Organisation, Gabler, Wiesbaden, 1991

Deming, W. E., (Crisis) Out of the Crisis, Cambridge University Press, Cambridge, 1992

Frese, E., (Grundlagen der Organisation) Grundlagen der Organisation. Konzept – Prinzipien – Strukturen, 8. Auflage, Gabler, Wiesbaden, 2000

Gaitanides, M., (Prozessorganisation) Prozessorganisation. Entwicklung Ansätze und Programme prozessorientierter Organisationsgestaltung, Vahlen, München, 1983

Gareis, R., (Happy Projects) Happy Projects!, 2. Auflage, Manz, Wien, 2005

Hammer, M., Champy, J., (Business Reengineering) Business Reengineering – Die Radikalkur für das Unternehmen, 5. Auflage, Campus Verlag, Frankfurt, 1995

Imai, M., (Der Schlüssel zum Erfolg der Japaner im Wettbewerb) Kaizen – Der Schlüssel zum Erfolg der Japaner im Wettbewerb, 3. Auflage, Langen/Müller, München, 1992

Ishikawa, K., Lu, D., (Quality Control) What is Total Quality Control? The Japanese Way, Prentice Hall, Englewood Cliffs, 1985

Jung, H., (Allgemeine Betriebswirtschaftslehre) Allgemeine Betriebswirtschaftslehre, 9. Auflage, Oldenbourg, München, 2004

Juran, J. M., (Handbuch der Qualitätsplanung) Handbuch der Qualitätsplanung, 3. Auflage, Verlag Moderne Industrie, Landsberg am Lech, 1991

Kasper, H., Mayrhofer, W., Meyer, M., (Management aus systemtheoretischer Sicht) Management aus systemtheoretischer Sicht, in: Eckardstein, D., Kasper, H., Mayrhofer, W., Management, Schäffer-Pöschel, Stuttgart, 1999

Krüger, W., (Organisation der Unternehmung) Organisation der Unternehmung, Kohlhammer, Stuttgart, 1993

Luhmann, N., (Soziale Systeme) Soziale Systeme: Grundriss einer allgemeinen Theorie, Suhrkamp, Frankfurt, 1984

Senge, P., (The fifth discipline) The fifth discipline: the art and practice of the learning organization, Century Business, London, 1998

Simon, F. B., Sterlin H., (Die Sprache der Familientherapie) Die Sprache der Familientherapie, Klett-Cotta, Stuttgart, 1984

Staehle, W. H., (Management) Management, 3. Auflage, Vahlen, Stuttgart, 1987

Vahs, D., (Organisation) Organisation – Einführung in die Organisationslehre und -praxis, Schäffer-Pöschel, Stuttgart, 2001

Weuster, A., (Unternehmensorganisation) Unternehmensorganisation – Organisationsprojekte – Aufbaustrukturen, 2. Auflage, Hampp, München, 2004

Willke, H., (Systemtheorie II) Systemtheorie II: Interventionstheorie, Lucius & Lucius, Stuttgart, 1994

Womack, J., (Die zweite Revolution in der Autoindustrie) Die zweite Revolution in der Autoindustrie, Campus Verlag, Frankfurt am Main, 1992

B

Prozess- und Projektorientierung als Organisationsstrategien von Unternehmen

Ein Prozess ist ein klar abgrenzbarer, relativ umfangreicher organisatorischer Ablauf, der die Mitwirkung mehrerer Rollen einer oder mehrerer Unternehmen bedingt. Sowohl die Identifikation von Prozessen als auch deren Abgrenzung bedarf einer Vereinbarung der für den Prozess Zuständigen. Projekte und Programme sind temporäre Organisationen, die von Unternehmen zur Durchführung umfangreicher, relativ einmaliger Prozesse eingesetzt werden.

Der Nutzen der Prozess- und Projektorientierung liegt in der Qualitätssicherung und Effizienzsteigerung und damit der Sicherung der Wettbewerbsfähigkeit von Unternehmen. Die Definition von Prozessen und der Einsatz von Projekten ermöglicht das organisatorische und individuelle Lernen, das Controlling der Erfüllung von Prozessen und deren kontinuierlicher Verbesserung.

B Prozess- und Projektorientierung als Organisationsstrategien von Unternehmen

Inhalt

B 1 Prozess: Definition und Nutzen

B 1.1 Prozess

Ein Prozess ist ein klar abgrenzbarer, relativ umfangreicher organisatorischer Ablauf, der die Mitwirkung mehrerer Rollen einer oder mehrerer Organisationen bedingt. Elemente von Prozessen sind Aufgaben, Entscheidungen, deren Beziehungen zueinander sowie organisatorische Zuständigkeiten. Ein Prozess ist keine eigenständige Organisation, sondern ist eine Ablaufstruktur, die eine oder mehrere Organisationen horizontal durchläuft (siehe Abbildung B1.1).

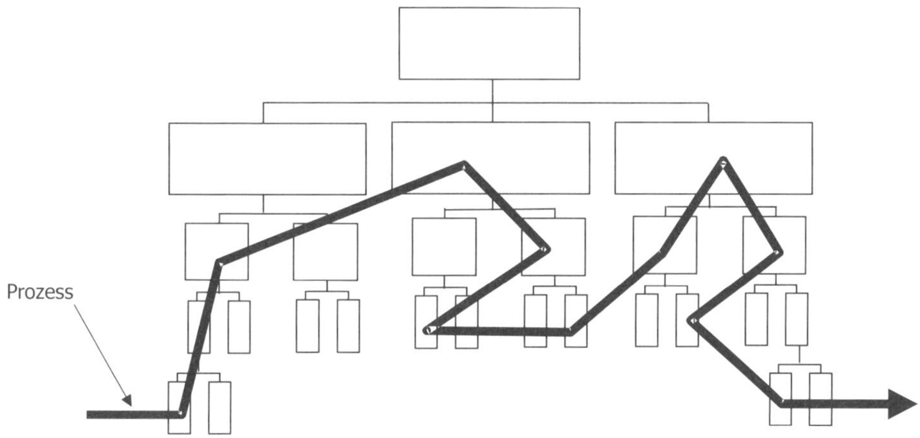

Abb. B1.1: Prozess als horizontale Organisationsstruktur

Der Begriff Prozess leitet sich aus dem Lateinischen (lat. procedere = voranschreiten) ab. Der Begriff steht in seinen überwiegenden Verwendungen für die Beschreibung eines Ablaufs, einer (sach-)logischen Folge von Aufgaben. Der Begriff Prozess soll die Assoziation von Dynamik auslösen, ein Prozess ist ein *„fortschreitendes Geschehen, in dem jeder etwas hinzufügt"*[1]. Im Kontext der betriebswirtschaftlichen Organisationslehre findet sich auch der Begriff „Geschäftsprozess" zur Kennzeichnung der Abläufe im Zusammenhang unternehmerischer Tätigkeit. Das Gabler Wirtschaftslexikon definiert einen Prozess als Folge von Wertschöpfungsaktivitäten mit einem oder mehreren Inputs und einem Kundennutzen stiftenden Output.

Prozesse können auf verschiedenen Ebenen betrachtet werden, z. B. für die Gesamtunternehmung, einzelne Sparten oder Funktionalbereiche[2]. Die DIN EN ISO 9000:2000 definiert einen Prozess als „System von Tätigkeiten, das Eingaben mit Hilfe von Mitteln

1) Vgl. Sassen, Organisationsstrukturen, in: Trigon Themen, 2/1991, S. 4–5

2) Vgl. Hadeler, Gabler Wirtschaftslexikon, Gabler, Wiesbaden, 2004

in Ergebnisse umwandelt. Prozesse in einer Organisation sind üblicherweise geplant, werden unter beherrschten Bedingungen durchgeführt um Mehrwert zu schaffen.[3)]

Aus der Betrachtung weiterer Definitionen (siehe Abbildung B1.2) lassen sich folgende Charakteristika von Prozessen ableiten:

- Prozesse sind ein Bündel von Vorgängen, Aufgaben, Tätigkeiten
- Prozesse haben ein definiertes Start- und Endereignis
- Prozesse haben ein definiertes Ziel bzw. Ergebnis
- Prozesse sind durch eine Input-Output-Beziehung gekennzeichnet

Autor	Definition
Rump, 1999, S. 19	„Ein Geschäftsprozess ist eine zeitlich und sachlogische abhängige Menge von Unternehmensaktivitäten, die ein bestimmtes, unternehmensrelevantes Ziel verfolgen und zur Bearbeitung auf Unternehmensressourcen zurückgreifen."
Keller und Teufel, 1997, S. 153	„... beschreibt ein Geschäftsprozess alle Aktivitäten, mit deren Durchführung eine angestrebte Leistung bzw. Soll-Leistung durch Aufgabenträger erstellt wird, die an externe Kunden (Hauptprozesse) oder interne Kunden (Serviceprozesse) übergeben wird und für diesen einen Wert darstellt."
Mertens, 1995, S. 24	„Eng verwandt mit dem Begriff Funktion ist der Begriff Prozess. Ein Prozess entsteht aus einer Folge von einzelnen Funktionen (Funktionsablauf) und weist einen definierten Anfangspunkt (Auslöser des Prozesses) sowie Endpunkt (Endzustand) auf."
Becker und Vossen, 1996, S. 19	„... die inhaltlich abgeschlossene zeitliche und sachlogische Abfolge von Funktionen, die zur Bearbeitung eines betriebswirtschaftlich relevanten Objekts notwendig sind."
Osterloh, Frost, 2004, S. 52	„... einen Ablauf, das heisst den Fluss und die Transformation von Material, Informationen, Operationen und Entscheidungen. Geschäftsprozesse sind durch die Bündelung und die strukturierte Reihenfolge von funktionsübergreifenden Aktivitäten mit einem Anfang und einem Ende sowie klar definierten Inputs und Outputs gekennzeichnet."
Hammer und Champy, 1995, S. 52	„Wir definieren einen Unternehmensprozess als Bündel von Aktivitäten, für das ein oder mehrere unterschiedliche Inputs benötigt werden und das für den Kunden ein Ergebnis von Wert erzeugt."

Abb. B1.2: Prozessdefinitionen

Was ein Prozess ist, kann nicht objektiv festgestellt werden, sondern ist das Ergebnis einer sozialen Konstruktion. Sowohl die Identifikation von Prozessen als auch deren Abgrenzung bedarf einer Vereinbarung der für den Prozess Zuständigen. Die Definition eines Prozesses bedingt den Einsatz von Prozessmanagement. Dadurch wird eine entsprechende Aufmerksamkeit zum Management des Prozesses sichergestellt. Nur was als Prozess definiert wird, kann professionell als Prozess gemanagt werden.

3) Vgl. DIN EN ISO 9000:2000

Systemisch betrachtet stellen Prozesse eine wesentliche Dimension der Identität von Organisationen dar. Prozesse sind daher im Zusammenhang mit den anderen Dimensionen der Identität der Organisation zu betrachten. Prozesse sind weder eigenständige Organisationen noch sind sie soziale Systeme; sie bedürfen viel mehr Organisationen (z. B. Abteilungen oder Projekte) zu ihrer Durchführung.

B 1.2 Prozessarten

Geschäftsprozesse können nach unterschiedlichen Kriterien differenziert werden. Die Unterscheidung in Prozessarten erhöht die Transparenz und ermöglicht einen differenzierten Umgang mit Prozessen. In Abbildung B1.3 sind Differenzierungen von Prozessarten unterschiedlicher Autoren dargestellt.

EFQM	Dernbach Diebold	Crux/Schwilling Roland Berger	Griese/Sieber
• Management Processes • Operating Processes • Support Processes	• Managementprozesse • Primäre Prozesse • Sekundäre Prozesse • Innovationsprozesse	• Steuerungsprozesse • Primäre Prozesse • Sekundäre Prozesse	• Managementprozesse • Kernprozesse • Supportprozesse

Abb. B1.3: Prozessarten unterschiedlicher Autoren[4)]

Porter unterteilt sein Wertkettenmodell in primäre und sekundäre Prozesse (siehe Abbildung B1.4). Zu der Gruppe der primären Prozesse, die wertschöpfend sind, zählt er z. B. den Innovationsprozess, den Produktplanungsprozess, den Vertriebsprozess, den Serviceprozess. Die sekundären Prozesse dienen zur Unterstützung und sind für den Kunden meist nicht sichtbar. Diesbezügliche Beispiele sind der Personalmanagementprozess, der Strategieplanungsprozess und der Ressourcenmanagementprozess.[5)]

Hier relevant erscheinende Prozessarten sind in der Abbildung B1.5 dargestellt und folgend interpretiert.

4) Vgl. Schmelzer, Sesselmann, Geschäftsprozessmanagement in der Praxis, Carl Hanser Verlage, München/Wien, 2004, S. 56

5) Vgl. Schmelzer, Sesselmann, Geschäftsprozessmanagement in der Praxis, Carl Hanser Verlage, München/Wien, 2004

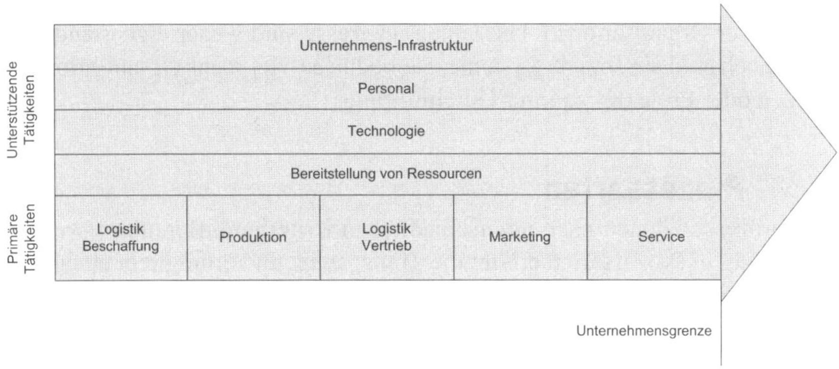

Abb. B1.4: Wertkette von Porter

Differenzierungskriterium	Prozessart
Kundennähe	Primärprozess
	Sekundärprozess
	Tertiärprozess
Prozessebene	Hauptprozess
	Prozess
	Teilprozess
	Aufgabe
Funktionaler Anwendungsbereich	IT-Prozess
	Bau-Prozess
	Etc.
Wiederholungsgrad	Einmaliger Prozess
	Repetitver Prozess
Umfang	Prozess kleinen Umfangs
	Prozess mitteleren Umfangs
	Prozess großen Umfangs
Organisationsbezug	Organisationsinterner Prozess
	Organisationsübergreifender Prozess

Abb. B1.5: Relevante Prozessarten

Kriterium: Kundennähe

Bezüglich der Kundennähe von Prozessen kann man in Primär-, Sekundär- und Tertiärprozesse unterscheiden.

Unter Primärprozessen sind jene Prozesse zu verstehen, die die Erfüllung des primären Unternehmenszwecks zum Ziel haben. Primärprozesse, wie z. B. der Angebotserstellungsprozess und der Auftragsabwicklungsprozess, sind durch einen unmittelbaren Kundenbezug charakterisiert. Sekundärprozesse, wie z. B. der Produktentwicklungsprozess, dienen der Unterstützung der Primärprozesse und haben dadurch einen mittelbaren Kundenbezug. Tertiärprozesse, wie z. B. der strategische Planungsprozess oder der Controllingprozess, haben keinen Kundenbezug.

Die Differenzierung von Prozessen ist fließend. Je nach Art und Unternehmenszweck kann ein Prozess in einem Unternehmen ein Primärprozess und in einem anderen ein Sekundärprozess sein.[6)]

Die Differenzierung von Prozessarten nach dem Kriterium der Kundennähe schafft folgenden Nutzen:

- Orientierung bei der Identifikation der Prozesse (z. B. Ableitung der Primärprozesse von den Dienstleistungen)
- Fokussierung bei der Prozessoptimierung (Optimierung der Kundenbeziehung, Senkung der Gemeinkosten, etc.)
- Optimierung strategischer Entscheidungen (z. B. In- oder Outsourcing von Leistungen)

Kriterium: Prozessebene

Es können die Prozessebenen Hauptprozess, Prozess und Teilprozess unterschieden werden.

Ein Hauptprozess ist eine Menge mehrerer Prozesse, die gemeinsam zur Realisierung der Ziele des Hauptprozesses dienen. Die dem Hauptprozess zugehörenden Prozesse können auch für sich alleine oder auch in anderen Hauptprozessen erfüllt werden. Der Hauptprozess „Auftragsabwicklung Anlagenbau“ eines Anlagenbauunternehmens besteht z. B. aus den Prozessen Projektmanagement, Engineering, Beschaffung, Transport, Bau, Installation und Inbetriebnahme. Jeder dieser Prozesse kann auch unabhängig vom Prozess „Auftragsabwicklung Anlagenbau“ erfüllt werden. Der Installationsprozess kann z. B. auch im Rahmen einer Wartungsleistung erfüllt werden.

Ein Prozess beinhaltet mehrere Teilprozesse. Die Durchführung eines Teilprozesses setzt die Durchführung des Prozesses voraus. Der Installationsprozess beinhaltet z. B. die Teilprozesse Planung, Vorbereitung und Durchführung der Installation. Die Strukturierung von Prozessen in Teilprozesse – anstatt der eindimensionalen Listung der Aufgaben – erhöht deren Übersichtlichkeit.

Kriterium: Funktionaler Anwendungsbereich

Prozesse können nach Anwendungsbereichen unterschieden werden. Anwendungsbereiche, in denen die Schwerpunkte der Erfüllung von Prozessen liegen, können z. B. der Baubereich, der IKT-Bereich oder der Personalbereich sein.

Die Erfüllung von Prozessen in unterschiedlichen Anwendungsbereichen setzt unterschiedliches Know-How voraus. Die Differenzierung von Prozessen nach Anwendungs-

---

6) Vgl. Schmelzer, Sesselmann, Geschäftsprozessmanagement in der Praxis, Carl Hanser Verlage, München/Wien, 2004

bereichen ermöglicht die Zuordnung von Prozessen gleicher Anwendungsbereiche zu selben Prozesseigentümern.

Kriterium: Wiederholungsgrad

Prozesse können nach dem Wiederholungsgrad in einmalige und repetitive Prozesse unterschieden werden.

Betrachtungsobjekte des Prozessmanagement sind repetitive Prozesse. Nur für diese ist eine Beschreibung und Standardisierung mit Hilfe des Prozessmanagement sinnvoll. Für einmalige Prozesse, wie z. B. eine Unternehmensgründung oder die Erlangung einer ISO-Zertifizierung durch ein Unternehmen, ist Prozessmanagement nicht sinnvoll. Regelmäßig durchzuführende ISO-Audits stellen hingegen einen repetitiven Prozess dar.

Die Differenzierung von Prozessen nach ihrem Wiederholungsgrad ermöglicht die Standardisierung repetitiver Prozesse.

Kriterium: Umfang

Prozesse können nach ihrem Umfang in Prozesse kleinen, mittleren und großen Umfangs unterschieden werden. Prozesse großen Umfangs sind oft „Hauptprozesse“, zu deren Zielerfüllung mehrere Prozesse kombiniert werden müssen (siehe oben).

Prozesse kleinen Umfangs, wie z. B. das Aussenden von Prospekten, sind in der Regel nicht dem Prozessmanagement zu unterziehen. Prozesse mittleren Umfangs, wie z. B. die Organisation einer Firmenpräsentation, sind für die Erfüllung durch die permanente Stammorganisation geeignet. Prozesse großen Umfangs (meist Hauptprozesse) hingegen bedürfen zu ihrer Erfüllung einer besonderen Managementaufmerksamkeit. Für diese Prozesse bietet sich der Einsatz temporärer Organisationen, d. h. von Projekten oder Programmen, an. Ein Beispiel für einen umfangreichen Hauptprozess stellt der Prozess „Auftragsabwicklung Anlagenbau“ dar.

Kriterium: Organisationsbezug

Es können organisationsinterne und organisationsübergreifende Prozesse unterschieden werden. In organisationsübergreifenden Prozessen werden auch die von den kooperierenden Organisationen zu erfüllenden Aufgaben berücksichtigt. Eine Optimierung des Ablaufs über die Grenzen einer Organisation hinweg wird angestrebt.

B 2 Projekt: Definition und Nutzen

Projekte und Programme sind temporäre Organisationen, die von Unternehmen zur Durchführung umfangreicher, relativ einmaliger Prozesse eingesetzt werden.

Nutzen des Einsatzes von Projekten und Programmen sind die Schaffung von organisatorischer Flexibilität im Unternehmen, die Sicherung der Qualität der Prozessergebnisse und damit die Schaffung von Wettbewerbsvorteilen.

B 2.1 Projekt und Programm

Für die Erfüllung unterschiedlicher Prozesse von Unternehmen sind unterschiedliche Organisationen adäquat. Repetitive Prozesse kleinen bis mittleren Umfangs, mit relativer kurzer Dauer und relativ wenigen zuständigen Organisationseinheiten werden in der permanenten Unternehmensorganisation erfüllt (siehe Abbildung B2.1). Umfangreichere, länger dauernde Prozesse, deren Erfüllung mehrere bis viele Organisationseinheiten involviert, bedürfen der Organisation als Projekt oder als Programm.

Charakteristika von Prozessen	Ausprägung		
Häufigkeit	oftmalig	einmalig	einmalig
Umfang	klein – mittel	mittel – groß	groß
Bedeutung	gering	mittel – hoch	hoch
Dauer	kurz	kurz – mittel	mittel – lang
Ressourceneinsatz	gering	mittel	hoch
Kosten	gering – mittel	mittel – hoch	hoch
Anzahl Organisationen	wenige	mehrere – viele	viele
	↓	↓	↓
Organisationsform	Permanente Organisation	Projekt	Programm

Abb. B2.1: Adäquate Organisationen zur Erfüllung unterschiedlicher Prozesse

Projekte werden zur Durchführung relativ einmaliger Prozesse eingesetzt. Je neuartiger die Ziele und die zu erfüllenden Leistungen sind, desto höher ist das damit verbundene Risiko. Erfahrungswerte, auf die zurückgegriffen werden kann, sind oft nur in geringem Ausmaß verfügbar.

Projekte werden zur Durchführung von Prozessen von kurzer bis mittlerer Dauer eingesetzt. Durch die Fokussierung auf die Prozesse, sollen diese möglichst rasch, d. h. in mehreren Monaten, durchgeführt werden. Projekte sollten nicht länger als 12 Monate dauern. Eine diesbezügliche Ausnahme stellen die Durchführungen von Infrastrukturprojekten (z. B. Bau- oder Anlagenbauprojekte) dar, die bis zu 24 Monate dauern können.

Prozesse, für die Projekte eingesetzt werden, haben eine mittlere bis hohe strategische Bedeutung für das durchführende Unternehmen. Die Abwicklung von Kundenaufträgen trägt z. B. zur kurz- bis mittelfristigen Überlebenssicherung von Unternehmen bei. Die Entwicklung neuer Produkte oder das Eingehen einer strategischen Allianz haben hingegen langfristige Konsequenzen und sind somit strategisch bedeutender.

Projekte werden für Prozesse mittleren bis großen Umfangs eingesetzt. Der Umfang eines Prozesses kann anhand der zu erfüllenden Leistungen, der einzusetzenden internen

Ressourcen, der anfallenden Kosten und der mitwirkenden Organisationen beschrieben werden.

Zur Operationalisierung des Projektbegriffs sind die relativen Ausprägungen der Charakteristika der Prozesse, nämlich deren Leistungsumfang, Ressourceneinsatz, Kosten, Dauer etc., je Unternehmen zu konkretisieren. Ein diesbezügliches Beispiel ist in der Abbildung B2.2 dargestellt.

Kriterium	Kleinprojekt	Projekt	Programm
Strategische Bedeutung	Kapitalwert: mindestens € 5.000,–	Kapitalwert: mindestens € 50.000,–	Kapitalwert: mindestens € 50.000,–
Dauer	mindestens 2 Monate	mindestens 3 Monate	mindestens 12 Monate
Beteiligte Organisationen	mindestens 3 Bereiche (und externe Partner)	mindestens 5 Bereiche (und externe Partner)	mindestens 7 Bereiche (und externe Partner)
Ressourcen	mindestens 100 interene Personentage	mindestens 200 interne Personentage	mindestens 500 interen Personentage
Kosten	mindestens € 0,1 Mio.	mindestens € 0,5 Mio.	mindestens € 1 Mio.

Abb. B2.2: Projektdefinition einer österreichischen Großbank

Ein Programm ist eine temporäre Organisation zur Erfüllung eines einmaligen Prozesses großen Umfangs mit mittlerer bis langer Dauer. Die in einem Programm gekoppelten Projekte dienen der Realisierung eines gemeinsamen Programmziels. Programme im organisatorischen Sinn sind z. B. die Entwicklung einer Produktfamilie, die Implementierung einer komplexen IT-Lösung in einem internationalen Konzern oder die Reorganisation mehrerer Unternehmen in einer Holding.

Um den organisatorischen Nutzen von Projekten zu sichern, sind Prozesse, für deren Erfüllung Projekte eingesetzt werden, von „nicht-projektwürdigen" Prozessen zu unterscheiden. Organisationen zur Erfüllung nicht-projektwürdiger Prozesse sind einerseits die permanenten Organisationen sowie Arbeitsgruppen. Permanente Organisationen sind z. B. Abteilungen, Profit-Zentren und Service-Zentren bzw. Unternehmensbereiche.

Arbeitsgruppen sind zeitlich befristete Gruppen aus 3 bis 8 Personen zur Erfüllung spezieller Aufgaben. Typische Ziele von Arbeitsgruppen sind z. B. Qualitätsverbesserungen, die in „Quality Circles" angestrebt werden. Arbeitsgruppen werden meist kurzfristig eingesetzt und arbeiten weniger formal als Projekte.

B 2.2 Projektarten

Projektarten können nach Branche, Standort, Projektinhalt, Investitionsphase, Wiederholungsgrad, Projektdauer und Bezug zu Prozessen unterschieden werden (siehe Abbildung B2.3).

Differenzierungskriterien	Projektarten
Branche	• Bau, Anlagenbau, IT, Pharma, NPO, etc.
Standort	• Inland, Ausland
Inhalt	• Kundenbeziehung, Produkte und Märkte, Infrastruktur, Personal, Organisation
Investitionsphase	• Studie, Konzeption, Realisierung, Relaunch bzw. Instandhaltung
Wiederholungsgrad	• Einmalig, repetitiv
Kunde	• Interner Kunde, externer Kunde
Projektdauer	• Kurz-, mittel-, langfristig
Bezug zu Prozessen	• Primär-, Sekundär- und Tertiärprozess

Abb. B2.3: Differenzierung von Projektarten

Die Differenzierung von Projekten in unterschiedliche Projektarten ermöglicht es, je Projektart spezifische Herausforderungen und Potenziale für das Projektmanagement zu analysieren und spezifische Standardprojektpläne zu entwickeln.

Bei einer Differenzierung von Projekten nach Branchen können z. B. Bau-, Anlagenbau-, IT- oder Pharma-Projekte unterschieden werden. Für Projekte unterschiedlicher Branchen benötigen die Projektteammitglieder spezifische Technologie- und Marktkenntnisse. Eine Entwicklung branchenspezifischer Projektmanagement-Berufsbilder (z. B. IT-Projektmanager) ist möglich.

Bezüglich des Standorts der Projektdurchführung kann in Inlands- und Auslandsprojekte unterschieden werden. Für Auslandsprojekte sind spezifische personelle und organisatorische Voraussetzungen zu schaffen. Einerseits sind die Mobilität der Projektteammitglieder und deren Fremdsprachenkenntnisse zu sichern, andererseits sind fremdsprachige Projektdokumentationen zu erstellen, sowie unterschiedliche nationale Kulturen im Projektteam zu berücksichtigen.

Bei einer Differenzierung nach dem Projektinhalt können Projekte in kundenbeziehungsbezogene Projekte, produkt- und marktbezogene Projekte, infrastrukturbezogene Projekte, sowie personal- und organisationsbezogene Projekte unterschieden werden. Für Projekte mit unterschiedlichen Inhalten können außer unterschiedlichen Kompetenzen der Projektteammitglieder auch unterschiedliche Projektkulturen erforderlich sein. So sind z. B. Kundenauftragsprojekte durch eine höhere Zielverbindlichkeit als Organisationsentwicklungsprojekte charakterisiert. Weiters können je Projektart spezifische Projektphasen definiert und Standardprojektpläne entwickelt werden. So existieren z. B.

für Software- und Produktentwicklungsprojekte Vorgehensmodelle (z. B. CASE-Computer Aided Software Entwicklung) und projektarten-spezifische Projektmanagement-Ansätze (z. B. FOCUS PM von Hewlett Packard), in denen je Projektphase Meilensteine und detaillierte Arbeitspaketspezifikationen dokumentiert sind.

Bezüglich der Phasen im Investitionsprozess, für die Projekte durchgeführt werden, kann vor allem zwischen Konzeptions- und Realisierungsprojekte unterschieden werden. Um das Risiko von Fehlinvestitionen zu reduzieren und die Qualität von Investitionsentscheidungen zu optimieren, empfiehlt es sich, z. B. vor der Errichtung einer neuen Industrieanlage, der Realisierung eines neuen IT-Systems oder eines neuen Weiterbildungsprogramms, eine Konzept zu erstellen. Der Prozess der Erstellung eines Konzepts kann bereits so komplex und strategisch bedeutend sein, dass es sich empfiehlt, diesen in Projektform durchzuführen. Konzeptionsprojekte sind durch einen hohen Bedarf an inhaltlicher Offenheit, an Kreativität und an Projektmarketing charakterisiert. Falls sich die Entscheidungsträger am Ende des Konzeptionsprojekts für eine Realisierung entscheiden, entsteht eine Projekte-Kette aus einem Konzeptions- und einem Realisierungsprojekt.

Bezüglich des Wiederholungsgrades des durch ein Projekt durchzuführenden Geschäftsprozesses kann man in einmalige und in repetitive Projekte unterscheiden. Die Erlangung eines Qualitätszertifikats entsprechend der ISO 9000 stellt z. B. für jedes Unternehmen ein einmaliges Projekt dar. Die Durchführung eines Kundenauftragsprojekts durch ein Bauunternehmen stellt für dieses ein repetitives Projekt dar, da bei allen Auftragsprojekten grundsätzlich die gleichen Prozesse (Konstruktion, Beschaffung, Baustelleneinrichtung, Bauausführung, etc.) erfüllt werden. Trotzdem wird es sich für die Abwicklung (sozial) komplexer Kundenaufträge (neuer Kunde, teilweise neue Lieferanten oder Partner, etc.) empfehlen, diese in Projektform durchzuführen.

Für repetitive Projekte können im Gegensatz zu einmaligen Projekten manche Projektpläne (z. B. Projektstrukturplan, Meilensteinplan, Kostenplanstruktur) standardisiert werden. Für repetitive Projekte ist weniger Kreativität erforderlich als für einmalige Projekte. Die Anwendung von Kreativitätstechniken und der Einsatz multidisziplinärer Teams für innovative Problemlösungen sind daher vor allem für einmalige Projekte notwendig. Bei repetitiven Projekten besteht jedoch die Gefahr, dass die Projektdurchführung Routinecharakter erlangt, dass Standardprojektpläne nicht hinterfragt werden und dass keine Projektautonomie ermöglicht wird.

Eine besondere Form einmaliger Projekte sind Pilotprojekte. Auf Grund der Annahme, dass nach der Durchführung eines Pilotprojekts repetitive Projekte mit ähnlichen Zielen durchgeführt werden, stellen das organisatorische und das individuelle Lernen explizite Ziele von Pilotprojekten dar. Die Organisation des Lernens bezüglich der eingesetzten Technologie, der Marktbedingungen, etc. wird daher ein Projektinhalt.

Die Differenzierung in interne und externe Projekte erfolgt auf Grund unterschiedlicher Kunden. Bei externen Projekten (Kundenauftragsprojekten) beauftragt ein unternehmensexterner Kunde ein Unternehmen, eine Dienstleistung gegen Entgelt zu erfüllen. Das Ziel eines internen Projekts ist hingegen die Lösung einer unternehmensinternen Problemstellung für interne Kunden.

Nur komplexe Kundenaufträge sind als Projekte durchzuführen. Für wenig komplexe Kundenaufträge geringen Umfangs, wie z. B. Lieferungen von Maschinen, Personalbeistellungen, technische Planungen, wird der Einsatz von Projektmanagement nicht sinnvoll sein.

Grundsätzlich sind alle Projekte außer die Abwicklung umfangreicher Kundenaufträge interne Projekte. Bei externen Projekten gibt es meist auf Grund der umfangreichen Vorarbeiten im Zuge der Angebotserstellungen mehr Klarheit bezüglich der Projektziele als bei internen Projekten. Dieser Unterschied sollte in der Zukunft jedoch durch eine häufigere Durchführung von Konzeptionsprojekten weniger bedeutend werden. Bezüglich der Setzung von Prioritäten wird in der Regel externen Projekten der Vorzug gegeben. Das ist insofern verwunderlich, als interne Projekte meist eine höhere strategische Bedeutung haben als externe Projekte.

Bezüglich der Projektdauer kann in kurz-, mittel- und langfristige Projekte unterschieden werden. Da kein Projekt kürzer als 6 Wochen und länger als 12 Monate dauern sollte, werden Projekte mit einer Durchlaufzeit von 6–12 Wochen als kurzfristig, von 3–6 Monaten als mittelfristig und von 7–12 Monaten als langfristig definiert. Länger als 12 Monate können Projekte zur Realisierung von Infrastrukturen (Gebäude, Anlagen, etc.) dauern. Der Projektstart und der Projektabschluss kurz- und mittelfristiger Projekte sind möglichst schnell durchzuführen, die Häufigkeit des formalen Projektcontrolling ist gering zu halten.

Bei langfristigen Infrastrukturprojekten ist auf eine mögliche Fluktuation im Projektteam zu achten und sind auf Grund etwaiger technologischer Weiterentwicklungen und neuer gesetzlicher Bestimmungen Vorkehrungen für Veränderungen im Projekt zu treffen.

Werden Projekte zu den in Unternehmen zu erfüllenden Prozessen in Bezug gesetzt, kann in Projekte zur Durchführung von Primär-, Sekundär- und Tertiärprozessen differenziert werden.

Projekte zur Durchführung von Primärprozessen sind Angebotserstellungsprojekte und Projekte zur Abwicklung von Kundenaufträgen. Projekte zur Durchführung von Sekundärprozessen können z. B. Produktentwicklungen oder Werbekampagnen sein. Projekte zur Durchführung von Tertiärprozessen können z. B. Reorganisationen oder die Einführung eines IT-Systems sein.

In unterschiedlichen Branchen (z. B. Bau, Anlagenbau, IT-Industrie) wurden in der Vergangenheit Projekte vor allem für die Durchführung von Primärprozessen, d. h. für die Abwicklung umfangreicher Kundenaufträge, definiert. Erst in den letzten Jahren ist eine generelle Projektorientierung und damit auch der Einsatz von Projekten für die Durchführung von Sekundär- und Tertiärprozessen beobachtbar.

B 2.3 Cluster von Projekten

Projektorientierte Organisationen führen gleichzeitig eine Menge unterschiedlicher Projekte und Programme durch. Diese Vielzahl temporärer Organisationen bedingt einen hohen Abstimmungsbedarf. Zur Erfüllung von Integrationsfunktionen können Projekte (und Programme) in Projekte-Ketten, Projektportfolien und Projekte-Netzwerke zusammengefasst werden (siehe Abbildung B2.4). Durch diese Zusammenfassungen mehrerer Projekte und die Betrachtung der Beziehungen zwischen den Projekten können Synergien geschaffen und die Realisierung der Strategien und Ziele des projektorientierten Unternehmens gesichert werden. Möglichkeiten zu Optimierungen entstehen durch die Betrachtung der Beziehungen zwischen den Projekten im jeweiligen Projekte-Cluster.

Zusammenhänge zwischen Projekten		
Menge aufeinanderfolgender Projekte	Menge aller Projekte	Menge eng gekoppelter Projekte
Zeitraumbetrachtung	Zeitpunktbetrachtung	Zeitpunktbetrachtung
↓	↓	↓
Projekte-Kette	Projektportfolio	Projekte-Netzwerk
Cluster von Projekten		

Abb. B2.4: Cluster von Projekten

Eine Projekte-Kette ist eine Menge sequenzieller Projekte. Eine Projekte-Kette wird über einen Zeitraum betrachtet. Beispiele für Projekte-Ketten sind die Projekte „Konzeption einer IT-Applikation" und „Realisierung einer IT-Applikation" oder die Projekte „Angebotserstellung für Kundenauftrag A" und „Durchführung Kundenauftrag A".

Ein Projektportfolio ist die Menge aller Projekte eines projektorientierten Unternehmens. Im Projektportfolio werden alle zu einem Stichtag aktuellen (und eventuell auch geplanten) Projekte und Programme berücksichtigt. Wenn projektorientierte Unternehmen viele Projekte in ihrem Portfolio halten (z. B. mehr als 80 Projekte), ist es sinnvoll, mehrere Projektportfolien für unterschiedliche Projektarten (z. B. Kundenauftragsprojekte und sonstige Projektarten) darzustellen. Ein Projektportfolio stellt eine Zeitpunktbetrachtung dar.

Ein Projekte-Netzwerk ist eine Menge eng gekoppelter Projekte. Zur Koppelung von Projekten zu Projekte-Netzwerken stehen unterschiedliche Kriterien, wie z. B. Einsatz einer gemeinsamen Technologie für die betrachteten Projekte, Durchführung der Projekte in der gleichen geographischen Region oder Durchführung der Projekte für einen gemeinsamen Kunden, zur Verfügung. Die jeweils entscheidungsrelevanten Kriterien sind zur Konstruktion eines Projekte-Netzwerks auszuwählen. Ein Projekte-Netzwerk ist stichtagsbezogen zu konstruieren. Ein Beispiel eines Projekte-Netzwerks ist das Netzwerk aller Angebotserstellungs-, Kundenauftrags- und Joint Venture-Projekte eines Anlagenbauunternehmens in China.

Projekte-Ketten, Projektportfolien und Projekte-Netzwerke stellen im Gegensatz zu Projekten und Programmen keine Organisationen dar, sondern sind als Cluster mehrerer Organisationen Betrachtungsobjekte des Management.

B 3 Strategien und Kulturen des prozess- und projektorientierten Unternehmens

B 3.1 Organizational Fit des prozess- und projektorientierten Unternehmens

Ein Unternehmen kann aus unterschiedlichen Perspektiven betrachtet werden. Durch die Betrachtung eines Unternehmens als „prozess- und projektorientiert" werden Interventionsmöglichkeiten zur Steigerung der Effizienz von Prozessen, Projekten und Programmen geschaffen.

Das prozess- und projektorientierte Unternehmen verfügt über spezifische Strategien, Strukturen und Kulturen zur professionellen Erfüllung von Prozessen und zum professionellen Management von Projekten, von Programmen und des Projektportfolios. Die Schaffung des entsprechenden „organizational fit" zwischen den Strategien, Strukturen und Kulturen (siehe Abbildung B3.1). stellt eine Managementherausforderung dar. Die wechselseitigen Beziehungen zwischen den drei Dimensionen sind zu berücksichtigen.

KAPITEL
B

Abb. B3.1: Organizational Fit im prozess- und projektorientierten Unternehmen

Folgend werden die Strategien und Kulturen des prozess- und projektorientierten Unternehmens beschrieben. Auf die organisatorischen Strukturen wird im Kapitel H eingegangen.

B 3.2 Strategien des prozess- und projektorientierten Unternehmens

Spezifisch für prozess- und projektorientierte Unternehmen sind die die Organisationsstrategien „Prozessorientierung" und „Projektorientierung". Deren Konsequenzen und Nutzen sind folgend beschrieben. Erst eine integrierte Betrachtung der Prozess- und Projektorientierung ermöglicht eine effiziente Umsetzung dieser Strategien.

Strategie: Prozessorientierung

Konsequenzen der Umsetzung der Strategie „Prozessorientierung" sind

- Prozesse, Prozesse-Ketten und Prozessportfolien als Betrachtungsobjekte des Management

- Einsatz eines professionellen Prozessmanagement zur Planung und zum Controlling von Prozessen und des Prozessportfolios
- Definition spezifischer Rollen und Kommunikationsstrukturen zur organisatorischen Verankerung des Prozessmanagement
- Sicherung der organisatorischen und individuellen Kompetenzen zum Prozessmanagement.

Die Nutzen der Umsetzung der Organisationsstrategie „Prozessorientierung" sind

- Effizienz bei der Erfüllung der Prozesse sowie
- organisatorisches und individuelles Lernen.

Organisatorische Effizienz ist durch Ergebnisqualität, Ressourceneinsatz bzw. Kosten und Durchlaufzeit bestimmt. Das Ziel des organisatorischen Lernens wird durch die Dokumentation und Kommunikation von Prozessen gefördert. Sowohl bei der Integration neuer Mitarbeiter in das Unternehmen als auch bei der Personalentwicklung können die Prozessdokumentationen zum individuellen Lernen eingesetzt werden.[7] Damit wird durch die Prozessorientierung ein Beitrag zur Sicherung der Wettbewerbsfähigkeit des Unternehmens geleistet.

Strategie: Projektorientierung

Konsequenzen der Umsetzung der Strategie „Projektorientierung" sind

- Einsatz von Projekten und Programmen als temporäre Organisationen
- Projekte, Programme, Projekte-Netzwerke, Projekte-Ketten und Projektportfolien als Betrachtungsobjekte des Management
- Einsatz eines professionellen Projektmanagement, Programmmanagement und Projektportfolio-Management
- Definition spezifischer Rollen und Kommunikationsstrukturen zur organisatorischen Verankerung des Projekt-, Programm- und Projektportfolio-Management
- Sicherung der organisatorischen und individuellen Kompetenzen zum Projekt-, Programm- und Projektportfolio-Management.

Durch Projekte und Programme werden temporäre Organisationen eingesetzt, die nach der Durchführung relativ einmaliger Prozesse wieder aufgelöst werden. Mitglieder der Projektorganisation werden rekrutiert und nach Projektende freigesetzt. Adäquate Organisationen werden daher bedarfsspezifisch geschaffen und temporär eingesetzt.

Die Nutzen der Umsetzung der Organisationsstrategie „Projektorientierung" sind

- Einsatz der jeweils adäquaten Organisation zur Erfüllung unterschiedlicher Prozesse
- Effizienz bei der Erfüllung der Prozesse durch Projekte und Programme sowie
- Sicherung des organisatorischen und individuellen Lernens durch Projekte und Programme bzw. in Projekte-Netzwerken.

Prozesse unterschiedlichen Umfangs benötigen zu ihrer Erfüllung einer unterschiedlichen organisatorischen Komplexität. Projekte und Programme sind eine Option zur Linienorganisation als jeweils adäquate Organisationen.

---

7) Diese Ziele des Prozessmanagement werden im Kapitel C 1 näher beschrieben.

Projekte bzw. Programme bekommen durch professionelles Projekt- bzw. Programmmanagement ein entsprechendes Ausmaß an Managementaufmerksamkeit. Dadurch soll die Qualität der angestrebten Projekt- bzw. Programmergebnisse gesichert werden, die Kosten und die Dauern der Durchführung sollen minimiert werden. Professionelles Projekt- und Programmmanagement kostet nichts, sondern schafft einen „Added Value"! Wenn ein Unternehmen professionelles Projekt- oder Programmmanagement nicht wünscht, sollte auf die Verwendung der Begriffe Projekt und Programm verzichtet werden. Projekte sind ein Unterschied, der einen Unterschied macht. Der Unterschied ist professionelles Management.

Integration von Prozessorientierung und Projektorientierung

Die Strategien „Prozessorientierung" und „Projektorientierung" werden in Unternehmen oft unabhängig voneinander, parallel oder auch hintereinander umgesetzt.

Durch die unterschiedlichen anzuwendenden Methoden, die unterschiedlichen zu definierenden Rollen und Kommunikationsstrukturen sowie durch unterschiedliche Zuständigkeiten für die Umsetzungen entsteht eine hohe Komplexität in Unternehmen. Dadurch wird das Risiko, dass die Umsetzungen der Prozess- und Projektorientierung scheitern, hoch.

Eine Reduktion des Risikos und der Komplexität ist durch das Schaffen von Synergien von Prozessorientierung und Projektorientierung möglich. Die anzuwendenden Methoden, die neuen Rollen und die Kommunikationsstrukturen können aufeinander abgestimmt und dadurch Redundanzen vermieden werden können. Modelle der Integration von Methoden, von Rollen und von Kommunikationsstrukturen werden in den Kapiteln F bis H beschrieben.

Erst eine integrierte Betrachtung der Prozess- und Projektorientierung ermöglicht deren effiziente Umsetzung in Unternehmen.

B 3.3 Kulturen des prozess- und projektorientierten Unternehmens

Unternehmenskultur

Unternehmenskultur kann verstanden werden als „... konsistente Gesamtheit aus Werten, Normen und Symbolen, die sich in einer Unternehmung als Antwort auf Anforderungen an die Unternehmung sowie die Bedürfnisse der in ihr arbeitenden Menschen im Verlaufe der Unternehmensgeschichte entwickelt, neuen Unternehmensmitgliedern vor allem über das symbolhafte Verhalten von Vorbildern (dominanten Kulturträgern) bewusst oder unbewusst vermittelt wird und die Denk- und Verhaltensweise der in der Unternehmung tätigen Menschen auf unverwechselbare Weise prägt."[8]

Die Werte, Normen und Verhaltensweisen eines Unternehmens drücken sich in dessen Managementparadigma aus (siehe Kapitel A 2.3). Ein traditionelles Managementpara-

8) Vgl. Hoffmann, Unternehmenskulturen, in: Zeitschrift für Organisation, 3/1989, S. 169

digma ist durch die Hierarchie als zentrales Integrationsinstrument, durch Kooperationen auf Grund von Schnittstellendefinitionen und durch arbeitsteilige Abläufe in funktionalen Organisationen charakterisiert. Unternehmen mit einem traditionellen Managementparadigma können die organisatorischen Potenziale von Projekten und Programmen nicht nutzen.

Zur erfolgreichen und effizienten Führung von Projekten und Programmen ist ein neues Managementparadigma Voraussetzung. Dieses „Neue Managementparadigma" drückt sich aus durch

- Konzentration auf Kernkompetenzen
- Prozess- und Projektorientierung
- Wahrnehmung der Organisation als Wettbewerbsvorteil
- Teamarbeit
- Empowerment der MitarbeiterInnen
- Kundenorientierung
- Netzwerken mit Kunden, Partnern, Lieferanten und Mitbewerbern und
- Förderung eines kontinuierlichen und diskontinuierlichen Wandels

Spezifische Werte und Normen prägen die Kultur des prozess- und projektorientierten Unternehmens und ermöglichen es, diese von „nicht" prozess- und projektorientierten Unternehmen zu unterscheiden. Das Selbstverständnis eines prozess- und projektorientierten Unternehmens kann in einem Leitbild dokumentiert werden (siehe Abbildung B3.2). Merkmale eines „nicht" prozess- und projektorientierten Unternehmens sind in der Abbildung B3.3 beschrieben. „Nicht" prozess- und projektorientierte Unternehmen können auch Prozesse, Projekte und Programme durchführen, haben aber keine explizite diesbezügliche Kultur.

§ 1: Wir sind ein prozess- und projektorientiertes Unternehmen

- Wir definieren unsere Prozesse und verwenden zu deren Beschreibung Methoden des Prozessmanaagement.
- Wir setzen Projekte und Programme zur Erfüllung umfangreicher Prozesse ein.
- Wir koordinieren die Durchführung unserer Prozesse, Projekte und Programme in einem Portfolio.
- Unsere Maturity als prozess- und projektorientiertes Unternehmen entwickeln wir laufend weiter.
- ...

Abb. B3.2: Auszug aus einem Unternehmensleitbild eines prozess- und projektorientierten Unternehmens

Merkmale eines „nicht“ prozess- und projektorientierten Unternehmens
• Der Prozessbegriff wird für vieles verwendet, aber nicht für formale organisatorische Abläufe. Bereichsübergreifende Prozesse werden nicht definiert. Prozesse erhalten keine adäquate Managementaufmerksamkeit.
• Prozessbeschreibungen in einzelnen Bereichen erfolgen, ohne einheitliche Prozessstandards zu verwenden.
• Es gibt keinen Überblick über die Prozesse des Unternehmens. Die für die Erfüllung der Prozesse benötigten Ressourcen können daher nicht effizient gesteuert werden.
• Individuen prägen die Arbeitsformen in Prozessen. Dadurch wird „das Rad“ wiederholt neu erfunden. Die Professionalität der Erfüllung der Prozesse ist ausschließlich von der Qualifikation einzelner Personen abhängig.
• Der Projektbegriff wird für vieles verwendet, auch für nicht-projektwürdige Aufgaben. Es entsteht eine Projektinflation. Projekte erhalten keine adäquate Managementaufmerksamkeit.
• Die Projektgrenzen werden bereichs- bzw. abteilungsbezogen definiert. Dadurch entstehen zu viele kleine Projekte, die zu Suboptimierungen führen. Die Integrationsarbeit muss durch die Stammorganisation geleistet werden, die aber damit überfordert ist.
• Niemand weiß, welche und wie viele Projekte gleichzeitig durchgeführt werden. Es gibt keine Information über das Projektportfolio. Projekte entstehen informell, es werden parallele Projekte mit gleichen Zielen durchgeführt, für Projekte benötigte Ressourcen können nicht gesteuert werden.
• Es werden keine Projektmanagement-Methoden in Projekten eingesetzt. Dadurch fehlen die Transparenz und die Möglichkeit zur effizienten Kommunikation in Projekten. Kreativität wird dadurch nicht gewonnen, sondern geht verloren.
• Individuen prägen die Arbeitsformen in Projekten. Dadurch wird bei jedem Projekt „das Rad neu erfunden“. Die Professionalität im Projektmanagement ist ausschließlich von der Qualifikation einzelner Personen abhängig.
• Die Ziele und die Aufgaben werden jeweils von einer Projektsitzung zur nächsten vereinbart. Durch das fehlende „Big Project Picture“ fehlt es den Mitgliedern der Projektorganisation an Orientierung.

Abb. B3.3: Merkmale eines „nicht“ prozess- und projektorientierten Unternehmens

KAPITEL
B

Bildung von Subkulturen im Unternehmen

Durch die Definition von Projekten und Programmen erfolgt die Bildung von Subkulturen im Unternehmen. Grundsätzlich kann man den kulturellen Teilungsprozess in Subkulturen beliebig weit vornehmen. Voraussetzung ist allerdings, dass sich die jeweiligen Kulturen tatsächlich durch eigene Werte, Regeln und Verhaltensweisen auszeichnen, die von den Mitgliedern erlernt und kollektiv geteilt werden.

Ziel der Entwicklung einer projektspezifischen Kultur ist die Schaffung einer Projektidentität, die der Förderung der Identifikation der Mitglieder der Projektorganisation mit dem Projekt und der Vermittlung von Handlungsorientierung im Projekt dient. Dadurch wird die Funktionalität der organisatorischen Differenzierung gewährleistet.

Die Identität eines Projekts kann sich im Projektnamen und in einem Projektlogo ausdrücken. Projektspezifische Werte liefern Maßstäbe dafür, was im Projekt als gut, wertvoll und wünschenswert angesehen wird. Sie bestimmen bewusst und unbewusst das Verhalten der Mitglieder der Projektorganisation. Sie sind ein Führungsinstrument im Projekt. Die projektspezifischen Werte können z. B. mit Hilfe eines „Projektleitbilds" kommuniziert werden.

Projekte sind nicht nur ein Instrument der kulturellen Differenzierung, sondern auch ein Instrument der Integration. Kulturelle Integration findet statt, wenn Mitglieder der Projektorganisation aus unterschiedlichen Unternehmensbereichen kommen und/oder wenn sich die Projektinhalte auf das Unternehmen als Ganzes beziehen.

Literatur

Hadeler, T., (Gabler Wirtschaftslexikon) Gabler Wirtschaftslexikon, Gabler, Wiesbaden, 2004

Hoffmann, F., (Unternehmenskulturen) Erfassung, Bewertung und Gestaltung von Unternehmenskulturen – Von der Kulturtheorie zu einem anwendungs-orientierten Ansatz, in: Zeitschrift für Organisation, 3/1989

Osterloh, M., Frost, J., (Prozessmanagement als Kernkompetenz) Prozessmanagement als Kernkompetenz, 4. Auflage, Gabler, Wiesbaden, 2004

Sassen, H., (Organisationsstrukturen) Organisationsstrukturen – Abgrenzung oder Vernetzung von Funktionen?, in: Trigon Themen, 2/1991

Schmelzer, H. J., Sesselmann, W., (Geschäftsprozessmanagement in der Praxis) Geschäftsprozessmanagement in der Praxis, 4. Auflage, Carl Hanser Verlage, München/Wien, 2004

C

Ziele und Aufgaben des Prozessmanagement

Ziele des Prozessmanagement sind das Schaffen von Voraussetzungen zur effizienten Erfüllung von Prozessen sowie die Organisation des organisatorischen und des individuellen Lernens im Unternehmen.

Die Aufgaben des Prozessmanagement können in Aufgaben des Makro- und des Mikro-Prozessmanagement unterschieden werden. Aufgaben des Makro-Prozessmanagement sind

- die Strukturierung des Prozessportfolios (Identifikation von Prozessen, Gestaltung der Beziehungen zwischen den Prozessen)
- die Definition von Prozesseigentümern
- das Controlling der Prozessportfolios und
- die Definition von Standards zum Mikro-Prozessmanagement.

Aufgaben des Mikro-Prozessmanagement sind

- das Planen einzelner Prozesse (Prozessabgrenzung, Prozessstrukturplanung, Prozessablaufplanung, Prozessorganisationsplanung, Prozesskennzahlenplanung) und
- das Controlling einzelner Prozesse (Prozesskontrolle und Erstellung von Prozessberichten, Prozessoptimierung).

C Ziele und Aufgaben des Prozessmanagement

Inhalt

C 1 Ziele des Prozessmanagement

Wie die Geschichte des Prozessmanagement zeigt (siehe Exkurs C1), war es seit den Ansätzen des Scientific Management Ziel, die Effizienz von Organisationen durch ein explizites Management von Prozessen zu steigern.

Exkurs C1: Geschichte des Prozessmanagement[a]

Der Ursprung des Prozessmanagement ist unmittelbar mit der Entwicklung organisationstheoretischer Ansätze verbunden. Auf Grund der Industrialisierung wurden im Scientific Management Überlegungen zur Gestaltung von Abläufen in Unternehmen, insbesondere von Produktionsabläufen, angestellt.

Einen wesentlichen Einfluss auf die Weiterentwicklung des Prozessmanagement hatte die Unterscheidung in Aufbau- und Ablauforganisation. Neben der Aufbauorganisation rückte die Gestaltung der Ablauforganisation in den Mittelpunkt des Managementinteresses. Dabei wurden zusätzlich zu den Produktionsprozessen auch weitere Prozesse von Unternehmen betrachtet.

Mit zunehmenden Anforderungen an Unternehmen, z. B. durch den internationalen Wettbewerb und durch neue Kundenerwartungen, gewann das Prozessmanagement an Bedeutung zur Effizienzsteigerung. Der Begriff Prozessmanagement fand Einzug in das Managementvokabular. Wesentliche diesbezügliche Beiträge leistete zum Beispiel Gaitanides[b].

Moderne Managementansätze, wie Lean Management, Total Quality Management, etc., sind durch eine Prozessorientierung charakterisiert. Unterschiedliche Autoren verwenden dafür unterschiedliche Begriffe. Porter spricht z. B. vom Wertkettenmanagement[c], Hammer und Champy vom Business Process Reengineering[d]. Auch Ansätze zur prozessbasierten Gestaltung von Organisationen (siehe z. B. Osterloh und Frost[e]) wurden entwickelt.

(a) Vgl. Schober, Prozessorganisation, Deutscher Universitätsverlag, Wiesbaden, 2002
(b) Vgl. Gaitanides, Prozessorganisation, Vahlen, München, 1983
(c) Vgl. Porter, Wettbewerbsvorteile, Campus Verlag, Frankfurt, 1996
(d) Vgl. Hammer, Champy, Business Reengineering, Campus Verlag, Frankfurt, 1994
(e) Vgl. Osterloh, Frost, Prozessmanagement als Kernkompetenz, Gabler, Wiesbaden, 2004

Neben der Sicherung der Effizienz der Organisation sind auch die Organisation des organisatorischen und individuellen Lernens Ziele des Prozessmanagement. Die Ziele des Prozessmanagement werden folgend näher beschrieben.

C 1.1 Sicherung der organisatorischen Effizienz

Organisatorische Effizienz ist durch die Dimensionen Ergebnisqualität, Ressourceneinsatz bzw. Kosten und Durchlaufzeit bestimmt. Die Sicherung der Ergebnisqualität bei gleichzeitiger Minimierung des Ressourceneinsatzes bzw. der Kosten sowie der Durchlaufzeit stellen das Spannungsfeld der Effizienzziele dar. Je Prozess kann eine andere Zieldimension in den Vordergrund rücken. So kann in der Produktentwicklung meist eine kurze Durchlaufzeit wichtig sein („time to market"), in der Auftragsabwicklung steht oft die Ergebnisqualität im Vordergrund.

Hinterhuber versteht unter Prozessmanagement „... eine kundenorientierte Führungsanstrengung, um Durchbrüche in der Leistung funktionsübergreifender Geschäftsprozesse zu erzielen ..." [1]. Bei Schmelzer und Sesselmann sind die Erhöhung der Kundenzufriedenheit sowie die Erhöhung der Produktivität Ziele des Prozessmanagement.[2] Ähnliche Zielsetzungen definieren Osterloh und Frost, wo Qualitäts- und Serviceverbesserungen, Kostensenkungen und Zeiteinsparungen gleichzeitig durch Prozess- und Kundenorientierung erreicht werden sollen.[3]

Gaitanides versteht als Ziele des Prozessmanagement die effiziente Prozessgestaltung, integrative Prozessbetrachtung, Teamorientierung, Konzentration auf Kernkompetenzen, Eliminierung von nicht-wertschöpfenden Vorgängen und Minimierung der Prozesskosten.[4]

C 1.2 Organisation des organisatorischen Lernens

Das Ziel des organisatorischen Lernens wird durch die Dokumentation und Kommunikation von Prozessen gefördert. Bereits das Erfassen und Dokumentieren der Ist-Prozesse bietet einen wesentlichen Nutzen, auch ohne Optimierungen in Hinblick auf Ressourceneinsatz, Durchlaufzeiten, etc. Diesbezügliche Optimierungen von Prozessen sind auch Maßnahmen des organisatorischen Lernens.

Durch die Definition und Beschreibung von Prozessen werden Beiträge zur Konstruktion gemeinsamer Wirklichkeiten der Organisationsmitglieder geleistet. Die Dokumentationen der Prozesse ermöglichen eine Vereinheitlichung der Vorgangsweisen in der Organisation.

C 1.3 Organisation des individuellen Lernens

Das Prozessmanagement schafft Grundlagen für das Personalmanagement. Sowohl bei der Integration neuer Mitarbeiter in das Unternehmen als auch bei der Personalentwick-

---

1) Vgl. Hinterhuber, Aichner, Lobenwein, Unternehmenswert und Lean Management, Manz, Wien, 1994, S. 81

2) Vgl. Schmelzer, Sesselmann, Geschäftsprozessmanagement in der Praxis, Carl Hanser Verlage, München/Wien, 2004

3) Vgl. Osterloh, Frost, Prozessmanagement als Kernkompetenz, Gabler, Wiesbaden, 2004

4) Vgl. Gaitanides, Prozessmanagement, Vahlen, München, 1983

lung können die Prozessdokumentationen zum individuellen Lernen eingesetzt werden. Es erfolgt ein Transfer von organisatorischem Wissen zu individuellem Wissen.

Durch die Abstimmung der quantitativen und qualitativen personellen Anforderungen zur Erfüllung von Prozessen und der Maßnahmen des Personalmanagement kann ein wesentlicher Beitrag zur Erreichung der Organisationsziele geleistet werden.

C 2 Aufgaben des Prozessmanagement

C 2.1 Überblick über das Makro- und Mikro-Prozessmanagement

Die Aufgaben des Prozessmanagement können in Aufgaben des Makro- und Mikro-Prozessmanagement unterschieden werden. Das Makro-Prozessmanagement betrachtet das Prozessportfolio einer Organisation als die Menge aller Prozesse und deren wechselseitige Beziehungen. Das Mikro-Prozessmanagement betrachtet einzelne Prozesse und deren Teilprozesse (siehe Abbildung C2.1).

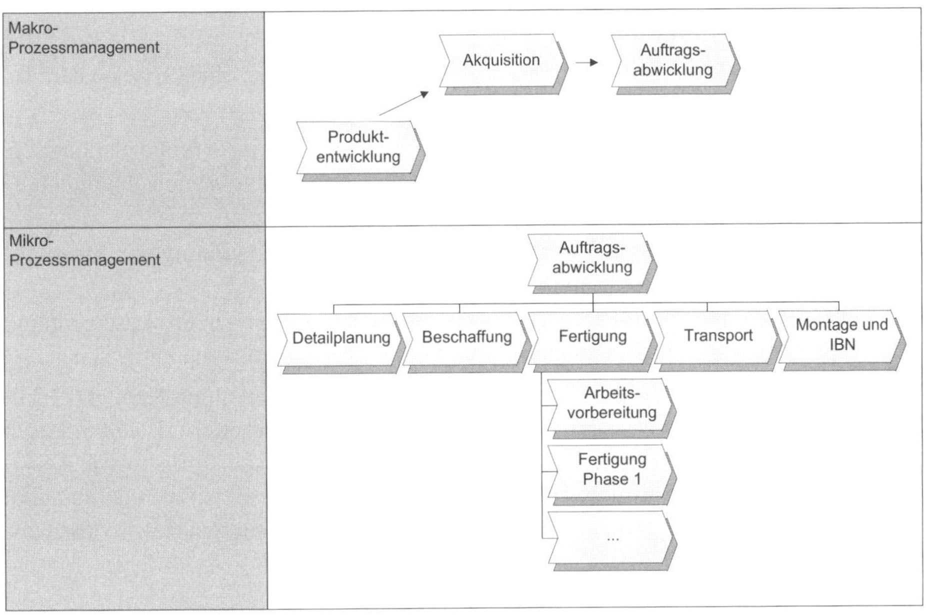

Abb. C2.1: Ergebnisse des Makro- und Mikro-Prozessmanagement

Die Unterscheidung in Makro- und Mikro-Prozessmanagement ermöglicht die Anwendung unterschiedlicher Methoden zur Erfüllung der Planungs- und Controllingaufgaben für das Prozessportfolio bzw. für einzelne Prozesse sowie die Regelungen der unterschiedlichen Zuständigkeiten für die Erfüllung dieser Aufgaben. Obwohl sich die Differenzierung in Makro- und Mikro-Prozessmanagement auch in der praktischen Arbeit als sinnvoll erweist, können die Aufgaben nicht isoliert behandelt werden. Es sind die

Wechselwirkungen zu berücksichtigen und es sind ganzheitliche, konsistente Lösungen sicherzustellen.

Makro-Prozessmanagement

Betrachtungsobjekt des Makro-Prozessmanagement ist das Prozessportfolio eines Unternehmens als die Menge der Prozesse und deren Beziehungen zueinander. Es bildet die Grundlage für das Mikro-Prozessmanagement. Aufgaben des Makro-Prozessmanagement sind

- die Strukturierung des Prozessportfolios (Identifikation von Prozessen, Gestaltung der Beziehungen zwischen den Prozessen)
- die Definition von Prozesseigentümern
- das Controlling der Prozessportfolios und
- die Definition von Standards zum Mikro-Prozessmanagement.

Die Erfüllung der Aufgaben des Makro-Prozessmanagement erfolgt auf Basis der Ergebnisse des strategischen Management des Unternehmens. Verantwortlich für das Makro-Prozessmanagement ist das Prozessmanagement Office oder eine ähnliche Organisationseinheit eines Unternehmens.

Mikro-Prozessmanagement

Betrachtungsobjekte des Mikro-Prozessmanagement stellen einzelne Prozesse dar. Aufgaben des Mikro-Prozessmanagement sind

- das Planen einzelner Prozesse (Prozessabgrenzung, Prozessstrukturplanung, Prozessablaufplanung, Prozessorganisationsplanung, Prozesskennzahlenplanung) und
- das Controlling einzelner Prozesse (Prozesskontrolle, Erstellung von Prozessberichten, Prozessoptimierung).

Verantwortlich für das Mikro-Prozessmanagement sind die jeweiligen Prozesseigentümer. Diese können eventuell Prozessmanagement-Teams zur Unterstützung einbeziehen.

Im Kapitel C2.2 ist die Gestaltung des Makro-Prozessmanagement, im Kapitel C2.3 die Gestaltung des Mikro-Prozessmanagement beschrieben. Im Kapitel D1 sind einerseits Methoden für das Strukturieren und das Controllen des Prozessportfolios sowie das Definieren von Prozesseigentümern beschrieben und andererseits Beispiele von Standards zum Mikro-Prozessmanagement dargestellt. Die Methoden zum Mikro-Prozessmanagement sind im Kapitel E1 dargestellt.

Makro- und Mikro-Prozessmanagement bei der Etablierung und der Weiterentwicklung des prozessorientierten Unternehmens

Sowohl bei der Etablierung als auch bei der Weiterentwicklung prozessorientierter Unternehmen sind Aufgaben des Makro- und Mikro-Prozessmanagement zu erfüllen.

Die formale Etablierung ist etwas Einmaliges, die Weiterentwicklung des prozessorientierten Unternehmens etwas Periodisches. Die zu erfüllenden Aufgaben des Makro- und Mikro-Prozessmanagement bei der Etablierung bzw. der Weiterentwicklung prozessorientierter Unternehmen können als Prozesse-Ketten dargestellt werden.

Die Kombination der Aufgaben des Makro- und Mikro- Prozessmanagement bei der Etablierung des prozessorientierten Unternehmens ist in der Abbildung C2.2 dargestellt. Die Identifikation von Prozessen, das Designen einer Prozesslandkarte sowie die Definition von Prozesseigentümern für die Organisation sind grundlegende Aufgaben des Makro-Prozessmanagement in der Phase I. Das Konstruieren von Prozesse-Netzwerken in der Phase II des Makro-Prozessmanagement setzt hingegen bereits Ergebnisse des Mikro-Prozessmanagement voraus.

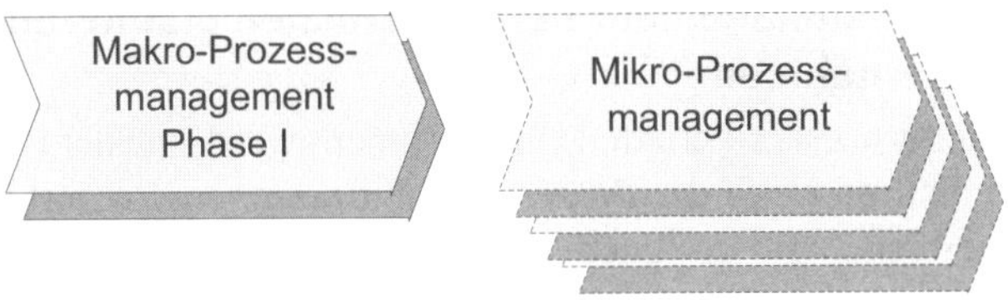

Abb. C2.2: Prozesse-Kette bei der Etablierung des prozessorientierten Unternehmens

KAPITEL

C

Für die formale Etablierung als prozessorientiertes Unternehmen bietet sich ein Projekt als adäquate Organisation an. Dadurch bekommt die erstmalige Durchführung des Prozessmanagement die notwendige Managementaufmerksamkeit.

Die Kombination der Aufgaben des Makro- und Mikro- Prozessmanagement bei der Weiterentwicklung des prozessorientierten Unternehmens ist in der Abbildung C2.3 dargestellt. Die Weiterentwicklung erfolgt im Rahmen des Controlling des Prozessportfolios bzw. im Rahmen des Controlling einzelner Prozesse. Das jeweilige Controlling beinhaltet sowohl das Kontrollieren des Prozessportfolios bzw. einzelner Prozesse als auch deren eventuelle Optimierungen. In den dargestellten Prozesse-Ketten sind auch die Möglichkeiten des Auflösens eines nicht mehr relevanten Prozesses und das relativ einmalige Reengineering des Prozessportfolios berücksichtigt.

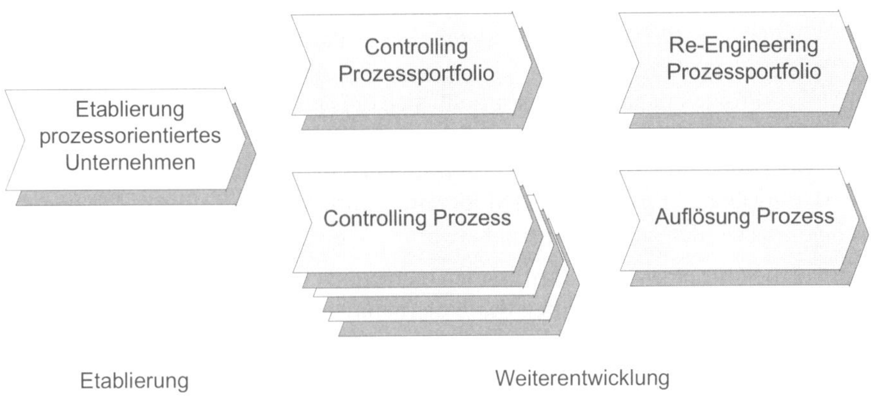

Abb. C2.3: Prozesse-Ketten bei der Weiterentwicklung des prozessorientierten Unternehmens

Die Abläufe des Makro- und Mikro-Prozessmanagement können als Prozesse wahrgenommen werden. Die Gestaltung dieser Prozesse hat einen wesentlichen Einfluss auf den Erfolg des Prozessmanagement. Sowohl die inhaltliche Qualität der Prozessmanagement-Ergebnisse als auch deren Akzeptanz sind von der Gestaltung abhängig.

C 2.2 Gestaltung des Makro-Prozessmanagement

Gestaltung des Makro-Prozessmanagement bei der formalen Etablierung des prozessorientierten Unternehmens

Bei der formalen Etablierung des prozessorientierten Unternehmens werden in der Phase I des Makro-Prozessmanagement mit Hilfe der Prozessliste Prozesse identifiziert und abgegrenzt, es wird eine Prozesslandkarte designed und es werden Prozesseigentümer definiert. Weiters werden die Standards für das Mikro-Prozessmanagement festgelegt. In der Phase II des Makro-Prozessmanagement sind die Prozessliste und die Prozesslandkarte eventuell auf Grund der Ergebnisse des Mikro-Prozessmanagement zu adaptieren. Weiters sind Beziehungen zwischen Prozessen in Prozesse-Netzwerken und Prozesse-Ketten zu gestalten. Die zum Makro-Prozessmanagement einzusetzenden Methoden sind in der Abbildung C2.4 dargestellt.

Methoden zur Planung des Prozessportfolios
Prozessliste
Prozesslandkarte
Prozesse-Netzwerk und Prozesse-Kette
Prozesseigentümer-Liste
Standards für das Mikro-Prozessmanagement
Methoden zum Controlling des Prozessportfolios
Prozessportfolio-Bericht

Abb. C2.4: Überblick über die Methoden des Makro-Prozessmanagement

Zum Makro-Prozessmanagement empfiehlt sich die Durchführung von Workshops. Ein Beispiel für eine Einladung zu einem diesbezüglichen Workshop ist in Abbildung C2.5 dargestellt. Hilfsmittel zum Makro-Prozessmanagement sind Moderationshilfsmittel, wie z. B. Pinwände, Flip Charts, und Moderationskarten. Auch Software-Lösungen können eingesetzt werden, um umfangreichere prozessbezogene Informationen abzubilden.

Verantwortlich für das Makro-Prozessmanagement ist das Prozessmanagement Office. Die Mitarbeit von Führungskräften des Unternehmens sowie (potenziellen) Prozesseigentümern ist notwendig.

Einladung: Workshop Makro-Prozessmanagement

Organisation
- Termin: XX.XX.2005, 9:00-17.00
- Ort: Hotel XY
- Teilnehmer/innen: Prozessmanagement-Experten, Stummer

Ziele/Inhalte
- Einstieg, Status
- Abstimmung und Fertigstellung Dienstleistungsprofil
  - Basis: Dienstleistungsprofil
- Abstimmung und Fertigstellung Makro-Prozessmanagement
  - Identifikation von Prozessen
  - Definition von Beziehungen
  - Basis: Zwischenergebnisse des Projektteams
- Abstimmung und Fixierung Standards für das Mikro-Prozessmanagement
- Vereinbarung des Prozesseigentümers für das Mikro-Prozessmanagement
- Vereinbarung der weiteren Vorgangsweise

Vorbereitung durch Teilnehmer/innen
- Vorübermittlung von Zwischenergebnissen
- Mitnahme von Zwischenergebnissen

Abb. C2.5: Einladung zu einem Workshop zum Makro-Prozessmanagement

Gestaltung des Makro-Prozessmanagement bei der Weiterentwicklung des prozessorientierten Unternehmens

Zur Weiterentwicklung des prozessorientierten Unternehmens ist ein periodisches Controlling des Prozessportfolios durchzuführen. Es ist einerseits das Prozessportfolio zu analysieren und eventuell zu optimieren und andererseits sind möglicherweise die Standards zum Mikro-Prozessmanagement zu adaptieren. Die Kontrolle des Prozessportfolios stellt die Grundlage für die Definition eventueller Optimierungspotenziale des Prozessportfolios dar. Diese können in Prozessportfolio-Berichten dokumentiert werden.

In einem Workshop können die Prozesseigentümer und Mitarbeiter des Prozessmanagement Office Maßnahmen zur Optimierung des Prozessportfolios vereinbaren. Diese können sich einerseits auf das Eliminieren, das Verschmelzen und das Ergänzen von Prozessen und andererseits auf das Eliminieren oder Ergänzen von Beziehungen zwischen Prozessen beziehen. Ergebnisse der Optimierung des Prozessportfolios sind adaptierte Prozesslisten, Prozesse-Netzwerke und Prozesse-Ketten. Auch neue Prozesseigentümer können definiert werden.

Die Analyse des Prozessportfolios und dessen Optimierung erfolgt periodisch, in Abhängigkeit von der Dynamik der Organisation alle 3–6 Monate, oder anlassbezogen.

C 2.3 Gestaltung des Mikro-Prozessmanagement

Gestaltung des Mikro-Prozessmanagement bei der formalen Etablierung des prozessorientierten Unternehmens

Bei der formalen Etablierung des prozessorientierten Unternehmens ist je Prozess eine Prozessplanung durchzuführen. Grundlage dafür ist eine Analyse der Ist-Situation. Dazu sind prozessrelevante Dokumente zu beschaffen und auszuwerten sowie Interviews mit an der Erfüllung des Prozesses Beteiligten durchzuführen.

Auch im Fall der Etablierung des Prozessmanagement existieren meist Dokumentationen bezüglich der Erfüllung von Prozessen. Formulare, Checklisten, Ansätze von Ablaufbeschreibungen für wesentliche Prozesse können erfasst werden. Für Prozesse, für die keine Dokumentationen existieren, sind die Abläufe ausschließlich auf Basis der Informationen aus Interviews und Workshops zu planen. Die zum Mikro-Prozessmanagement einzusetzenden Methoden sind in der Abbildung C2.6 dargestellt.

Methoden zur Prozessplanung
Prozessabgrenzung
Prozessstrukturplan
Prozessablaufplan
Prozessaufgabenplan
Prozessorganisationsplan
Prozesskennzahlen
Methoden zum Prozesscontrolling
Prozessbericht
Prozessbenchmarking

Abb. C2.6: Überblick über die Methoden des Mikro-Prozessmanagement

Zum Planen eines Prozesses empfiehlt sich die Durchführung von Workshops des Prozesseigentümers mit einem Prozessmanagement-Team aus Personen, die in der Erfüllung des Prozesses mitwirken. Workshops sind zwar aufwendig, bieten jedoch die Vorteile des Schaffens von gemeinsamen Sichtweisen und des gemeinsamen Vereinbarens von Prozessstrukturen. Dadurch werden die Qualität und die Akzeptanz der Ergebnisse gesichert. In Workshops ist für einfache Prozesse der Einsatz von Moderationshilfsmittel ausreichend (siehe Abbildung C2.7). Werden umfangreiche Prozesse erfasst, so ist der Einsatz professioneller SW-Lösungen (siehe Kapitel D1.6) sinnvoll.

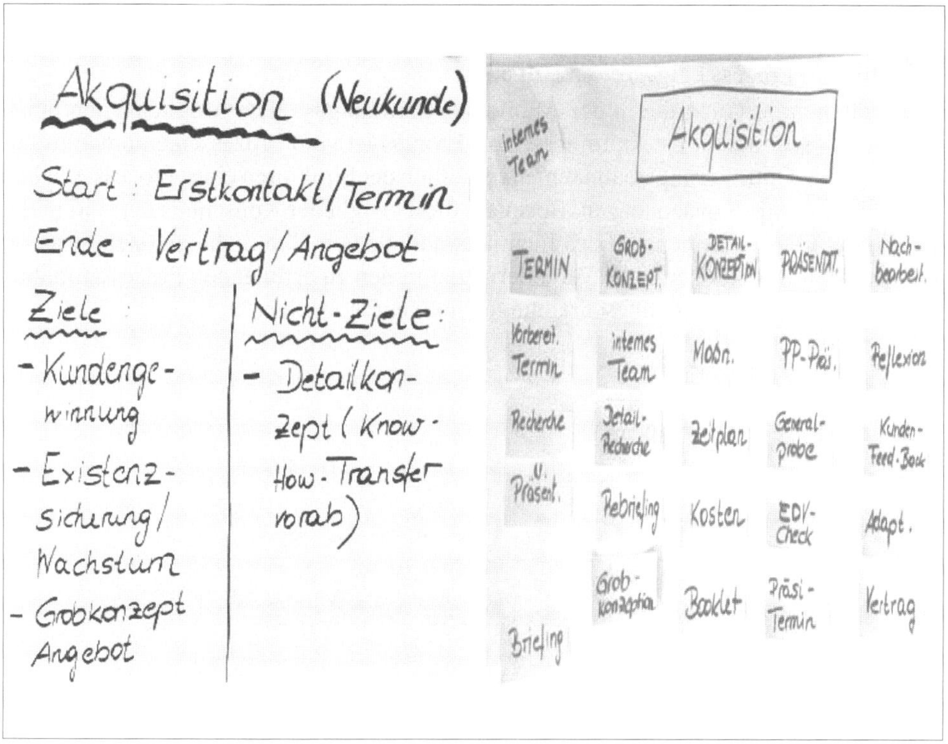

Abb. C2.7: Einsatz von Moderationstechniken im Mikro-Prozessmanagement

Gestaltung des Mikro-Prozessmanagement bei der Weiterentwicklung des prozessorientierten Unternehmens

Das Controlling der Prozesse ist die Grundlage für die Weiterentwicklung des prozessorientierten Unternehmens. Auf Basis der Ergebnisse der Prozessplanungen sind die Prozesse einer Kontrolle sowie einer eventuellen Optimierung zu unterziehen. Folgende Aufgaben sind im Controlling eines Prozesses zu erfüllen:

- Ist-Analyse und Durchführung eines Soll-Ist-Vergleichs
- Eventuell Durchführung eines Prozessbenchmarking
- Erstellung eines Prozessberichts
- Eventuell Optimierung des Prozesses

Während der Ist-Analyse eines Prozesses werden oft bereits Optimierungspotenziale sichtbar, die erfasst werden können. Anlässe für Prozessoptimierungen sind Soll-Ist-Abweichungen, Erkenntnisse aus einem Prozessbenchmarking sowie Veränderungen im Kontext, wie z. B. eine Neuausrichtung der Unternehmensstrategien.

Betrachtungsobjekte der Prozessoptimierung sind:

- die Prozessabgrenzung
- die Prozessstruktur
- der Prozessablauf

- die Prozessorganisation
- die im Prozess eingesetzten Ressourcen und
- die im Prozess eingesetzten Hilfsmittel.

Grundsätzlich bestehen die in der Abbildung C2.8 dargestellten Möglichkeiten einen Prozess zu optimieren. Der optimierte Soll-Prozess ist vom Prozesseigentümer zu dokumentieren. Optimierungsmaßnahmen bezüglich der Strukturen eines Prozesses haben oft weitergehende Konsequenzen. Beispiele diesbezüglicher Konsequenzen sind in der Abbildung C2.9 je Dimension des Identitätsmodells von Unternehmen (siehe Kapitel A) dargestellt. So können z. B. Veränderungen in den zu erfüllenden Prozessaufgaben eine Anpassung von Rollenbeschreibungen notwendig machen.

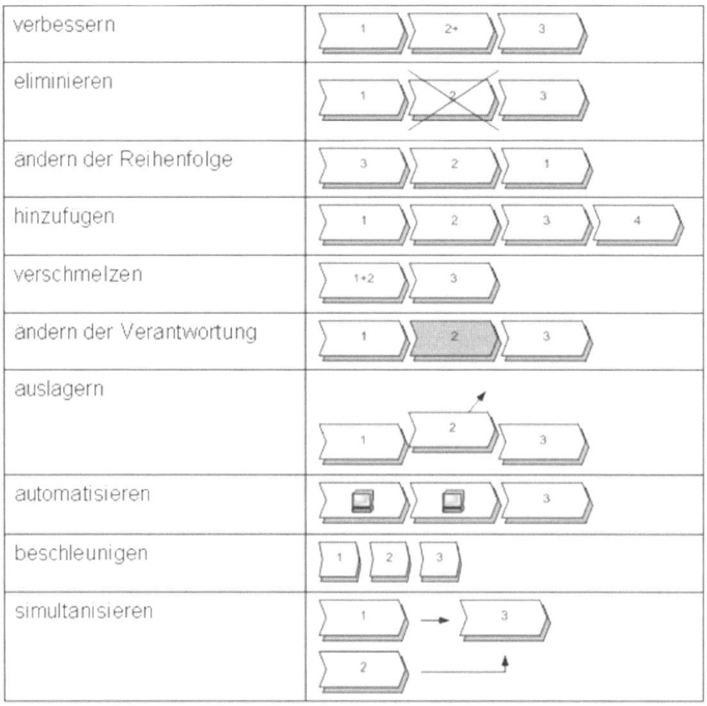

Abb. C2.8: Möglichkeiten zur Optimierung von Prozessen

Identitätsdimension	Konsequenzen von Prozessoptimierungen
Organisationsstrukturen	Anpassung Rollenbeschreibungen, organisatorische Regeln, ...
Personal	Schulung, Information, Rekrutierung, ...
Infrastruktur	IKT-Anpassungen, räumliche Anpassungen, ...
Finanzen	Anpassung Budgets, ...
Umweltbeziehungen	Vertragsgestaltungen, Service Level Agreements, ...

Abb. C2.9: Mögliche Konsequenzen von Prozessoptimierungen (Beispiele)

Literatur

Gaitanides, M., (*Prozessorganisation*) Prozessorganisation. Entwicklung Ansätze und Programme prozessorientierter Organisationsgestaltung, Vahlen, München, 1983

Hammer, M., Champy, J., (Business Reengineering) Business Reengineering – Die Radikalkur für das Unternehmen, 5. Auflage, Campus Verlag, Frankfurt, 1995

Hinterhuber, H. H., Aichner, H., Lobenwein, W., (Unternehmenswert und Lean Management) Unternehmenswert und Lean Management, Manz, Wien, 1994

Osterloh, M., Frost, J., (Prozessmanagement als Kernkompetenz) Prozessmanagement als Kernkompetenz, 4. Auflage, Gabler, Wiesbaden, 2004

Porter, M. E., (Wettbewerbsvorteile) Wettbewerbsvorteile – Spitzenleistungen erreichen und behaupten, 4. Auflage, Campus Verlag, Frankfurt, 1996

Schmelzer, H. J., Sesselmann, W., (Geschäftsprozessmanagement in der Praxis) Geschäftsprozessmanagement in der Praxis, 4. Auflage, Carl Hanser Verlage, München/Wien, 2004

Schober, H., (Prozessorganisation) Prozessorganisation: Theoretische Grundlagen und Gestaltungsoptionen, Gabler Edition Wissenschaft, Deutscher Universitätsverlag, Wiesbaden, 2002

D

Methoden des Makro-Prozess-management

Die Methoden des Makro-Prozessmanagement können in Methoden zur Planung und zum Controlling des Prozessportfolios unterschieden werden. Methoden zur Planung des Prozessportfolios sind die Prozessliste, die Prozesslandkarte, das Prozesse-Netzwerk und die Prozesse-Kette, die Prozesseigentümer-Liste sowie Standards für das Mikro-Prozessmanagement. Methoden zum Controlling des Prozessportfolios sind Prozessportfolio-Berichte.

D Methoden des Makro-Prozessmanagement

Inhalt

D 1 Übersicht: Methoden des Makro-Prozessmanagement

Eine Übersicht über die Methoden des Makro-Prozessmanagement ist nochmals in der Abbildung D1.1 dargestellt. Folgend sind diese Methoden beschrieben, indem jeweils eine Definition der Methode erfolgt, ein Beispiel gezeigt und die Anwendung der Methode beschrieben wird. Zur durchgängigen Darstellung der Anwendung der Methoden des Makro-Prozessmanagement werden folgend Beispiele der ROLAND GAREIS CONSULTING (RGC) verwendet.

Methoden zur Planung des Prozessportfolios
Prozessliste
Prozesslandkarte
Prozesse-Netzwerk und Prozesse-Kette
Prozesseigentümer-Liste
Standards für das Mikro-Prozessmanagement
Methoden zum Controlling des Prozessportfolios
Prozessportfolio-Bericht

Abb. D1.1: Überblick über die Methoden des Makro-Prozessmanagement

D 2 Prozessliste zur Prozessidentifikation

D 2.1 Prozessliste: Definition und Beispiel

Die Prozessliste ist das Ergebnis der Identifikation von Prozessen der betrachteten Organisation(en) und deren Strukturierung in Prozessarten. Es erfolgt eine Namensgebung sowie die Definition des Start- und Endereignisses je Prozess.

Als Beispiel des Ergebnisses der Prozessidentifikation ist in der Abbildung D2.1 ein Auszug der Prozessliste der RGC dargestellt.

KAPITEL D

Prozessliste

Code	Prozess	Start	Ende
Akquisition innerbetriebliche Dienstleistung			
P1	Akquisition Seminar, Lehrgang, Coaching	Entscheidung: Wahrnehmung Kontakt	Dokumentation abgelegt
P2	Akquisition Beratung	Entscheidung: Wahrnehmung Kontakt	Dokumentation abgelegt
Abwicklung Seminar, Lehrgang, Coaching			
P3	Abwicklung Seminar überbetrieblich	Entscheidung: Durchführung Seminar	Dokumentation abgelegt
P4	Abwicklung Lehrgang überbetrieblich	Entscheidung: Durchführung Lehrgang	Dokumentation abgelegt
P5	Abwicklung Seminar/Lehrgang innerbetrieblich	Auftrag erteilt	Dokumentation abgelegt
P6	Abwicklung Coaching innerbetrieblich	Auftrag erteilt	Dokumentation abgelegt
Abwicklung Beratung			
P7	Abwicklung Unternehmensberatung	Auftrag erteilt	Dokumentation abgelegt
P8	Abwicklung Projektberatung	Auftrag erteilt	Dokumentation abgelegt
P9	Abwicklung Management auf Zeit	Auftrag erteilt	Dokumentation abgelegt
Abwicklung Event, Lecture			
P10	Abwicklung pm tage	Entscheidung: Abwicklung	Dokumentation abgelegt
P11	Abwicklung pm symposium	Entscheidung: Abwicklung	Dokumentation abgelegt
P12	Abwicklung pm lecture	Entscheidung: Abwicklung	Dokumentation abgelegt
Abwicklung Forschung, Lizenz			
P13	Abwicklung Forschung	Auftrag erteilt	Dokumentation abgelegt

P14	Vergabe Lizenz	Personalentwicklung abgeschlossen	Dokumentation abgelegt
P15	Betreuung Lizenzen	Entscheidung: Betreuung	Dokumentation abgelegt
Marketing			
S1	Planung Jahresprogramm	Entscheidung: Planung	Jahresprogramm kommuniziert
S2	Entwicklung Imagefolder	Entscheidung: Entwicklung	Imagefolder erstmalig versendet

Abb. D2.1: Prozessliste der RGC (Auszug)

D 2.2 Prozessliste: Anwendung

Sicherung von Grundlagen zur Prozessidentifikation

Eine wichtige Basis für die Prozessidentifikation stellen die Ergebnisse des strategischen Management dar. Aus einem Profil der Dienstleistungen eines Unternehmens können z. B. die Primärprozesse, aus Personalentwicklungsstrategien Sekundärprozesse abgeleitet werden.

Weiters kann die Prozessidentifikation durch standardisierte Prozessmodelle unterstützt werden. Dabei ist zwischen generischen und branchenspezifischen Modellen zu unterscheiden. Ein Beispiel eines generischen Modells ist das Wertkettenmodell von Porter (siehe Abbildung B1.4). Der Vorteil generischer Modelle ist deren generelle Anwendbarkeit, ihr Nachteil liegt im hohen Abstraktionsgrad und dem damit verbundenen Bedarf an Anpassung.

Beispiele für branchenspezifische Prozessmodelle stellen das ITIL-Modell (IT Infrastructure Library) für IT-Prozesse und die eTOM (enhanced Telecom Operations Map) dar. Das eTOM-Modell wurde vom Telemanagement Forum (www.tmforum.org), einem Konsortium mit über 400 Mitgliedern, mit Fokus auf die Standardisierung des operationalen Management und der Prozesse der Telekombranche geschaffen (siehe Abbildung D2.2).[1] Das Modell differenziert die Prozesse nach drei Gruppen, nämlich Strategy, Infrastructure and Product, Operations sowie Enterprise Management.[2]

1) Vgl. Telemanagement Forum, www.tmforum.org

2) Vgl. Telemanagement Forum, www.tmforum.org, Overview Presentation

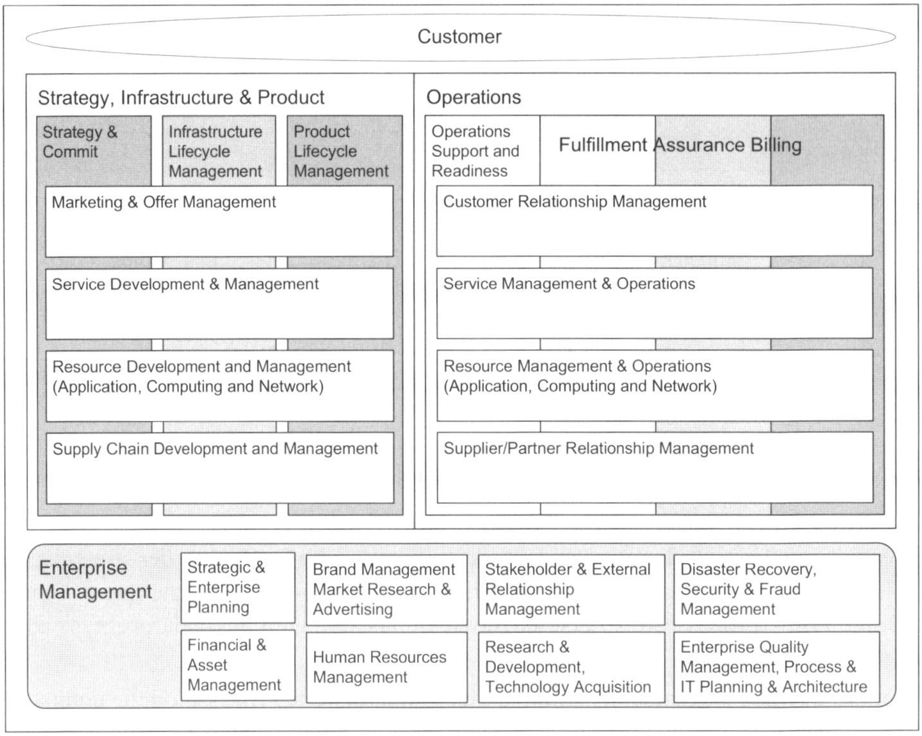

Abb. D2.2: Struktur des eTOM-Modells

Definition von Prozessarten

Als Voraussetzung zur Strukturierung der Prozesse sind Prozessarten zu definieren. Es empfiehlt sich einerseits eine Differenzierung der Prozessarten nach der Kundennähe in Primär-, Sekundär- und Tertiärprozesse und andererseits nach Unternehmensfunktionen, wie z. B. Beschaffung, Akquisition, Auftragsabwicklung, Personal und Controlling.

Die Differenzierung nach Unternehmensfunktionen ermöglicht die Zusammenfassung von Prozessen zu Prozessgruppen. Ziele der Bildung von Prozessgruppen sind die übersichtliche Darstellung zusammengehörender Prozesse sowie die gemeinsame Zuordnung von Prozessen einer Prozessgruppe zu einem Prozesseigentümer. So können z. B. unter der Prozessgruppe „Controlling" alle Controllingprozesse zusammengefasst werden. Für diese Prozessgruppe kann ein gemeinsamer Eigentümer, z. B. der Leiter Controlling, festgelegt werden.

Prozessidentifikation

Mit Hilfe der oben dargestellten Standards und Strukturen sind die Prozesse zu listen und nach Prozessarten zu gruppieren. Die Darstellung von Prozessgruppen kann in der Prozessliste erfolgen.

Eine Identifikation von Prozessen erfolgt durch die Definition von Prozessnamen und von Start- und Endereignissen. Der Name eines Prozesses soll aussagekräftig sein, d. h. der Name soll den Inhalt des Prozesses kommunizieren und damit eine Unterscheidung von anderen Prozessen ermöglichen. Ein Beispiel eines adäquaten Prozessnamens ist „Abwicklung Seminar überbetrieblich". Der Name ermöglicht eine klare Unterscheidung des Prozesses von ähnlichen Prozessen, wie z. B. „Abwicklung Coaching innerbetrieblich" oder „Abwicklung Seminar/Lehrgang innerbetrieblich".

Als Startereignis ist jenes Ereignis zu definieren, dass einen definierten Ablauf von Aufgaben und Entscheidungen bis zu einem Endereignis auslöst. Für einen Prozess darf es nur einen „Ausgang" und damit nur ein Endereignis geben. Dadurch werden die Berechenbarkeit und die Vergleichbarkeit der Prozessergebnisse ermöglicht.

Tipps zur Prozessidentifikation

- Sicherung eines einheitlichen Endereignisses je Prozess
  Ein Prozess ist so abzugrenzen, dass dessen Erfüllung jeweils mit dem gleichen Endereignis endet. So ist z. B. zwischen dem Akquisitionsprozess und dem Auftragsabwicklungsprozess zu unterscheiden. Das Endereignis des Akquisitionsprozesses kann nur die Entscheidung des Kunden über die Auftragsvergabe sein. Die Abnahme des Kunden als gemeinsames Endereignis eines Prozesses der Akquisition und Abwicklung zu definieren, wäre zu weit gefasst, da nicht jede Akquisition eine Auftragsabwicklung auslöst.
- Durchgängigkeit des Betrachtungsobjekts je Prozess
  Ein Prozess ist so abzugrenzen, dass im Prozess an einem durchgängigen Betrachtungsobjekt gearbeitet wird. So ist z. B. zwischen den Prozessen „Verbuchung einer Rechnung" (Betrachtungsobjekt: Rechnung) und „Periodische Auswertung der Rechnungen" (Betrachtungsobjekt: Alle Rechnungen) zu unterscheiden. Der Zusammenhang zwischen den Prozessen kann mit Hilfe einer Prozesse-Kette dargestellt werden.
- Ganzheitliche Abgrenzung je Prozess
  Ein Prozess ist so abzugrenzen, dass alle eng gekoppelten Aufgaben berücksichtigt werden. Dadurch soll eine ganzheitliche Betrachtung der zu erfüllenden Aufgaben gewährleistet werden. Eine Abgrenzung hat auf Grund der Koppelung von Aufgaben und nicht auf Grund der Zuständigkeiten von Organisationseinheiten zu erfolgen. Dies führt zu organisationsübergreifenden Prozessen. Die Integration von Aufgaben statt eines aufwendigen Schnittstellenmanagement ist das Ziel. Erst die Betrachtung aller eng gekoppelten Aufgaben ermöglicht eine Optimierung eines Prozesses.
- Bildung von Prozessgruppen
  Zur Nutzung von Synergien zwischen Prozessen, die sich auf eine gemeinsame Unternehmensfunktion beziehen, sind Prozessgruppen zu bilden.

Abb. D2.3: Tipps zur Prozessidentifikation

D 3 Prozesslandkarte

D 3.1 Prozesslandkarte: Definition und Beispiel

Eine Prozesslandkarte ist eine grafische Darstellung der Prozesse eines Unternehmens. Sie schafft einen Überblick über die identifizierten Prozesse und deren Strukturierung in Prozessarten. Die Prozesslandkarte ist ein wichtiges Kommunikationsinstrument des Prozessmanagement. In die Landkarte fließen Aspekte des symbolischen Management ein.

In der Abbildung D3.1 ist die Prozesslandkarte der RGC dargestellt. Zur Sicherung des Überblicks können Prozessgruppen dargestellt werden, die in weiteren Prozesslandkarten detailliert werden können (siehe z. B. Abbildung D3.2).

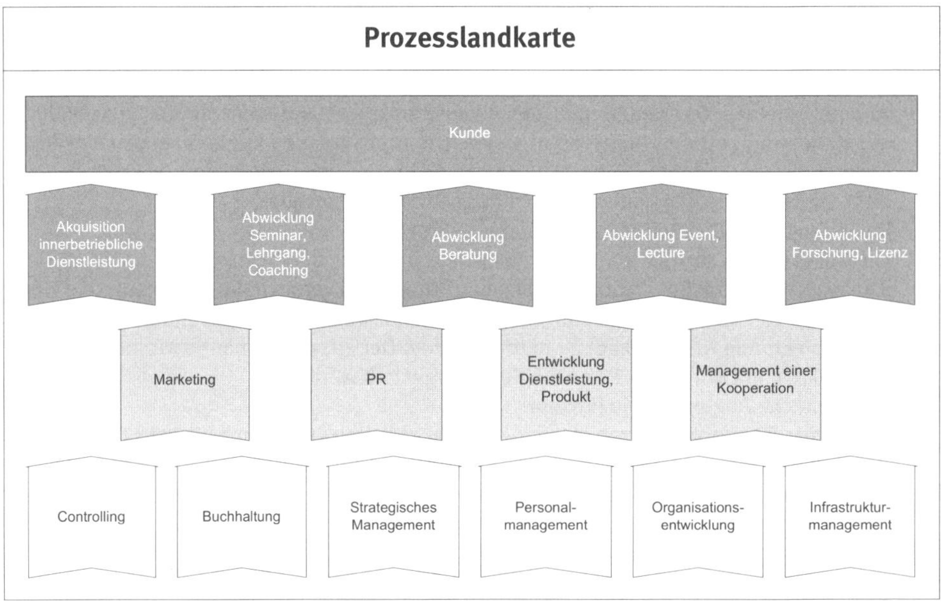

Abb. D3.1: Prozesslandkarte der RGC

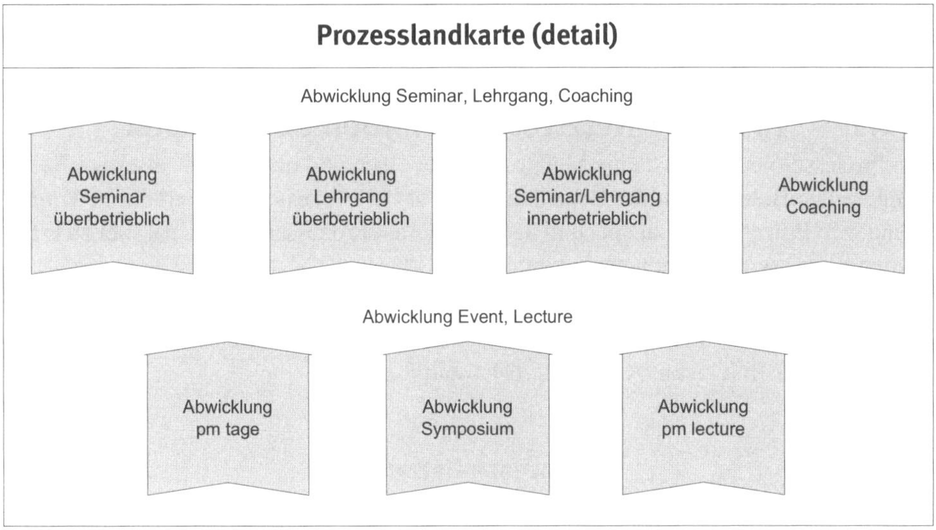

Abb. D3.2: Prozesse je Prozessgruppe

D 3.2 Prozesslandkarte: Anwendung

Grundlagen zur Erstellung der Prozesslandkarte

Die Erstellung einer Prozesslandkarte setzt eine Listung und eine Gruppierung der Prozesse eines Unternehmens voraus. Diese erfolgen im Zuge der Prozessidentifikation.

Definition des Abstraktionsgrads für die Darstellung der Prozesslandkarte

In Abhängigkeit von der Zielsetzung der Verwendung der Prozesslandkarte und der Anzahl der identifizierten Prozesse ist der Abstraktionsgrad für die Darstellung der Prozesslandkarte zu definieren.

Die Darstellung aller identifizierten Prozesse einer Organisation in einer Prozesslandkarte ist zwar möglich, aber kommunikationstechnisch nicht adäquat. Daher werden Prozesslandkarten entweder hoch abstrahiert dargestellt, z. B. durch eine ausschließliche Darstellung der Prozessgruppen, oder es werden mehrere Prozesslandkarten in unterschiedlichen Detaillierungsgraden erstellt.

Darstellung der Prozesslandkarte

Die Prozesse werden in der Prozesslandkarte grafisch dargestellt. In allen grafischen Darstellungen sollten einheitliche Symbole verwendet werden, z. B. Blockpfeile für die Prozesse. Dadurch wird das Wiedererkennen der Symbole möglich.

Durch die grafische Anordnung der Prozesse werden Werte kommuniziert. So wird z. B. durch die Darstellung der Primärprozesse auf oberster Ebene die Wichtigkeit der Kunden ausgedrückt.

D 4 Prozesse-Netzwerk

D 4.1 Prozesse-Netzwerk: Definition und Beispiel

Ein Prozesse-Netzwerk ist eine Menge von Prozessen und deren wechselseitige Beziehungen. Die Betrachtung der Beziehungen steht bei Prozesse-Netzwerken im Vordergrund. Ein Prozess kann zu vor- und nachgelagerten Prozessen und zu parallel zu erfüllenden Prozessen Beziehungen haben.

Ziel der Konstruktion eines Prozesse-Netzwerks ist das Definieren der Beziehungen zwischen Prozessen und das Gestalten dieser Beziehungen. Ein Beispiel eines Prozesse-Netzwerks der RGC ist in Abbildung D4.1 dargestellt.

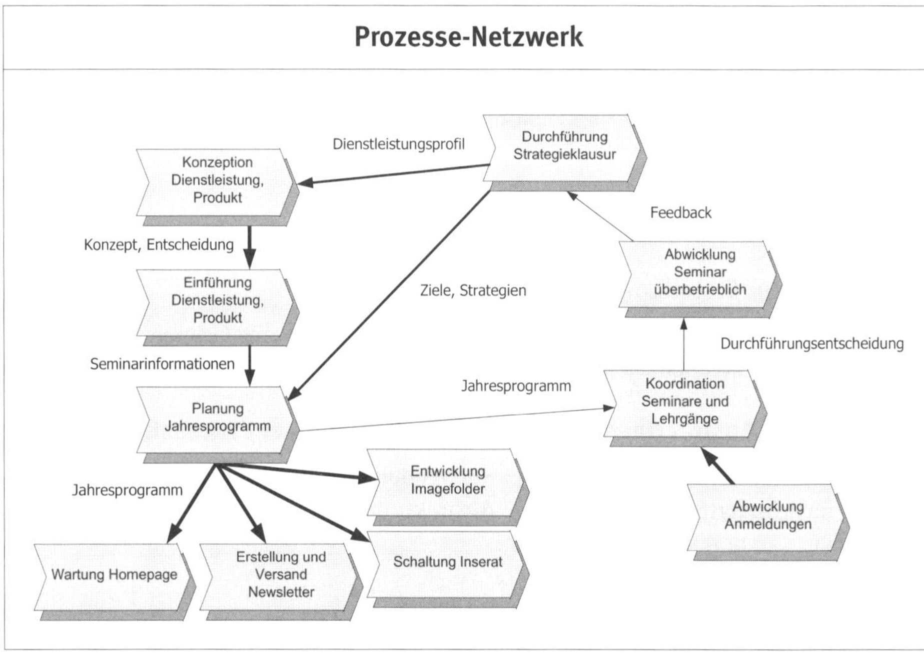

Abb. D4.1: Prozesse-Netzwerk der RGC

Mehrere sequenzielle Prozesse stellen als Prozesse-Kette eine Sonderform eines Prozesse-Netzwerks dar. Eine Prozesse-Kette ist eine Menge von Prozessen, die in einem chronologischen Zusammenhang stehen. Prozesse-Ketten können grafisch dargestellt werden (siehe Abbildung D4.2). Ziel der Konstruktion einer Prozesse-Kette ist das Sichern von Synergien zwischen den aufeinander folgenden Prozessen. Die Beziehungen zwischen den Prozessen einer Prozesse-Kette sind zu beschreiben, die zur Optimierung des Durchlaufs der Prozesse-Kette notwendigen Maßnahmen sind zu planen.

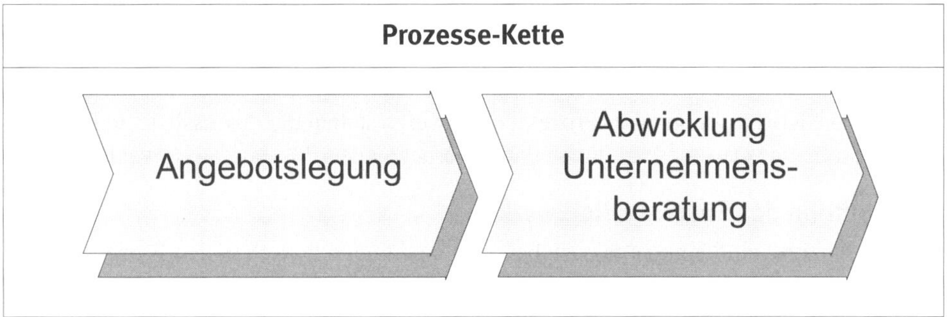

Abb. D4.2: Prozesse-Kette

Ein Beispiel einer umfassenden Prozesse-Kette stellt die Supply Chain dar. In der Supply Chain werden die Prozesse mehrerer Unternehmen in einer Prozesse-Kette von „Rohstoffgewinnung" bis „Lieferung des Endprodukts zum Endverbraucher" betrachtet. Die Optimierung der Supply Chain ist Ziel des Supply Chain Management (siehe Exkurs D1).

Exkurs D1: Supply Chain Management

Unter Supply Chain (Wertschöpfungskette) wird der Weg eines Rohstoffs von seinem Ursprung bis zum Verbraucher unter Berücksichtigung der in jeder Stufe erfolgten Wertsteigerung bezeichnet. Die Supply Chain wird auch als Lieferkette, Distributionskette, Wertschöpfungskette oder logistisches Netzwerk bezeichnet.[a] Grundidee des Supply Chain Management ist die Optimierung der Wertschöpfungskette durch eine ganzheitliche Koordination der Prozesse sowie der Zusammenhänge zwischen den Prozessen der Supply Chain[b]. Merkmale des Supply Chain Management sind:

- Orientierung am Endkunden,
- Kundenzufriedenheit durch bedarfsorientierte Lieferung,
- Anpassung an die Änderungen des Marktes,
- Vermeidung von „Out-of-Stock",
- Senkung der Lagerbestände in der Supply Chain,
- Vereinfachung des Güterflusses,
- Verkürzung von Lieferzeiten und
- Qualitätsvorteile.

Durch die unternehmensübergreifende Betrachtung der Prozesse-Kette entstehen spezifische Anforderungen an das Prozessmanagement. Es sind unternehmensübergreifende organisatorische, informationstechnologische und rechtliche Lösungen zu schaffen.

(a) Vgl. Simulation von Supply-Chain-Management Systemen, http://beergame.uni-klu.ac.at/bg.htm

(b) Vgl. Kugeler, Supply Chain Management und Customer Relationship Management, in: Becker, Kugeler, Rosemann, Prozessmanagement, Springer Verlag, Berlin, 2005

D 4.2 Prozesse-Netzwerk: Anwendung

Auswahl der zu vernetzenden Prozesse

Basis für die Konstruktion eines Prozesse-Netzwerks stellen die Prozessliste und die Prozesslandkarte dar. Aus diesen können die zu vernetzenden Prozesse ausgewählt werden.

Konstruktion des Prozesse-Netzwerks

In einer Analyse sind einerseits bestehende Beziehungen zwischen den Prozessen festzustellen und andererseits neue Beziehungen zu definieren.

Für jeden Prozess sind eventuelle Vorprozesse, Parallelprozesse und Folgeprozesse zu definieren. Zusätzlich zu diesen zeitlichen Beziehungen können inhaltliche und ressourcenbezogene Beziehungen zwischen Prozessen bestehen. Inhaltlich kann z. B. durch die Erfüllung einer Aufgabe eines Prozesses der Start eines anderen Prozesses ausgelöst werden. Ein ressourcenbezogener Konflikt zwischen zwei Prozessen besteht, wenn die gleichen Ressourcen (Mitarbeiter, Maschinen) in zwei parallel ablaufenden Prozessen benötigt werden.

Zur Definition der Beziehungen zwischen Prozessen werden oft detailliertere Informationen aus dem Mikro-Prozessmanagement, wie z. B. die Prozessstruktur, der Prozessablaufplan, etc., benötigt.

Die Informationen über Beziehungen zwischen Prozessen sind in den Aufgabenlisten der einzelnen betroffenen Prozesse zu dokumentieren. Die Beziehungen können auch in grafischer Form in einer Prozesse-Netzwerk-Grafik dargestellt werden. Die Netzwerk-Grafik dient der Konstruktion des Netzwerks, sie stellt einen Überblick der Beziehungen dar. Als Symbole zur Darstellung der Prozesse können Blockpfeile verwendet werden, für die Darstellung der Beziehungen zwischen den Prozessen Linien in unterschiedlichen Stärken und Farben.

Gestaltung der Beziehungen

Ziel der Konstruktion eines Prozesse-Netzwerks ist die Sicherung von Synergien zwischen den Prozessen. Die zur Optimierung des Prozesse-Netzwerks notwendigen Maßnahmen, wie z. B. die Übergabe von Dokumenten, der Zugriff auf gemeinsame Datenbanken, der Einsatz der selben Mitarbeiter, die Durchführung von Abstimmungssitzungen, etc., sind zu planen und in den betroffenen Prozessen zu berücksichtigen.

D 5 Prozesseigentümer-Liste

D 5.1 Prozesseigentümer-Liste: Definition und Beispiel

Für jeden Prozess eines Unternehmens ist ein Prozesseigentümer zu definieren. Der Prozesseigentümer ist jene Rolle, die für das Mikro-Prozessmanagement, d. h. für die Planung und das Controlling eines Prozesses zuständig ist.

Die Dokumentation der Prozesseigentümer kann entweder in einer zusätzlichen Spalte in der Prozessliste oder in einer eigenen Prozesseigentümer-Liste erfolgen. Als Beispiel sind in Abbildung D5.1 Prozesseigentümer der RGC gelistet.

Prozesseigentümer-Liste

Code	Prozess	Start
Akquisition innerbetriebliche Dienstleistung		
P1	Akquisition Seminar, Lehrgang, Coaching	Stummer
P2	Akquisition Beratung	Stummer
Abwicklung Seminar, Lehrgang, Coaching		
P3	Abwicklung Seminar überbetrieblich	Kienast
P4	Abwicklung Lehrgang überbetrieblich	Kienast
P5	Abwicklung Seminar/Lehrgang innerbetrieblich	Gareis
P6	Abwicklung Coaching innerbetrieblich	Gareis
Abwicklung Beratung		
P7	Abwicklung Unternehmensberatung	Gareis
P8	Abwicklung Projektberatung	Gareis
P9	Abwicklung Management auf Zeit	Gareis
Abwicklung Event, Lecture		
P10	Abwicklung pm tage	Frank
P11	Abwicklung pm symposium	Frank
P12	Abwicklung pm lecture	Frank

Abb. D5.1: Prozesseigentümer-Liste der RGC (Ausschnitt)

KAPITEL D

D 5.2 Prozesseigentümer-Liste: Anwendung

Definition der Prozesseigentümer

Es sind jene Personen als Prozesseigentümer zu definieren, die für das Mikro-Prozessmanagement der Prozesse verantwortlich sein sollen. Ein Prozesseigentümer benötigt Kompetenzen, d. h. Wissen und Erfahrung, hinsichtlich der Prozessinhalte sowie soziale Kompetenzen zur Planung und zum Controlling des Prozesses. Die Rolle des Prozesseigentümers ist in Kapitel H 1.2 beschrieben.

Listung der Prozesseigentümer

Die Namen der Prozesseigentümer sind in einer Liste zu dokumentieren und in der Organisation zu kommunizieren.

D 6 Prozessportfolio-Berichte

D 6.1 Prozessportfolio-Berichte: Definition und Beispiele

Prozessportfolio-Berichte dienen dem Controlling des Prozessportfolios. Sie sind das Ergebnis einer stichtagsbezogenen Analyse des Prozessportfolios einer Organisation. Typische Berichte sind die Prozessportfolio Score Card, eine Prozessportfolio-Matrix und eine Prozess-Erfolgsfaktoren-Analyse. Die Analyse des Prozessportfolios stellt die Grundlage für die Optimierung des Prozessportfolios dar. Als Beispiel ist in Abbildung D6.1 die Prozessportfolio Score Card der Primärprozesse der RGC dargestellt.

Prozessportfolio Score Card

Akquisition innerbetriebliche Dienstleistung	10.01.	10.04.
Akquisition Seminar, Lehrgang, Coaching	2	3
Akquisition Beratung	3	2
Gesamt	3	3

Abwicklung Seminar, Lehrgang, Coaching	10.01.	10.04.
Abwicklung Seminar überbetrieblich	1	1
Abwicklung Lehrgang überbetrieblich	2	2
Abwicklung Seminar/Lehrgang innerbetr.	2	1
Abwicklung Coaching innerbetrieblich	2	1
Gesamt	2	1

Abwicklung Forschung, Lizenz	10.01.	10.04.
Abwicklung Forschung	2	2
Vergabe Lizenz	3	4
Betreuung Lizenzen	3	2
Gesamt	3	3

Prozess-portfolio	
10.01.	10.04.

Abwicklung Beratung	10.01.	10.04.
Abwicklung Unternehmensberatung	1	2
Abwicklung Projektberatung	1	1
Abwicklung Management auf Zeit	2	1
Gesamt	1	1

Legende

sehr schlecht	5
schlecht	4
ok	3
gut	2
sehr gut	1

Abwicklung Event, Lecture	10.01.	10.04.
Abwicklung pm tage	1	2
Abwicklung Symposium	2	1
Abwicklung pm lecture	4	2
Gesamt	3	2

Abb. D6.1: Score Card der Primärprozesse der RGC per 10.04.

D 6.2 Prozessportfolio-Berichte: Anwendung

Informationssammlung

Basis für die Erstellung von Prozessportfolio-Berichten sind Informationen über die aktuelle Struktur des Prozessportfolios und aktuelle Daten der einzelnen Prozesse, wie z. B. Ergebnisqualitäten, Kosten und Durchlaufzeiten. Diese Informationen sind dem Prozessmanagement Office von den Prozesseigentümern zur Verfügung zu stellen.

Erstellung der Prozessportfolio-Berichte

Es können unterschiedliche Prozessportfolio-Berichte erstellt werden. Die zu erstellenden Berichte sind von den Controllingzielen abhängig. Ziele können z. B. das Controlling der Struktur des Prozessportfolios und das Controlling der Erreichung der Prozessziele auf der Prozessgruppen-Ebene sein.

Die Analyse des Prozessportfolios, die Erstellung der Prozessportfolio-Berichte und deren Interpretation erfolgt durch das Prozessmanagement Office oder eine ähnliche Organisationseinheit. In den Abbildung D6.2 und D6.3 sind Beispiele von Prozessportfolio-Berichten und deren Interpretationen dargestellt.

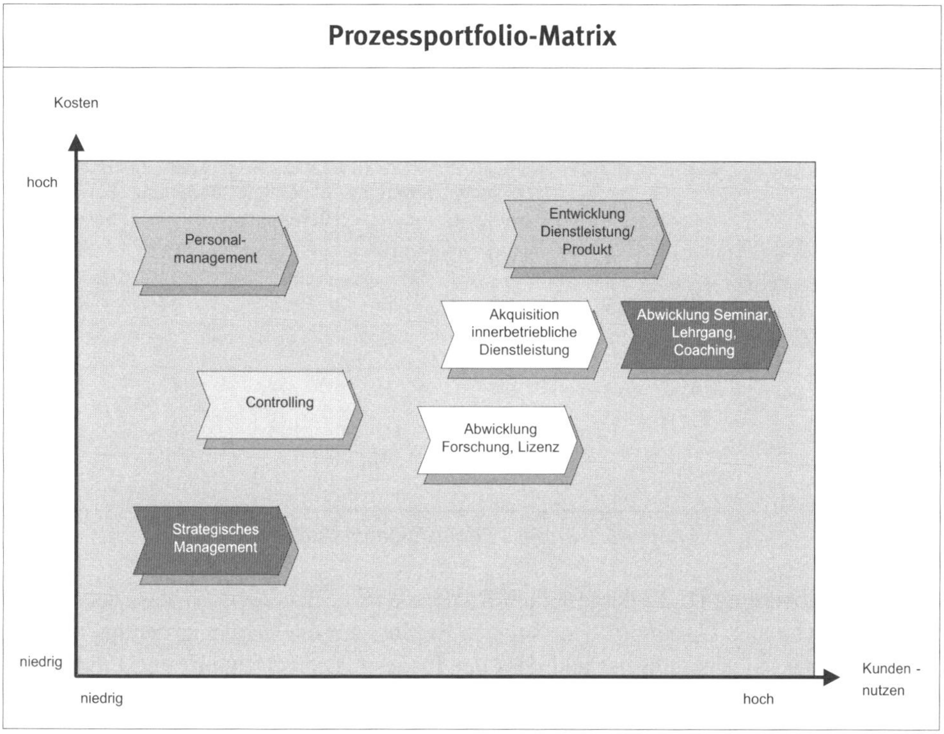

Abb. D6.2: Prozessportfolio-Matrix

Aus der in Abbildung D6.2 dargestellten Prozessportfolio-Matrix ist ersichtlich, dass von den Prozessen mit hohem Kundennutzen und hohen Kosten die Akquisition innerbetrieblicher Dienstleistungen nur durchschnittlich (Ampelfarbe: gelb) und die Seminare, Lehrgänge, Coaching sehr gut (Ampelfarbe: dunkelgrün) erfüllt werden.

Prozesseigentümer-Liste

Erfolgsfaktor	Gew.	Prozessgruppe (Einfluss 1 ... 5) Dienstleistung- und Prodkukt-entwicklung		Akquisition innerbetriebliche Dienstleistung		Seminar, Lehrgang, Coaching	
		Bewertung	Gewichtete Bewertung	Bewertung	Gewichtete Bewertung	Bewertung	Gewichtete Bewertung
Kundenbeziehung	10	3	30	4	40	5	50
Leistungsangebot	8	5	20	4	32	3	24
Innovation	6	5	30	3	18	2	12
Finanz. Ergebnis	6	3	18	3	18	4	24
Summe		16	98	14	108	14	110

Abb. D6.3: Prozess-Erfolgsfaktoren-Analyse

Aus der in Abbildung D1.12 dargestellten Analyse wird z. B. ersichtlich, dass der Prozess „Seminar, Lehrgang, Coaching" den stärksten Einfluss auf die Kundenbeziehung und den Unternehmenserfolg gesamt hat und dass der Prozess „Dienstleistung- und Produktentwicklung" einen starken Einfluss auf die „Kundenbeziehung" und die „Innovation" hat.

Optimierung des Prozessportfolios

Die Prozessportfolio-Berichte stellen die Grundlage für die Optimierung des Prozessportfolios dar. In einem Workshop vereinbaren Prozesseigentümer und Mitarbeiter des Prozessmanagement Office Maßnahmen zur Optimierung des Prozessportfolios.

Die Analyse des Prozessportfolios und dessen Optimierung erfolgt periodisch, in Abhängigkeit von der Dynamik der Organisation etwa alle 3–6 Monate.

D 7 Standards für das Mikro-Prozessmanagement

Die Definition von Standards für das Mikro-Prozessmanagement ist eine Aufgabe des Makro-Prozessmanagement. Ziele des Vereinheitlichens der Vorgehensweise im Mikro-Prozessmanagement sind

- das Sichern der Qualität des Mikro-Prozessmanagement
- das Ermöglichen des Vergleichens von Prozessen
- das Schaffen einer einheitlichen Basis für die Gestaltung von Beziehungen zwischen Prozessen.

Als Standards zum Mikro-Prozessmanagement sind folgend

- die Definition der im Mikro-Prozessmanagement einzusetzenden Methoden und
- Regeln und Hilfsmittel zum Einsatz einzelner Methoden des Mikro-Prozessmanagement

beschrieben. Weiters sind auch die Möglichkeiten des Software-Einsatzes zum Prozessmanagement dargestellt.

D 7.1 Definition der im Mikro-Prozessmanagement einzusetzenden Methoden

Die Definition der im Mikro-Prozessmanagement einzusetzenden Methoden kann mit Hilfe einer Checkliste erfolgen (siehe Abbildung D7.1). Dabei kann zwischen „Muss“- und „Kann“-Einsatz der Methode unterschieden werden.

Methoden zur Prozessplanung	
Prozessabgrenzung	Muss
Prozessstrukturplan	Kann
Prozessablaufplan	Kann
Prozessaufgabenplan	Muss
Prozessorganisationsplan	Muss
Prozesskennzahlenplan	Kann
Methoden zum Prozesscontrolling	
Prozessbericht	Muss
Prozessbenchmarking	Kann

Abb. D7.1: Einzusetzende Methoden zum Mikro-Prozessmanagement

Auch die Zusammenhänge zwischen den einzelnen Methoden und die im Mikro-Prozessmanagement zu verwendenden Begriffe sind zu definieren. In Abbildung D7.2 ist ein diesbezügliches Beispiel einer Verwaltungsorganisation dargestellt. Es wird ersichtlich, dass Unternehmen auch unternehmensspezifische Begriffe verwenden (z. B. „Wertschöpfungskettendiagramm“).

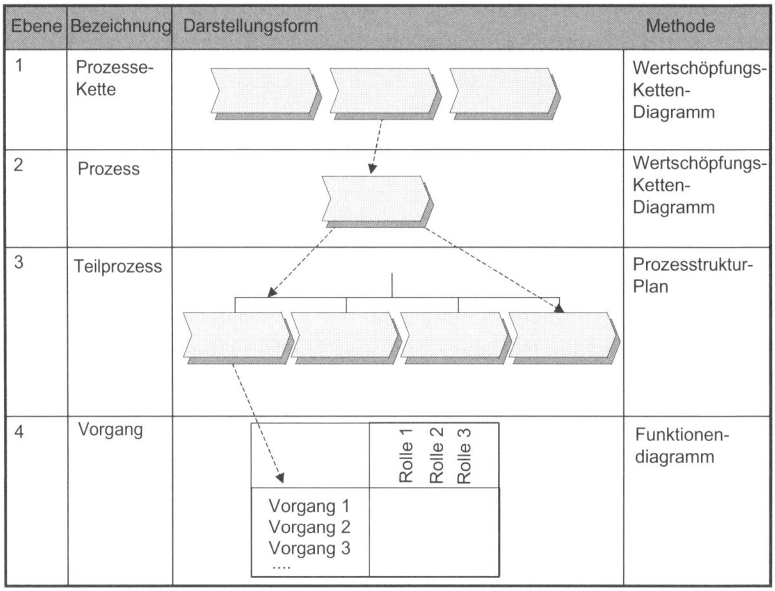

Abb. D7.2: Standardisierung der Prozessmanagement-Methoden einer Verwaltungsorganisation

D 7.2 Regeln und Hilfsmittel zum Einsatz einzelner Methoden des Mikro-Prozessmanagement

Bezüglich des Einsatzes einzelner Methoden können Regeln definiert werden.

So kann z. B. der Detaillierungsgrad des Prozessstrukturplans (Anzahl darzustellender Ebenen) definiert werden, es können die Darstellungselemente für Flussdiagramme festgelegt und es können die in Funktionendiagrammen zu verwendenden Funktionen vereinbart werden.

Für die Planung von Prozessen können Dokumentationsvorlagen (siehe Abbildung D7.3) oder einzelne Formulare (z. B. für die Prozessabgrenzung, für das Funktionendiagramm, etc.) zur Verfügung gestellt werden. Ebenso können für das Controlling Formulare für Prozessberichte eingesetzt werden.

Inhaltsverzeichnis

1. EINLEITUNG
   - 1.1 VERSIONSMANAGEMENT
   - 1.2 ZIELE, INHALTE DER PROZESSDOKUMENTATION
   - 1.3 GELTUNGSBEREICH DER PROZESSDOKUMENTATION
   - 1.4 WARTUNG DER PROZESSDOKUMENTATION
2. DEFINITIONEN ZUM PROZESS
3. BESCHREIBUNG DES PROZESSES
   - 3.1 ABGRENZUNG DES PROZESSES
   - 3.2 KONTEXT DES PROZESSES
   - 3.3 STRUKTUR DES PROZESSES
   - 3.4 ABLAUF DES PROZESSES
   - 3.5 ORGANISATION DES PROZESSES
   - 3.6 KENNZAHLEN DES PROZESSES
4. OPTIMIERUNG DES PROZESSES
5. ORGANISATION ZUM PROZESS
   - 5.1 ORGANISATION ZUR ERFÜLLUNG DES PROZESSES
   - 5.2 ORGANISATION ZUM MANAGEMENT DES PROZESSES

Beschreibung des Prozesses

Abgrenzung des Prozesses

Start	
Ende	
Ziele	
Ergebnisse	
Nicht-Ziele	

Kontext des Prozesses

Zusammenhang zu anderen Prozessen

Vorgelagerte Prozesse	Beschreibung der Schnittstelle
Parallele Prozesse	**Beschreibung der Schnittstelle**
Nachgelagerte Prozesse	**Beschreibung der Schnittstelle**

Abb. D7.3: Formulare zur Prozessdokumentation (Auszug)

KAPITEL D

D 7.3 Software-Einsatz zum Prozessmanagement

Zur Erfüllung der Aufgaben des Prozessmanagement steht eine Vielzahl an Software (SW)-Lösungen zur Verfügung. Kategorien von SW-Lösungen können an Hand ihrer Funktionalitäten differenziert werden. Die Abbildung D7.4 gibt in Anlehnung an Nägele und Schreiner[3] einen Überblick über die SW-Kategorien und deren Funktionalität. Beispiele von Darstellungsmöglichkeiten sind folgend abgebildet.

Kategorie / Funktion	Visulisierungs-werkzeuge	Modellierungs-werkzeuge	Simulations-werkzeuge	Workflow-Management-Systeme	CASE-Werkzeuge
Informations - technische Realisierung					✓
Auto-matisierung				✓	✓
Simulation			✓	✓	✓
Optimierung		✓	✓	✓	✓
Visualisierung	✓	✓	✓	✓	✓

Abb. D7.4: Kategorien von Prozessmanagement-Software

3) Vgl. Nägele, Schreiner, Bewertung von Werkzeugen für das Management von Geschäftsprozessen, in: Zeitschrift für Organisation, 4/2002

Visualisierungswerkzeuge

Für einfache Anwendungen, wie z. B. für die Visualisierung einfacher Flussdiagramme oder Funktionendiagramme, können Standard-Officelösungen, wie z. B. MS Visio oder MS Excel von Microsoft, zur Anwendung gelangen (siehe Abbildungen D7.5 und D7.6). Für die Darstellung von Prozessstrukturplänen kann auf Projektmanagement-SW-Lösungen zurückgegriffen werden, wie z. B. MS Project und WBS Chart Pro (siehe Abbildung D7.7).

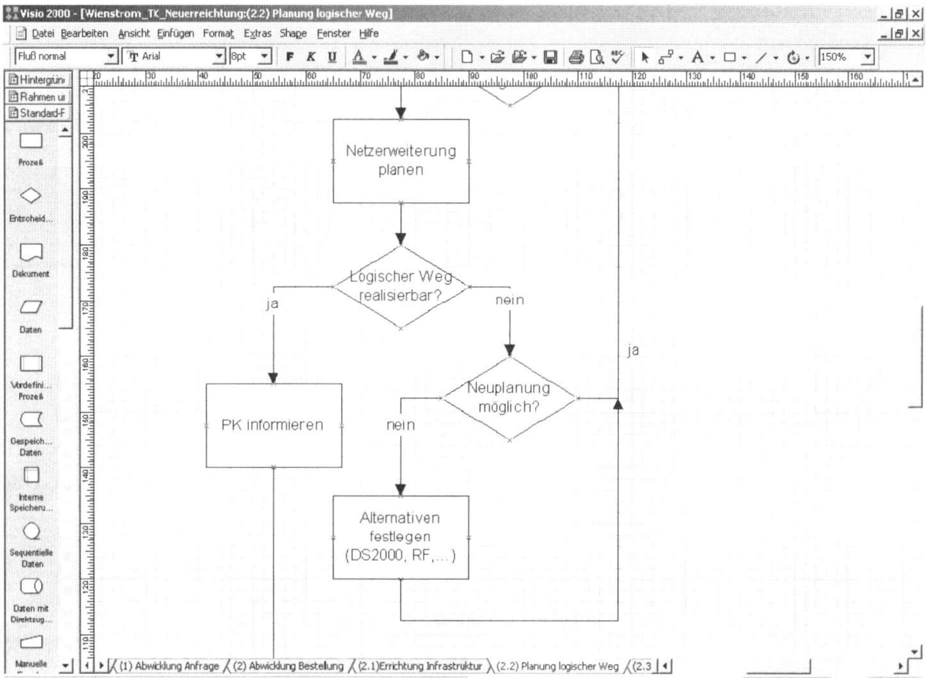

Abb. D7.5: Flussdiagramm mit MS Visio

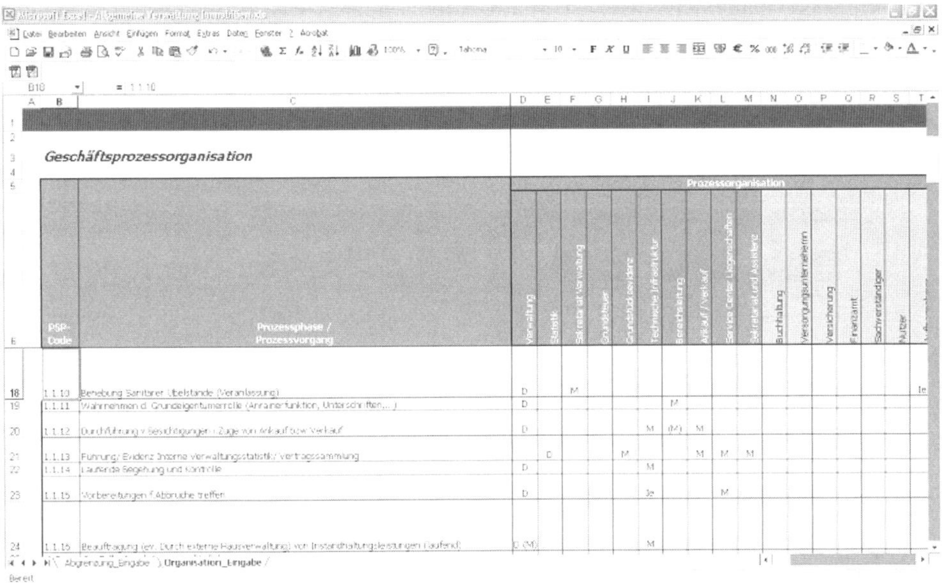

Abb. D7.6: Funktionendiagramm mit MS Excel

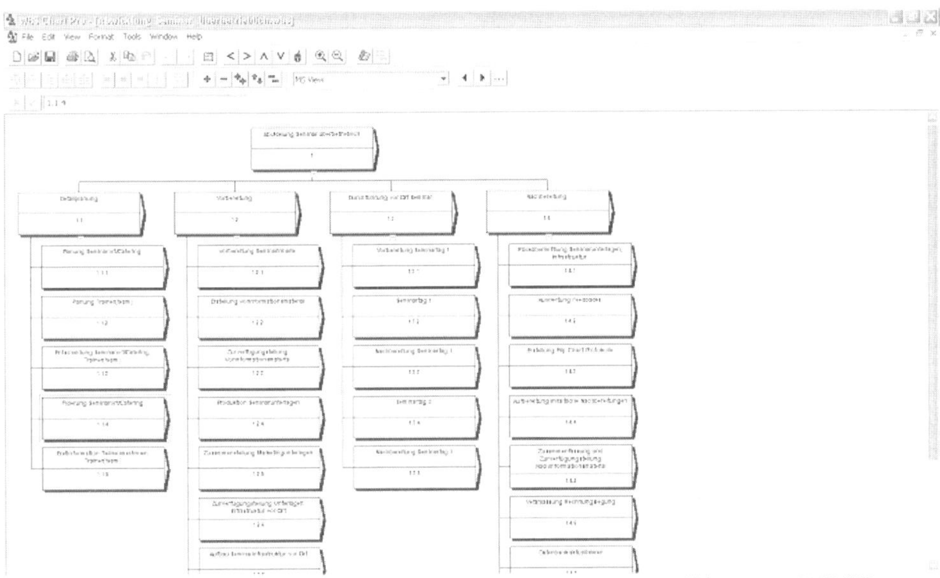

Abb. D7.7: Prozessstrukturplan mit MS Project und WBS Chart Pro

Modellierungs- und Simulationswerkzeuge

Das Herstellen von Beziehungen zwischen Prozessen sowie das Herstellen von Zusammenhängen zu anderen Objekten, z. B. zur Aufbauorganisation, stellt eine zusätzliche Anforderung an die Software dar. Für diese Zwecke kann auf spezifische SW-Lösungen

KAPITEL D

zum Prozessmanagement, wie z. B.[4] auf Adonis oder ARIS, zurückgegriffen werden (siehe Abbildungen D7.8). Diese Lösungen unterstützen auch Simulationen von Prozessen.

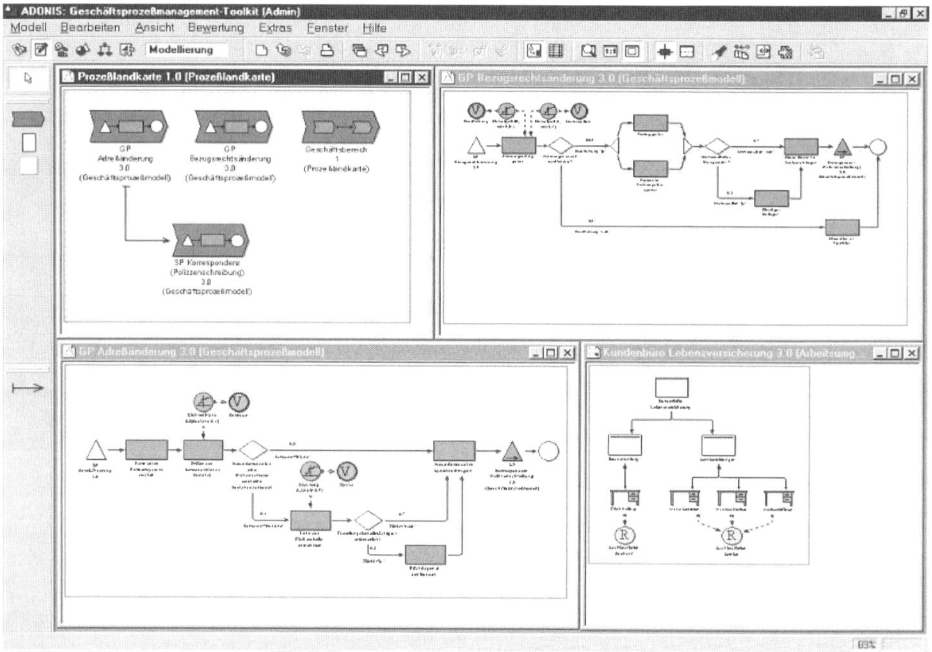

Abb. D7.8: Makro- und Mikroprozessmanagement mit Adonis

Workflow-Management-Systeme und CASE-Werkzeuge

Unter Workflow-Management-System ist ein anwendungsunabhängiges Software-System, das die Modellierung, die Ausführung und das Monitoring von Workflows, sowie gegebenenfalls weitere Funktionen wie die Simulation und die Analyse von Workflows unterstützt, zu verstehen. [5]

Unter CASE (Computer Aided Software Engineering) versteht man die rechnergestützte, d. h. durch Rechner und Software teilweise automatisierte Entwicklung von Software. Ein CASE-Tool (CASE-Werkzeug) ist eine Hilfsmittel, meist selbst Software, das bestimmte Tätigkeiten der Softwareentwicklung unterstützt, d. h. teilweise automatisiert. Instrumente, die die Unternehmensmodellierung (damit auch Prozessmodellierung) unterstützen; werden auch ECASE-Tools genannt.[6] ARIS und Adonis decken auch CASE-Funktionalitäten ab.

---

4) Vgl. www.boc-eu.com; www.ids-scheer.de

5) Vgl. Gehring, Betriebliche Anwendungssysteme, in: Gadatsch, Grundkurs Geschäftsprozessmanagement, Friedrich Viehweg & Sohn Verlage, Wiesbaden, 2003

6) Vgl. Disterer, Bechte, Taschenbuch der Wirtschaftsinformatik, Fachbuchverlage Leipzig, München/Wien, 2003

D 8 Fallstudie: Identifikation der Prozesse der Abteilung „Kundenberatung"

Die Abteilung „Kundenberatung" eines Werbungsverkaufsunternehmens führte Prozessmanagement ein. Die diesbezügliche Vorgehensweise und die Ergebnisse des Makro-Prozessmanagement sind folgend beschrieben.

Durch diesen Fall soll auch ersichtlich werden, dass die Einführung von Prozessmanagement nicht nur für ein Unternehmen, sondern auch für einzelne Organisationen eines Unternehmens Sinn machen kann.

D 8.1 Die Abteilung „Kundenberatung"

Ziel des Werbungsverkaufsunternehmens ist es, für ein Medienunternehmen Werbung zu verkaufen und zu produzieren. Aufgabe der Kundenberatung ist die Vermarktung der Werbeprodukte.

Das Unternehmen hat knapp 100 Mitarbeiter, in der Abteilung „Kundenberatung" sind 25 Personen tätig. Die Abteilung ist in 3 Teams organisiert, die den Markt nach Kundengruppen bearbeiten. Ein Team besteht aus Kundenberatern, aus Agenturbetreuern und Teamassistenten für die Kundenberater und Agenturbetreuer. Wesentliche Aufgaben der Teams sind die Betreuung potentieller und bestehender Kunden sowie die Akquisition und Bearbeitung von Aufträgen.

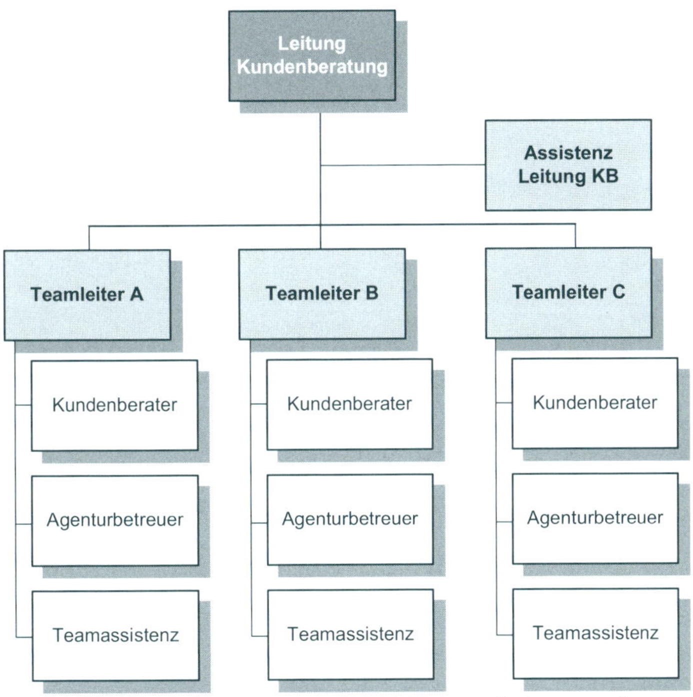

Abb. D8.1: Organigramm der Abteilung „Kundenberatung"

D 8.2 Bedarf nach Prozessmanagement der Abteilung „Kundenberatung“

Der Bedarf nach Prozessmanagement ergab sich einerseits aus intensiveren Kooperationen mit anderen Abteilungen bzw. mit anderen Unternehmen und andererseits aus unklaren Aufgabenverteilungen und Entscheidungsstrukturen innerhalb der Abteilung.

Die Arbeit in der Abteilung stellte für viele Mitarbeiter ein Sprungbrett dar, die Personalfluktuation war relativ hoch. Die Sicherung individuellen Lernens stellte daher einen weiteren Anlass für die Einführung des Prozessmanagement dar.

In einem abteilungsbezogenen Workshop mit dem Ziel der Situationsanalyse sowie der Definition von Weiterentwicklungszielen fiel die Entscheidung, ein Projekt zur Einführung des Prozessmanagement zu starten.

D 8.3 Einführung des Prozessmanagement: Vorgehensweise

Die Einführung des Prozessmanagement wurde in Form eines Projekts durchgeführt. Projektauftraggeber war die Abteilungsleitung, das Projektteam bestand aus 5 Mitarbeitern der Abteilung sowie einem externen Berater.

Die wesentlichen Projektleistungen sind im Projektstrukturplan „Einführung Prozessmanagement“ ersichtlich (siehe Abbildung D8.2).

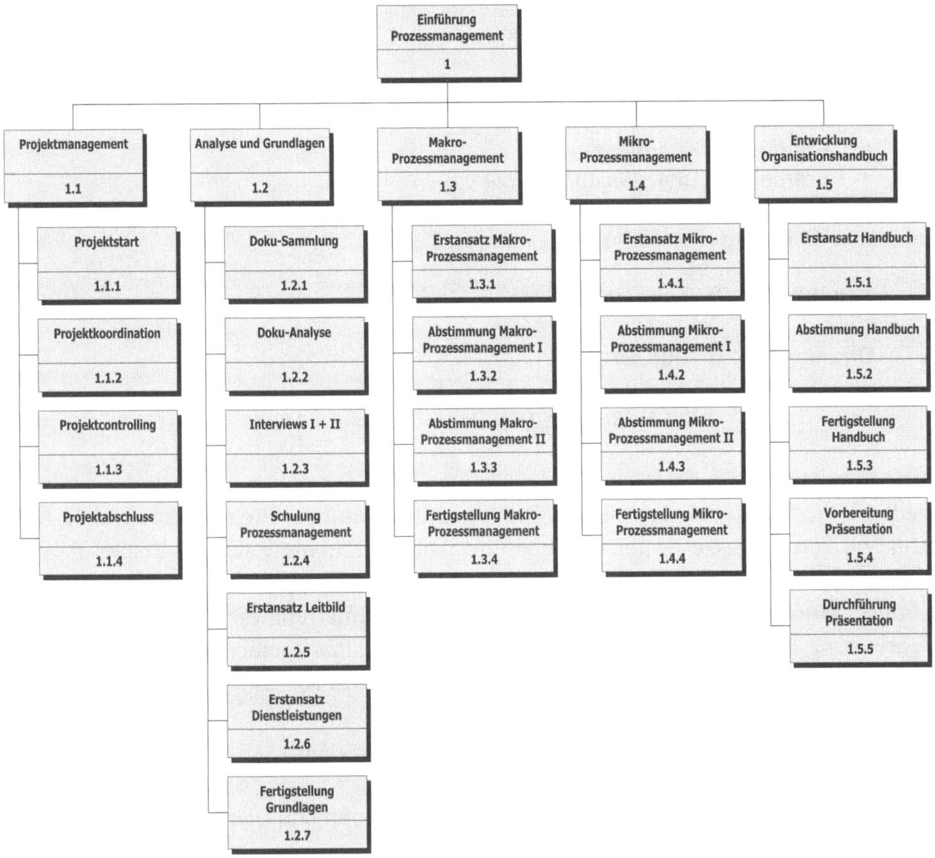

Abb. D8.2: Projektstrukturplan des Projekts „Einführung Prozessmanagement"

Zur Sicherung eines gemeinsamen Prozessmanagement-Verständnisses und einer gemeinsamen Sprache im Projekt wurde eine Kurzschulung zum Prozessmanagement durchgeführt. Im Anschluss an diese Schulung wurden Prozessmanagement-Standards definiert.

Das Makro-Prozessmanagement wurde „top-down" vorgenommen. Von den Dienstleistungen der Abteilung „Kundenberatung" wurden die Primärprozesse „abgeleitet", welche die Grundlage für die Identifikation der Sekundär- und Tertiärprozesse bildeten. Als erster Schritt wurde daher an den strategischen Grundlagen (Abteilungsziele und Strategien) sowie am Dienstleistungsprofil der Abteilung gearbeitet. Die konkreten Arbeitsschritte sind aus dem Design des diesbezüglichen Workshops ersichtlich (siehe Abbildung D8.3).

Agenda: Workshop „Grundlagen“

- Analyse vorhandener Dokumentationen (Leitbild, Organisation, Ziele)
- Erarbeitung Ziele und Strategien
- Erarbeitung Kundenstruktur
- Erarbeitung Dienstleistungsprofil
- Planung Makro-Prozessmanagement
- Vereinbarung weitere Vorgangsweise

Teilnehmer: Projektteam, Berater

Dauer, Ort: 1,0 Tage, extern

Abb. D8.3: Design des Workshops „Grundlagen“

Auf Grundlage der definierten Kundengruppen und Dienstleistungen wurden in einem weiteren Workshop eine erste Identifikation und Listung der Prozesse sowie eine Konstruktion von Prozesse-Ketten durchgeführt. Diese Ergebnisse stellten Erstansätze dar, die später auf Basis der Arbeiten zum Mikro-Prozessmanagement einer Adaption unterzogen wurden. Weiters wurden die Prozesseigentümer und die Organisation für die Bearbeitung der einzelnen Prozesse im Mikro-Prozessmanagement vereinbart. Die Abbildung D8.4 zeigt das Design des Workshops „Makro-Prozessmanagement“.

Agenda: Workshop „Makro-Prozessmanagement“

- Abstimmung und Fertigstellung Kundengruppen und Dienstleistungsprofil
- Erstellung Prozesse-Liste
- Konstruktion wesentlicher Prozesse-Ketten, Beschreibung Zusammenhänge
- Festlegung Prozesseigentümer
- Festlegung Organisation für Mikro-Prozessmanagement
- Vereinbarung weitere Vorgangsweise

Teilnehmer: Projektteam, Berater

Dauer, Ort: 1,0 Tage, intern

Abb. D8.4: Design des Workshops „Makro-Prozessmanagement“

D 8.4 Makro-Prozessmanagement: Ausgewählte Ergebnisse

Als Ergebnisse des Makro-Prozessmanagement der Abteilung „Kundenberatung“ sind in der Abbildung D8.5 der Zusammenhang zwischen den Dienstleistungen und den Primärprozessen der Abteilung „Kundenberatung“ und in der Abbildung D8.6 ein Beispiel einer Prozesse-Kette dargestellt.

Dienstleistungen der Kundenberatung	Prozesse der Kundenberatung (Prozessnummer, Prozessname)
Beratungen von Kunden	• P1, Laufende Information • P2, Vereinbarung Jahreskonditionen • P3, Laufende Betreuung • ...
Akquistionen von Aufträgen	• P7, Akquisition Auftrag bei Neukunden • P8, Akquisition Auftrag bei Bestandskunden • ...
Abwicklungen von Standardaufträgen	• P12, Abwicklung Buchung • P13, Abwicklung Stornierung • P14, Abwicklung Umbuchung • P15, Abwicklung Beschwerde • ...

Abb. D8.5: Zusammenhang zwischen den Dienstleistungen und den Primärprozessen der Abteilung „Kundenberatung" (Ausschnitt)

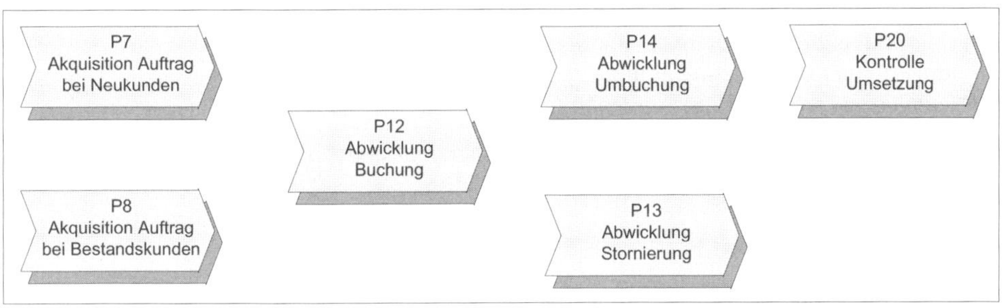

Abb. D8.6: Prozesse-Kette der Abteilung „Kundenberatung"

Die identifizierten Prozesse wurden in mehreren Workshops einem Mikro-Prozessmanagement unterzogen. Die Ergebnisse (Prozessabgrenzung, Prozessstrukturplan, Prozessorganisationsplanung, Prozessaufgabenplanung) stellten die Grundlage für die Adaption von Ergebnissen auf der Makro-Ebene dar. Weiters dienten sie zur Entwicklung aufbauorganisatorischer Strukturen (Rollen, Organigramme), sowie personeller und infrastruktureller Strukturen.

Die Zusammenführung der Ergebnisse erfolgte in einem Organisationshandbuch, dessen Inhaltsverzeichnis in der Abbildung D8.7 dargestellt ist.

1 Ziele des Organisationshandbuch
2 Kontext der Kundenberatung
  2.1 Geschichte der Kundenberatung
  2.2 Organisatorische Stellung der Kundenberatung
  2.3 Umweltbeziehungen der Kundenberatung
3 Leitbild und Ziele der Kundenberatung
4 Dienstleistungen und Kundengruppen der Kundenberatung
  4.1 Dienstleistungen der Kundenberatung
  4.2 Kundengruppen der Kundenberatung
5 Aufbauorganisation der Kundenberatung
  5.1 Organigramm der Kundenberatung
  5.2 Rollenbeschreibungen der Kundenberatung
  5.3 Kommunikationsstrukturen der Kundenberatung
  5.4 Organisatorische Regeln der Kundenberatung
6 Prozesse der Kundenberatung
  6.1 Übersicht: Prozesse der Kundenberatung
  6.2 Zusammenhänge zwischen Prozessen der Kundenberatung
  6.3 Primärprozesse der Kundenberatung
  6.4 Sekundärprozesse der Kundenberatung
  6.5 Tertiärprozesse der Kundenberatung
7 Mitarbeiter der Kundenberatung
  7.1 Mitarbeiterstruktur der Kundenberatung
  7.2 Mitarbeiterentwicklung der Kundenberatung
8 Infrastruktur der Kundenberatung
9 Budget und Controlling der Kundenberatung

Abb. D8.7: Inhaltsverzeichnis des Organisationshandbuchs der Abteilung „Kundenberatung"

D 8.5 Resumée

Durch die Einführung von Prozessmanagement konnte ein wesentlicher Beitrag zum individuellen und organisatorischen Lernen der Abteilung „Kundenberatung" geleistet werden.

Die Betrachtung der Identität der Abteilung stellte die Voraussetzung für eine ganzheitliche Lösung dar. Die Prozessidentifikation auf Grundlage der definierten Dienstleistungen und Kundengruppen trug wesentlich zur Ergebnisqualität bei.

E

Methoden des Mikro-Prozessmanagement

Die Methoden des Mikro-Prozessmanagement können in Methoden zur Prozessplanung und zum Prozesscontrolling unterschieden werden. Methoden zur Prozessplanung sind die Prozessabgrenzung, der Prozessstrukturplan, der Prozessablaufplan, der Prozessaufgabenplan, der Prozessorganisationsplan und Prozesskennzahlen. Methoden zum Prozesscontrolling sind Prozessberichte und das Prozessbenchmarking.

E Methoden des Mikro-Prozessmanagement

Inhalt

E 1 Übersicht: Methoden des Mikro-Prozessmanagement

Ein Überblick über die Methoden des Mikro-Prozessmanagement wird in der Abbildung E1.1 gegeben. Folgend sind diese Methoden beschrieben, indem jeweils eine Definition der Methode erfolgt, ein Beispiel gezeigt und die Anwendung der Methode beschrieben wird. Zur durchgängigen Darstellung der Anwendung der Methoden des Mikro-Prozessmanagement werden folgend Beispiele der ROLAND GAREIS CONSULTING (RGC) verwendet.

Methoden zur Prozessplanung
Prozessabgrenzung
Prozessstrukturplan
Prozessablaufplan
Prozessaufgabenplan
Prozessorganisationsplan
Prozesskennzahlen
Methoden zum Prozesscontrolling
Prozessbericht
Prozessbenchmarking

Abb. E1.1: Überblick über die Methoden des Mikro-Prozessmanagement

E 2 Prozessabgrenzung

E 2.1 Prozessabgrenzung: Definition und Beispiel

Ergänzend zu den Definitionen des Prozessnamens und des Start- und Endereignisses eines Prozesses, die im Zuge des Makro-Prozessmanagement erfolgen, werden bei der Prozessabgrenzung die Ziele, die Nicht-Ziele und die Ergebnisse eines Prozesses definiert. Durch diese Definition der Prozessgrenzen werden Prozesse unterscheidbar und können in Beziehung zu anderen Prozessen gebracht werden.

Als Beispiel ist in Abbildung E2.1 eine Abgrenzung des Prozesses „Abwicklung Seminar überbetrieblich" dargestellt.

KAPITEL
E

Prozessabgrenzung

Prozess: Abwicklung Seminar überbetrieblich			
Start	Entscheidung: Durchführung Seminar	Ende:	Dokumentation abgelegt
Ziele	Positives Teilnehmerfeedback erzielt (durchschnittlich besser als 2)		
	Positiver Deckungsbeitrag erzielt		
	Teilnehmer über weitere Dienstleistungen, Produkte informiert		
	Professionelle Seminarorganisation erfolgt		
Nicht-Ziele:	Zusätzliche Dienstleistungen verkauft		
	Beratungsaufträge erhalten		
Ergebnisse	Flip Chart Protokoll erstellt		
	Teilnehmerfeedback analysiert		
	Rechnungen versendet		
	Seminardokumentation abgelegt		

Abb. E2.1: Abgrenzung des Prozesses „Abwicklung Seminar überbetrieblich"

E 2.2 Prozessabgrenzung: Anwendung

Definition der Prozessziele

Die Prozessziele spezifizieren den nach der Erfüllung eines Prozesses gewünschten Zustand. Ziele sollten ereignisorientiert formuliert werden, wie z. B. „Positives Teilnehmerfeedback erzielt". Durch die Realisierung der Prozessziele sollen Beiträge zur Umsetzung der Strategien des Unternehmens geleistet werden.

Prozessziele können durch die Definition von Nicht-Zielen konkretisiert werden. Inhaltliche Prozessziele können durch Kennzahlen bezüglich der Prozessdauer, Prozesskosten und der Prozessqualität ergänzt werden (siehe Kapitel E7).

Definition der Prozessergebnisse

Durch die Definition von Prozessergebnissen können Zielvereinbarungen mit den prozessdurchführenden Organisationen operationalisiert werden.

Prozessergebnisse sind am Ende eines Prozesses vorliegende Dokumente und/oder Objekte. Das Vorliegen der Prozessergebnisse ist Voraussetzung für die formale Beendigung eines Prozesses. Die Prozessergebnisse können Grundlagen für etwaige Folgeprozesse darstellen. Für den Prozess „Abwicklung Seminar überbetrieblich" sind z. B. das Flip Chart Protokoll, die Seminardokumentation, etc. Prozessergebnisse.

E 3 Prozessstrukturplan

E 3.1 Prozessstrukturplan: Definition und Beispiel

Der Prozessstrukturplan ist eine hierarchische Darstellung der Teilprozesse und Aufgaben eines Prozesses. Die Strukturierung von Prozessen in Prozessstrukturplänen anstatt einer eindimensionalen Listung der Aufgaben von Prozessen erhöht die Übersichtlichkeit. Dadurch wird auch die Vollständigkeit der Prozessaufgaben gesichert.

In der Literatur finden sich verschiedene Vorschläge bezüglich der Bezeichnung der Ebenen der Prozessstruktur (siehe Abbildung E3.1).[1)]

Gaitanides/Scholz/ Vrohlings/ Raster	Horvath/Mayer	Schmelzer/Sesselmann
1. Unternehmensprozess 2. Teilprozess Ebene II 3. Teilprozess Ebene III 4. Arbeitsschritt 5. Aktivität	1. Geschäftsprozess 2. Hauptprozess 3. Teilprozess 4. Aktivität	1. Geschäftsprozess 2. Teilprozess 3. Prozessschritt 4. Arbeitsschritt

Abb. E3.1: Ebenen der Prozessstruktur

Die Anzahl der Detaillierungsebenen eines Prozessstrukturplans ist abhängig vom Umfang des jeweiligen Prozesses. Eine generelle Regel für die Anzahl der Detaillierungsebenen kann daher nicht aufgestellt werden.

Für die unterschiedlichen Ebenen des Prozessstrukturplans werden hier die Begriffe Hauptprozess, Prozess, Teilprozess, Aufgabe sowie bei Bedarf Teilaufgabe verwendet. Diese Ebenen des Prozessstrukturplans sind aus der Abbildung E1.4 ersichtlich. Ein Hauptprozess ist eine Menge mehrerer Prozesse, die gemeinsam zur Realisierung der Ziele des Hauptprozesses durchzuführen sind. Die dem Hauptprozess zugehörenden Prozesse können auch für sich alleine oder auch in anderen Hauptprozessen erfüllt werden (siehe Kapitel B1.2). Ein Prozess beinhaltet mehrere Teilprozesse. Die Durchführung eines Teilprozesses setzt die Durchführung des Prozesses voraus.

Der Prozessstrukturplan kann graphisch als Baumstruktur oder als Liste dargestellt werden. Er ist ein wichtiges Kommunikationsinstrument des Mikro-Prozessmanagement. In den Abbildungen E3.2 und E3.3 sind verschiedene Ebenen des Prozesses „Abwicklung Seminar überbetrieblich" dargestellt.

Der Prozessstrukturplan ist die Basis für die Planung des Prozessablaufs sowie der Prozessorganisation.

---

1) Vgl. Schmelzer, Sesselmann, Geschäftsprozessmanagement in der Praxis, Carl Hanser Verlage, München/ Wien, 2004

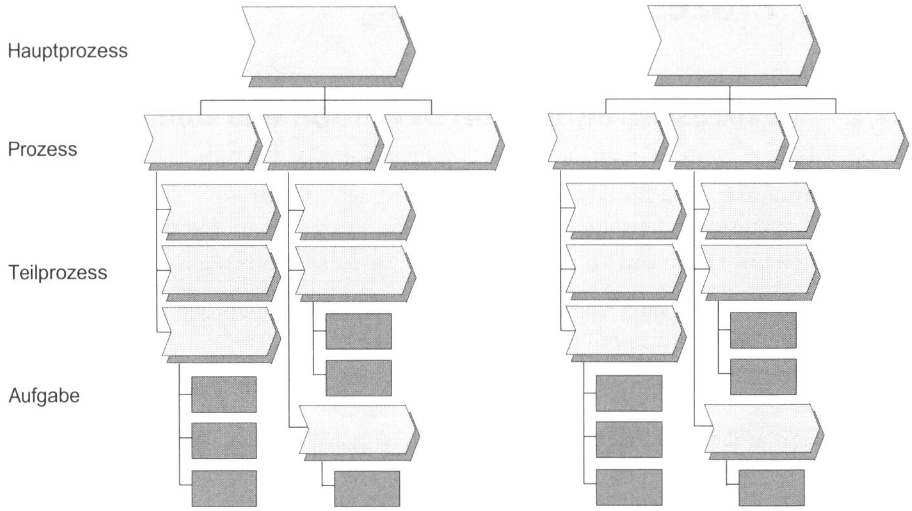

Abb. E3.2: Ebenen des Prozessstrukturplans

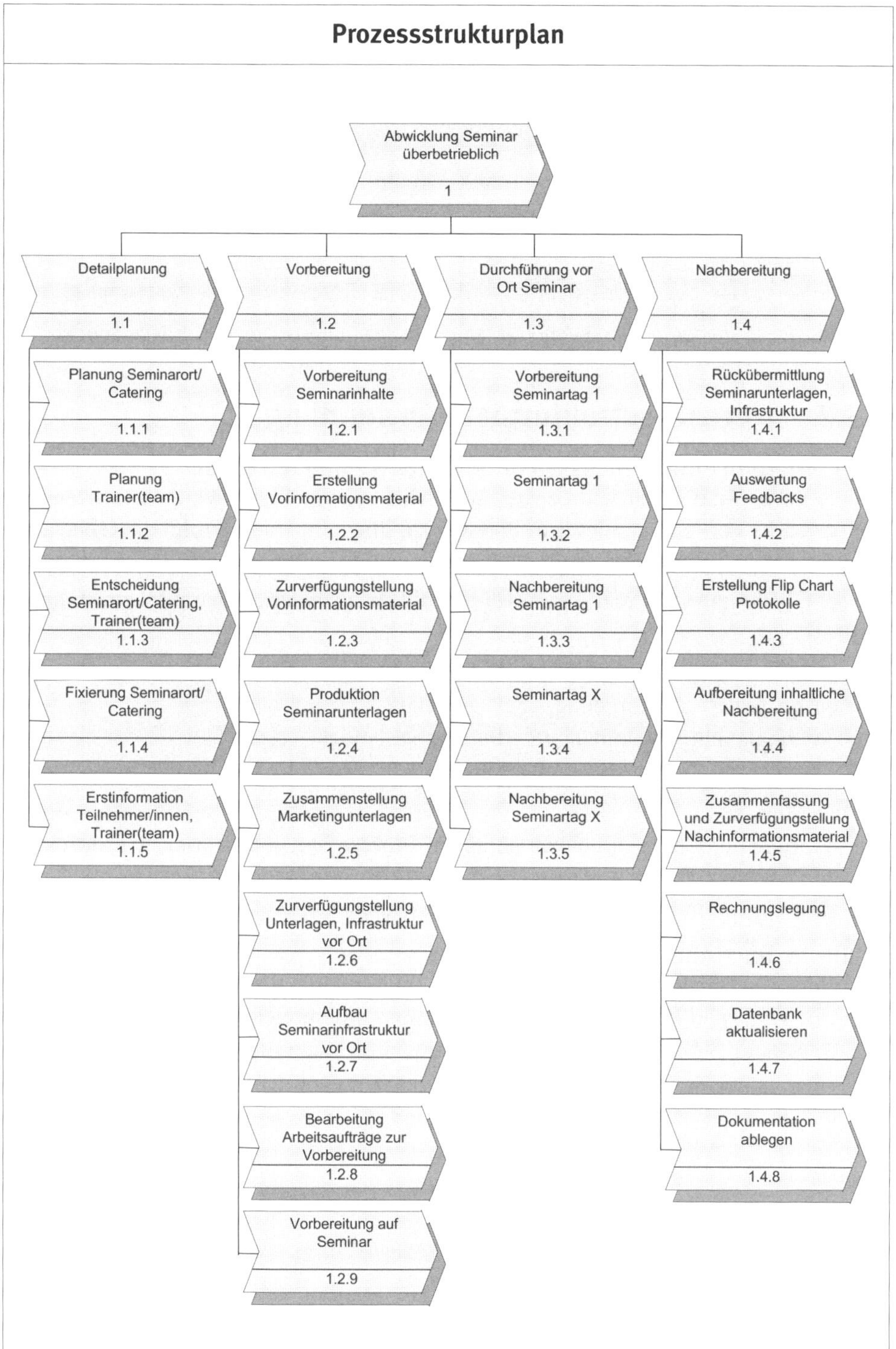

Abb. E3.3: Prozessstrukturplan des Prozesses „Abwicklung Seminar überbetrieblich“

KAPITEL
E

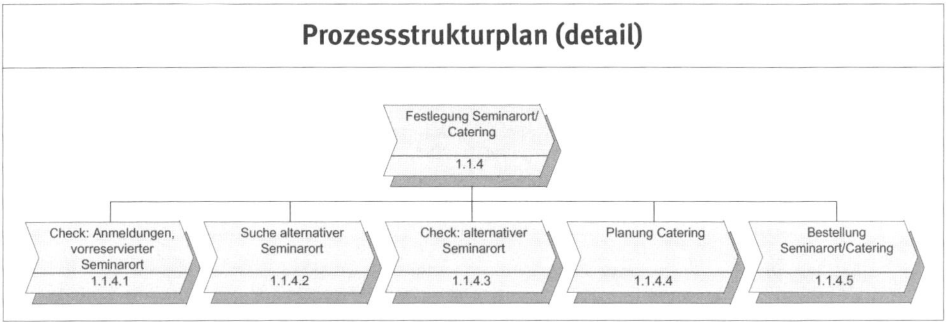

Abb. E3.4: Gliederung der Aufgabe „Festlegung Seminarort/Catering" in Teilaufgaben

KAPITEL **E**

E 3.2 Prozessstrukturplan: Anwendung

Strukturierung eines Prozesses in Teilprozesse und Aufgaben

Bei der Strukturierung eines Prozesses empfiehlt sich ein Top-down-Ansatz. Wenn ein Hauptprozess vorliegt, ist dieser in Prozesse zu gliedern. Dann erfolgt die Gliederung der Prozesse in Teilprozesse, Aufgaben und eventuell Teilaufgaben.

Bei der Gliederung von Prozessen in Teilprozesse kann man sich an typischen Abläufen, wie z. B.

- Vorbereitung – Durchführung – Nachbereitung
- Erstansatz – Abstimmung – Fertigstellung
- Grobplanung – Feinplanung – Implementierung – Test – Pilot
- Istanalyse – Sollanalyse – Variantenerstellung – Entscheidungsfindung

orientieren.

Zur Wahrung der Übersichtlichkeit sollte ein Prozess in nicht mehr als 9 Teilprozesse gegliedert werden. Auf der untersten Ebene des Prozessstrukturplans muss gewährleistet sein, dass es nur einen Durchführungsverantwortlichen je Aufgabe gibt.

Grafische Darstellung

Zur grafischen Darstellung einfacher Prozessstrukturpläne ist eine Standard-Grafik-SW, wie z. B. Visio oder Power Point ausreichend, für umfangreichere Prozessstrukturpläne ist auf spezielle SW, wie z. B. WBS Chart Pro, zurückzugreifen.

E 4 Prozessablaufplan

E 4.1 Prozessablaufplan: Definition und Beispiele

Die Prozessablaufplanung stellt die Aufgaben eines Prozesses sowie deren Zusammenhänge dar. Die Prozessablaufplanung kann mit Hilfe unterschiedlicher Methoden erfolgen. Die wesentlichsten Methoden sind das Flussdiagramm, die ereignisgesteuerte Prozesskette, das Wertschöpfungskettendiagramm und der Netzplan.

Beispiele für ein Flussdiagramm, eine ereignisgesteuerte Prozesskette, ein Wertschöpfungskettendiagramm und ein Netzplan sind in den Abbildungen E4.1 bis E4.4 dargestellt. Die Darstellung des Prozessablaufs kann durch die Prozessorganisationsplanung ergänzt werden. Es lassen sich z. B. in einem Flussdiagramm mit „Schwimmbahnen" auch Zuständigkeiten abbilden.

KAPITEL E

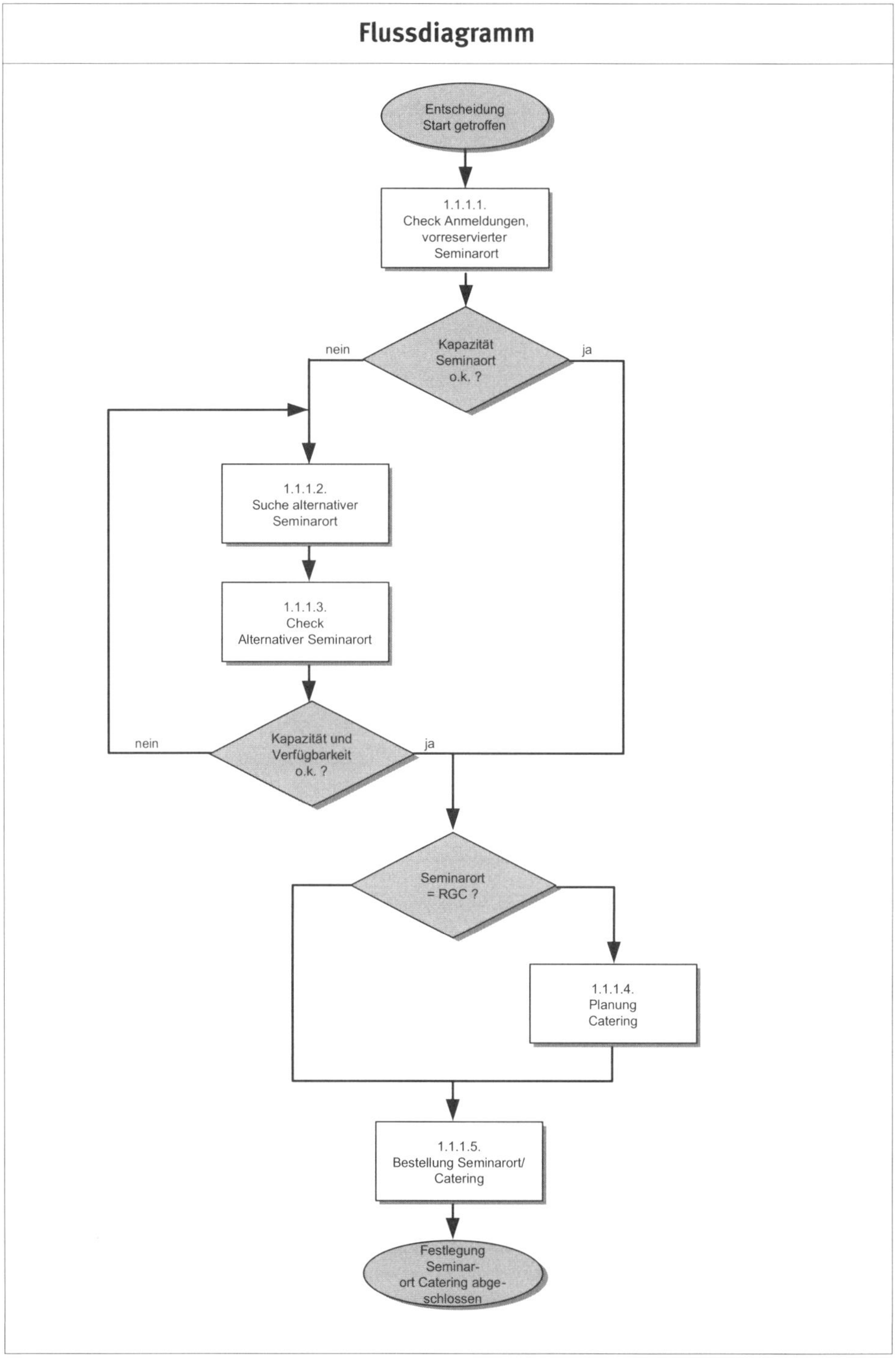

Abb. E4.1: Flussdiagramm

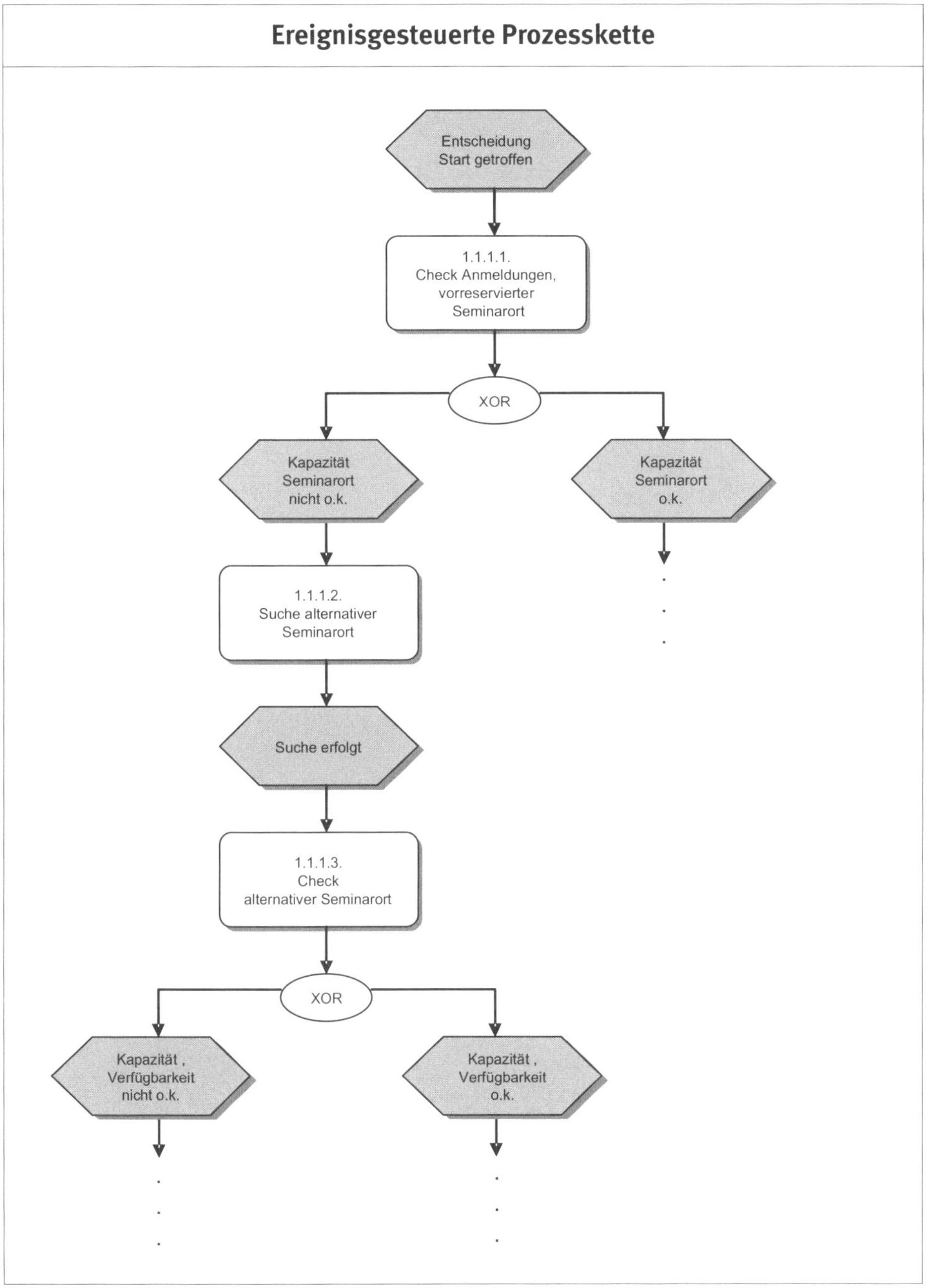

Abb. E4.2: Ausschnitt: Ereignisgesteuerte Prozesskette für den Prozess „Abwicklung Seminar überbetrieblich"

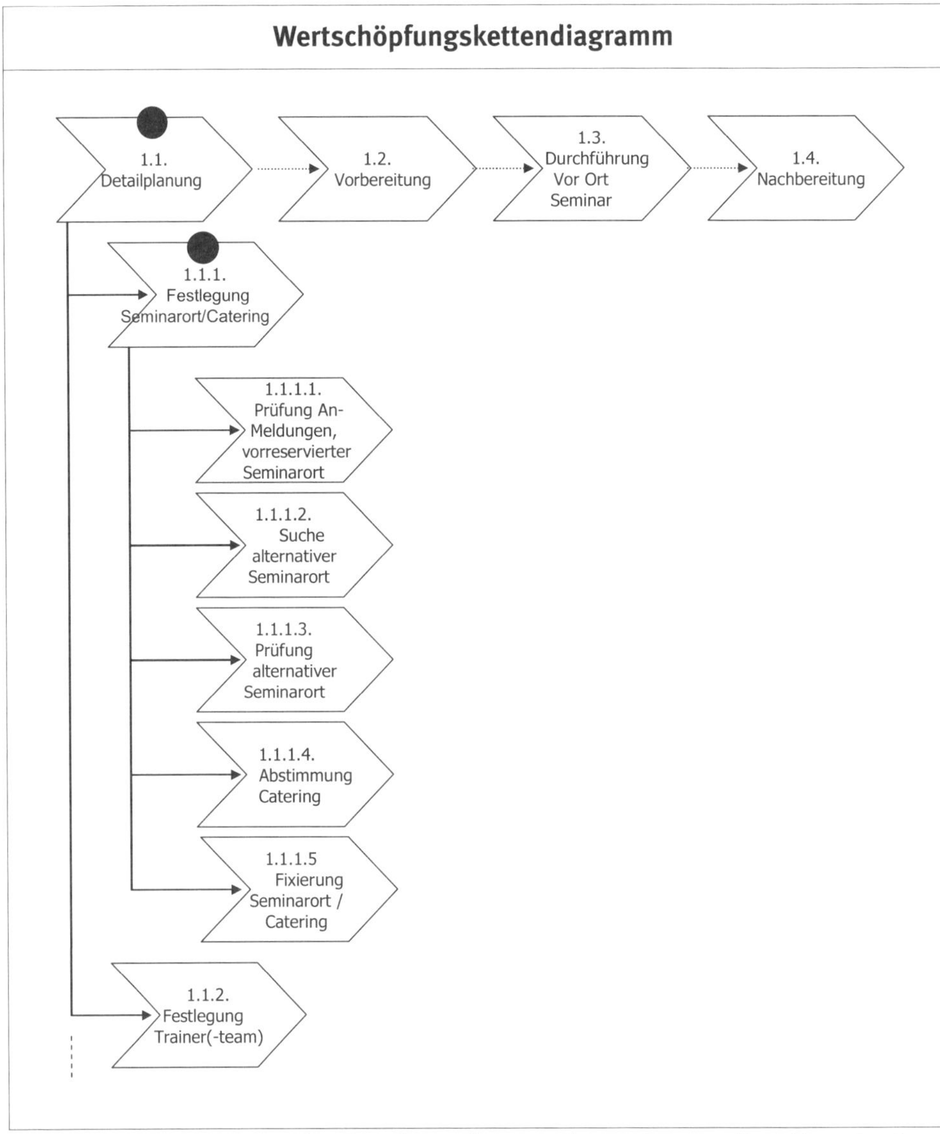

Abb. E4.3: Ausschnitt: Wertschöpfungskettendiagramm für den Prozess „Abwicklung Seminar überbetrieblich"

KAPITEL E

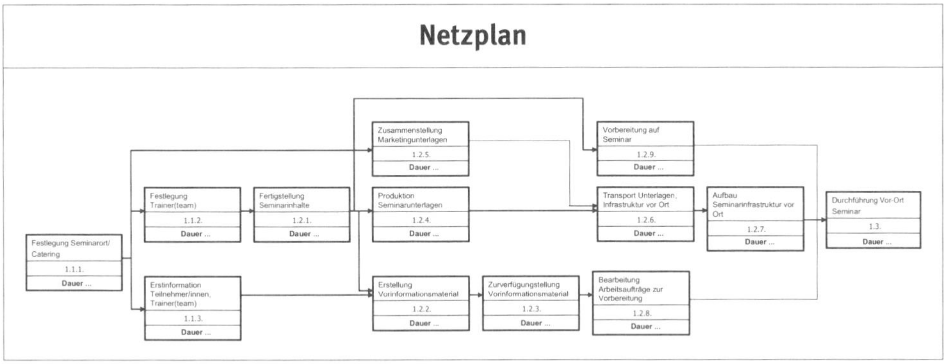

Abb. E4.4: Ausschnitt: Netzplan für den Prozess „Abwicklung Seminar überbetrieblich"

KAPITEL E

E 4.2 Prozessablaufplan: Anwendung

Auswahl der einzusetzenden Methode

Unterschiedliche Methoden zur Ablaufplanung ermöglichen die Vermittlung unterschiedlicher Informationen. Es ist zu klären, welche Informationen vermittelt (siehe Abbildung E4.5) und welche visuelle Aufbereitung erfolgen soll. Beim Flussdiagramm können z. B. Ereignisse, Aufgaben, Entscheidungen, Beziehungen zwischen den Aufgaben, etc. dargestellt werden. Im Netzplan können z. B. neben Aufgaben und Beziehungen unterschiedlicher Art auch Termininformationen dargestellt werden.

Information	Beispiele
Aufgabe	Fertigstellung Seminarinhalte, Erstellung Vorinformationsmaterial
Daten	Teilnehmerdaten
Organisationseinheiten	RGC Office, RGC Buchhaltung
Ereignisse	Planung Seminarort/Catering abgeschlossen
Hilfsmittel	Checkliste: Aufbau Seminarinfrastruktur vor Ort
Objekt	Seminar, Catering
etc.	...

Abb. E4.5: In der Ablaufplanung zu vermittelnde Informationen (Prozess: Abwicklung Seminar überbetrieblich)

Sammlung der Aufgaben und Entscheidungen für den Prozessablaufplan

Die Aufgaben für den Prozessablaufplan können entweder in einem Brainstorming gesammelt oder bei Vorliegen eines Prozessstrukturplans diesem entnommen werden. Die Inhalte des Prozessstrukturplans können bei Bedarf weiter detailliert oder auch zusammengefasst werden.

Bei Bedarf ist eine Differenzierung zwischen Aufgaben und Entscheidungen vorzunehmen, sodass im Ablaufplan Entscheidungen und alternative Abläufe abgebildet werden können. Die Aufgaben und Entscheidungen sind im Ablaufplan in eine (chrono-) logische Abfolge zu bringen.

Ablaufplanung mittels Flussdiagramm

Für die Erstellung eines Flussdiagramms stehen eine Vielzahl von Symbolen zur Verfügung. Einige wichtige Elemente lt. DIN 66001 sind in Abbildung E4.6 dargestellt.[2)]

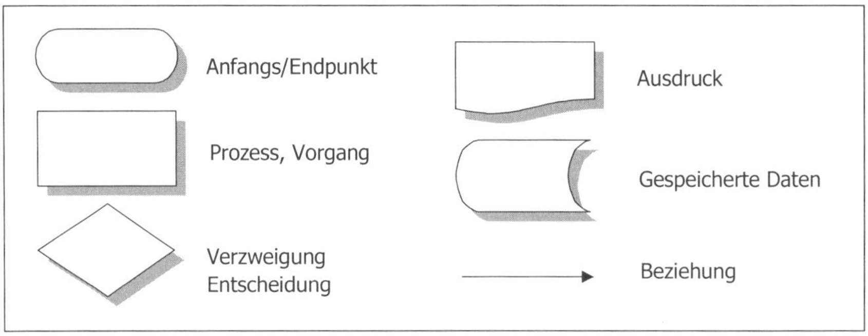

Abb. E4.6: Elemente des Flussdiagramms

Bei der Erstellung eines Flussdiagramms empfiehlt sich aus Übersichtsgründen die Verwendung weniger Symbole. Die Abbildung eines Prozesses kann mit Hilfe „typischer" Abfolgen von Aufgaben erfolgen (siehe Abbildung E4.7).

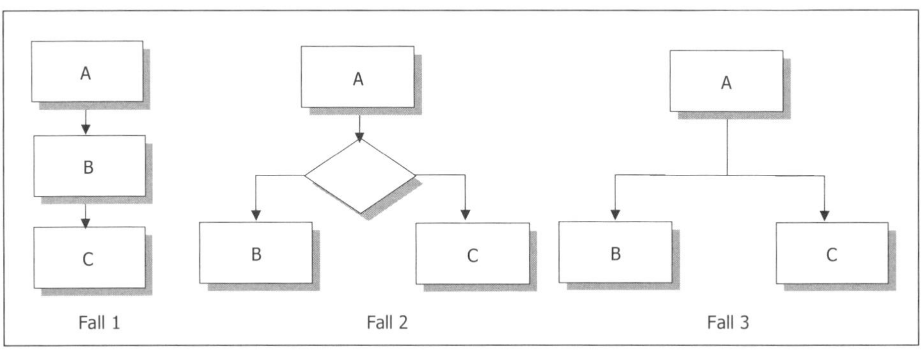

Interpretation zur Abbildung E4.7:
- Fall 1: Auf A folgt B, auf B folgt C
- Fall 2: Auf A folgt entweder B oder C
- Fall 3: Auf A folgt B und parallel C

Abb. E4.7: Typische Abfolgen von Aufgaben

2) Vgl. Zingel, Qualitätsmanagement, Skriptum, 2003, www.zingel.de

Bei umfangreichen Prozessen empfiehlt sich eine hierarchische Abbildung der Strukturen. Es können die in einem Flussdiagramm dargestellten Teilprozesse in einem weiteren Flussdiagramm detailliert werden.

Ablaufplanung mittels ereignisgesteuerter Prozesskette (ePK)

Im Gegensatz zum Flussdiagramm wird in der ePK der Ablauf durch eintretende Ereignisse gesteuert. Die in der Abbildung E4.8 dargestellten Elemente können zur Ablaufplanung mit der ePK verwendet werden.

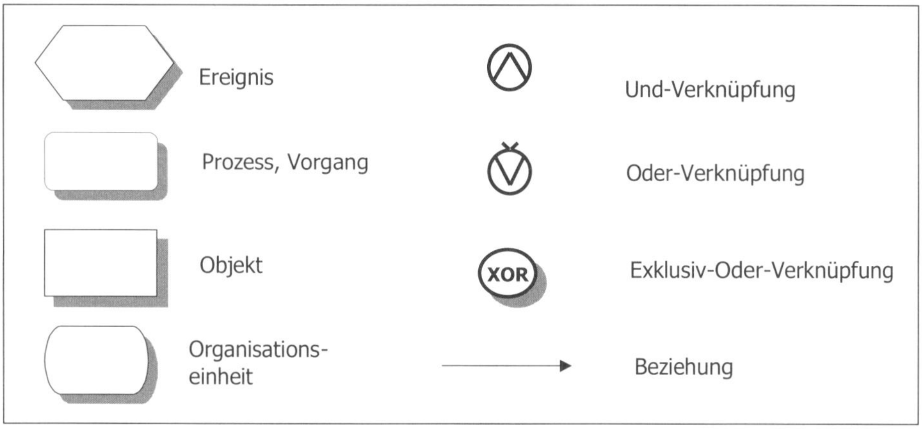

Abb. E4.8: Elemente zur Ablaufplanung mit der ePK

Ablaufplanung mittels Wertschöpfungskettendiagramm

Das Wertschöpfungsdiagramm bietet die Möglichkeit der kombinierten Abbildung der hierarchischen Strukturen sowie der logischen Abfolgen eines Prozesses. Es ist damit besonders für Übersichtsdarstellungen geeignet.

Die zentralen Symbole zur Erstellung eines Wertschöpfungskettendiagramms sind in Abbildung E4.9 dargestellt.

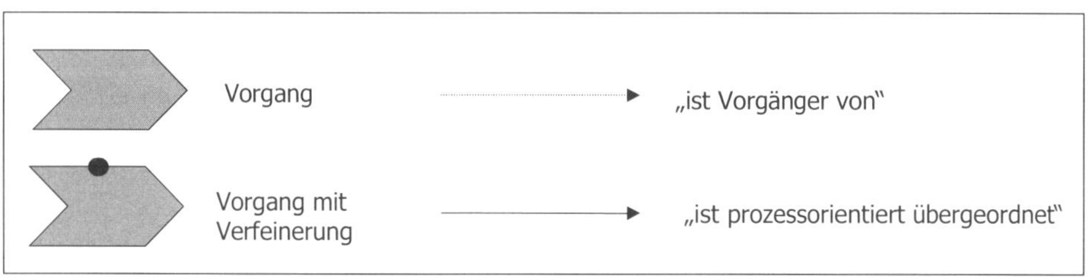

Abb. E4.9: Elemente zur Erstellung eines Wertschöpfungskettendiagramms

Ablaufplanung mittels Netzplan

Der Netzplan ist eine grafische Darstellung eines Prozesses aus der die zu erfüllenden Aufgaben sowie deren Beziehungen zueinander ersichtlich werden.

In der Netzplantechnik wird statt von Aufgaben von „Vorgängen" gesprochen. Es wird zwischen der Vorgangsknoten- und der Vorgangspfeilmethode unterschieden. In der

Praxis hat sich vor allem die Vorgangsknotenmethode durchgesetzt. In der Vorgangsknotenmethode werden die Vorgänge als Knoten und die Anordnungsbeziehungen zwischen den Vorgängen als Pfeile dargestellt (siehe Abbildung E4.10).

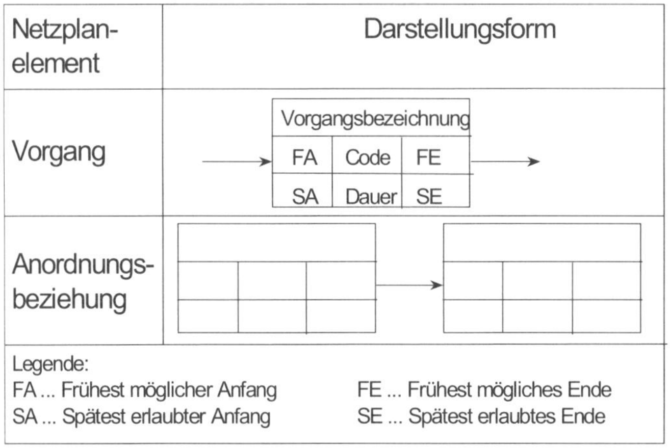

Abb. E4.10: Elemente zur Darstellung von Netzplänen

Grundsätzlich kann die Beziehung zwischen zwei Vorgängen als Normalfolge, Anfangsfolge, Endfolge oder Sprungfolge dargestellt werden (siehe Abbildung E4.11).

Beziehungsart	Beziehung zwischen Vorgängen
Normalfolge	Ende eines Vorgangs und Anfang eines anderen Vorgangs
Anfangsfolge	Anfang eines Vorgangs und Anfang eines anderen Vorgangs
Endfolge	Ende eines Vorgangs und Ende eines anderen Vorgangs
Sprungfolge	Anfang eines Vorgangs und Ende eines anderen Vorgangs

Abb. E4.11: Mögliche Anordnungsbeziehungen zwischen Vorgängen des Netzplans

Die Hauptrichtung der Netzplangrafik verläuft vom Startknoten zum Endknoten von links nach rechts. Die Planung der Beziehungen zwischen den Vorgängen erfolgt auf Grund technologischer Abhängigkeiten.[3)]

3) Vgl. Gareis, Happy Projects, Manz, Wien, 2005

E 5 Prozessaufgabenplan

E 5.1 Prozessaufgabenplan: Definition und Beispiel

Die Prozessaufgabenplanung hat das Ziel, relevante Aufgaben eines Prozesses einer Detailplanung zu unterziehen. Für ausgewählte Aufgaben sind Ergebnisse und einzusetzende Hilfsmittel zu planen. Dadurch soll den Rollenträgern, die für die Erfüllung der Aufgaben zuständig sind, Orientierung und Unterstützung gegeben werden.

In der Prozessaufgabenplanung wird die unterste Prozessebene betrachtet. Damit wird eine Basis für die Planung der Prozesskosten und der Prozessdauer geschaffen.

Ein Beispiel eines Aufgabenplans ist in der Abbildung E5.1 dargestellt.

Prozessplanung

		Ergebnisse	Hilfsmittel
1.1	Detailplanung		
1.1.1	Festlegung Seminarort/Catering	Auftrag Hotel, Catering	Checkliste: Hotels, Catering
1.1.3	Erstinformation Teilnehmer/innen, Trainer(team)	Versendete Erstinformation	Checkliste: Erstinformation
1.2	Vorbereitung		
1.2.1	Fertigstellung Seminarinhalte	Seminardesign liegt vor	Vorlage: Seminardesign
1.2.4	Produktion Seminarunterlagen	Seminarunterlagen	Vorlage: Seminarunterlage
1.2.7	Aufbau Seminarinfrastruktur vor Ort	Seminarinfrastruktur aufgebaut	Checkliste: Aufbau Seminarinfrastruktur vor Ort
1.3	Durchführung vor Ort Seminar		

Abb. E5.1: Aufgabenplan für den Prozess „Abwicklung Seminar überbetrieblich"

E 5.2 Prozessaufgabenplan: Anwendung

Auswahl der für die Aufgabenplanung relevanten Aufgaben

Aufgaben, die für eine Aufgabenplanung relevant sind, können entweder dem Prozessstrukturplan oder dem Prozessablaufplan entnommen werden. Für die Prozessaufgabenplanung sind keine Zusammenfassungen von Aufgaben zulässig, die Planung hat auf der untersten Ebene des Prozessstrukturplans zu erfolgen.

Definition der Ergebnisse der Aufgabenerfüllung
Je Aufgabe sind die zu erzielenden Ergebnisse möglichst operational zu definieren. Diese können Dokumente und/oder Objekte sein. Ein diesbezügliches Beispiel stellt das Ergebnis „Flip Chart Protokoll“ der Aufgabe „Erstellung Flip Chart Protokoll“ dar.

Definition und Entwicklung zur Aufgabenerfüllung notwendiger Hilfsmittel
Für die Erfüllung ausgewählter Aufgaben können Checklisten und Formulare als Hilfsmittel eingesetzt werden. Diese stellen einen wesentlichen Beitrag zur Sicherung der Effizienz bei der Erfüllung von Prozessen dar. Die notwendigen Hilfsmittel sind zu definieren und zu entwickeln.

Checkliste: Aufbau Seminarinfrastruktur vor Ort	
Vorgang	erledigt
Prüfung Tische, Stühle (U-Form, Sesselkreis)	✓
Aufbau Beamer, Notebook	✓
Prüfung Beamer, Notebook	✓
Aufbau/Sicherstellung Flip Charts	✓
Aufbau Moderationswände	✓
Auflage Marketing/PR-Material, Produkte	
Aufhängen RGC Poster	
Prüfung Catering (Kaffee, Getränke, Gläser)	

Abb. E5.2: Checkliste für die Aufgabe „Aufbau Seminarinfrastruktur vor Ort“

E 6 Prozessorganisationsplan

E 6.1 Prozessorganisationsplan: Definition und Beispiel

Mit Hilfe des Prozessorganisationsplans werden die Zuständigkeiten für die Erfüllung der Aufgaben eines Prozesses geplant und vereinbart.

Methoden zur Prozessorganisationsplanung sind das Funktionendiagramm, das Flussdiagramm und Kombinationen dieser beiden Methoden. In den Abbildungen E6.1 bis E6.3 sind Beispiele dargestellt.

Funktionendiagramm

		RGC Seminar -management	RGC Office	RGC Buchhaltung	RGC Trainer(team)	Teilnehmer/innen	Hotels/Catering	Botendienst	RGC Geschäftsführung
1.1	Detailplanung								
1.1.1	Festlegung Seminarort/Catering	D	M				M		I
1.1.2	Festlegung Trainer(team)	D	M		M				M
1.1.3	Erstinformation Teilnehmer/innen, Trainer(team)	D			M				
1.2	Vorbereitung								
1.2.1	Fertigstellung Seminarinhalte	M			D				
1.2.2	Erstellung Vorinformationsmaterial	M			D				
1.2.3	Zurverfügungstellung Vorinformationsmaterial	D				I			
1.2.4	Produktion Seminarunterlagen	D	M						
1.2.5	Zusammenstellung Marketingunterlagen	D	M						
1.2.6	Transport Unterlagen, Infrastruktur vor Ort	D	M				M	M	
1.2.7	Aufbau Seminarinfrastruktur vor Ort	D	M				M		
1.2.8	Bearbeitung Arbeitsaufträge zur Vorbereitung					D			
1.2.9	Vorbereitung auf Seminar				D				
1.3	Durchführung vor Ort Seminar								
1.3.1	Vorbereitung Seminartag 1	D			M				
1.3.2	Seminartag 1	M	M		D	M	M		
1.3.3	Nachbereitung Seminartag 1	M	M		D		M		
1.3.4	Seminartag X	M	M		D	M	M		
1.3.5	Nachbereitung Seminartag X	M	M		D		M		
1.4	Nachbereitung								
1.4.1	Rücktransport Seminarunterlagen, Infrastruktur	D	M				M	M	

1.4.2	Auswertung Feedbacks	D	M		I				I
1.4.3	Erstellung Flip Chart Protokolle	D	M		I				
1.4.4	Aufbereitung inhaltliche Nachbereitungen	M	M		D				
1.4.5	Zusammenfassung und Zurverfügungstellung Nachinformationsmaterial	D	M						
1.4.6	Veranlassung Rechnungslegung	D		I	I				
1.4.7	Datenbank aktualisieren	D							
1.4.8	Dokumentation ablegen	D	M						

Abb. E6.1: Funktionendiagramm des Prozesses „Abwicklung Seminar überbetrieblich"

Flussdiagramm mit Schwimmbahnen

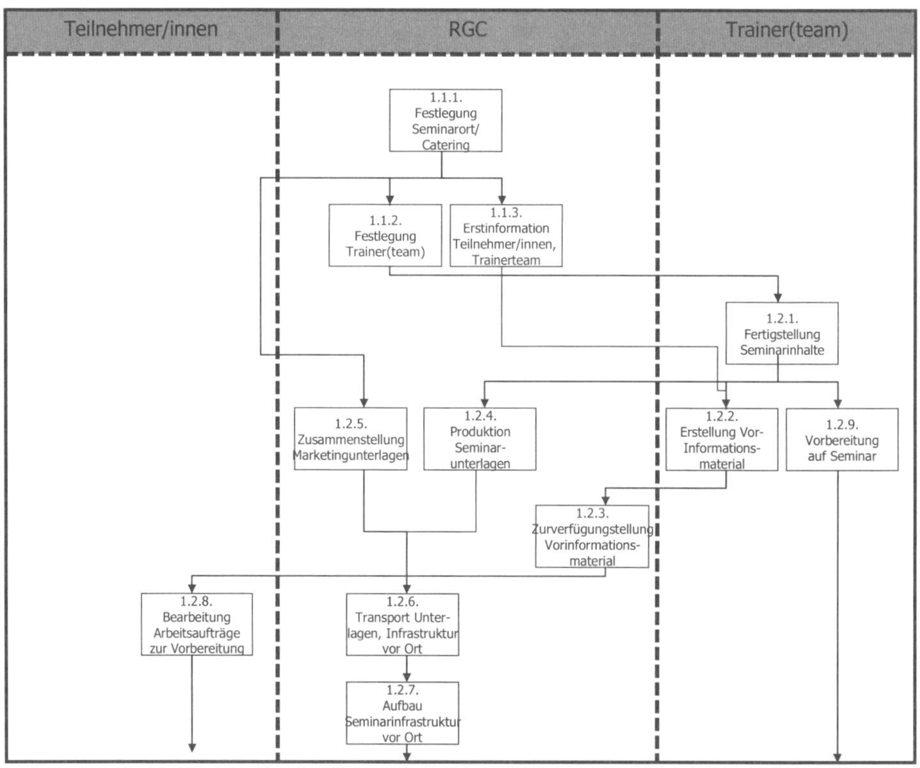

Abb. E6.2: Flussdiagramm mit Schwimmbahnen des Prozesses „Abwicklung Seminar überbetrieblich"

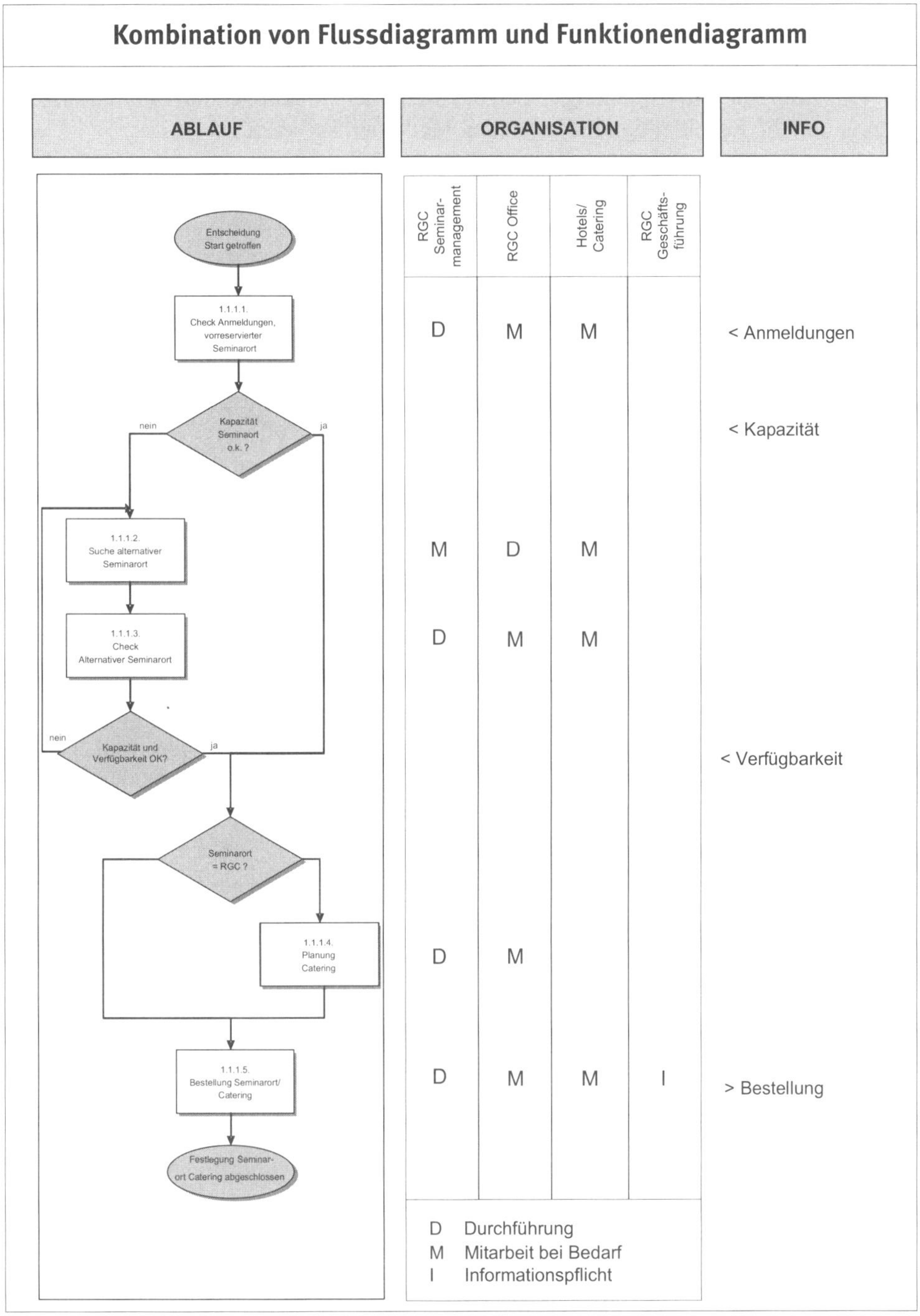

Abb. E6.3: Kombination von Flussdiagramm und Funktionendiagramm des Prozesses „Abwicklung Seminar überbetrieblich“

KAPITEL
E

E 6.2 Prozessorganisationsplan: Anwendung

Auswahl der Methode zur Prozessorganisationsplanung

Zur Prozessorganisationsplanung stehen die Methoden Funktionendiagramm, Flussdiagramm und die Kombination dieser beiden Methoden zur Verfügung.

Ziel der Organisationsplanung ist die Zuordnung von Aufgaben an Rollenträger. Die für die Durchführung der Aufgabe zuständigen Rollenträger sind zu definieren.

Organisationsplanung mittels Funktionendiagramm

Ein Funktionendiagramm ist eine Methode zur Planung und zur Dokumentation der Funktionen, die Rollenträger bei der Erfüllung einzelner Aufgaben wahrnehmen.

Basis für das Funktionendiagramm stellen die Aufgaben auf der untersten Ebene des Prozessstrukturplans dar. Funktionendiagramme sind Matrix-Darstellungen. In den Zeilen der Matrix sind die Aufgaben und in den Spalten die Rollen gelistet. In den Kreuzungsfeldern der Matrix sind die wahrzunehmenden Funktionen dargestellt. Im Funktionendiagramm wird die Form der Zusammenarbeit der Rollenträger bei der Erfüllung einzelner Aufgaben geregelt. Neben der Definition der Durchführungsverantwortung können noch die Mitarbeit sowie Zuständigkeiten für Entscheidung und Koordination geregelt werden.

Das Funktionendiagramm ist ein Instrument zum Konfliktmanagement. Etwaige Konflikte bezüglich der Erfüllung einzelner Aufgaben können frühzeitig identifiziert und bereits vor Eintreten des Konfliktfalls behandelt werden.

Zur Bezeichnung von Funktionen können unterschiedliche Codes verwendet werden. Es empfiehlt sich Buchstaben und keine Zahlencodes zu verwenden. Um das Funktionendiagramm leicht verständlich zu machen, sollten nicht mehr als sechs bis sieben verschiedene Codes verwendet werden. In der Abbildung E1.19 werden die Funktionen Durchführung, Mitarbeit, Information und Koordination verwendet.

Organisationsplanung mittels Flussdiagramm und Schwimmbahnen

Die Zuordnung von Zuständigkeiten für Aufgaben lässt sich auch in die Darstellung von Flussdiagrammen integrieren (siehe Abbildung E6.3).

Wenn mehrere Rollenträger bei der Erfüllung eines Prozesses mitwirken, wird die Schwimmbahnen-Methode unübersichtlich. Dann empfiehlt sich die Kombination von Flussdiagramm und Funktionendiagramm.

E 7 Prozesskennzahlen

E 7.1 Prozesskennzahlen: Definition und Beispiele

Prozesskennzahlen sind Messgrößen zur Planung und zum Controlling von Prozessen. Prozesskennzahlen sollen folgende Anforderungen erfüllen: Sie sollen einen direkten Bezug zu den Prozesszielen haben, sie sollen quantifizierbar, erreichbar und vergleichbar sein, sie sollen in Kennzahlensysteme integrierbar sein und sie sollen ein wirtschaftliches Controlling ermöglichen.

Prozesskennzahlen können hinsichtlich des zu kontrollierenden Betrachtungsobjekts, der Anwendbarkeit für unterschiedliche Prozessarten und der relevanten Prozessebene unterschieden werden (siehe Abbildung E7.1).

Kennzahlen des Prozesses: Abwicklung Seminar überbetrieblich		
Kennzahl	Ziel	Messung
Kundenbeziehung	Positives Feedback der Teilnehmer/innen, Durchschnittlich < 2,0	Teilnehmer-Fragebogen
Prozessdauer	Gesamt-Durchlaufzeit < 6 Wochen, Nachbereitung < 1,5 Wochen	Begleitende Dokumentation, Stichprobenerhebung
Prozesskosten	Zielkosten in XXX €	Seminarkalkulation
Prozessprofit	Zielprofit in XXX €	Seminarkalkulation
Prozessqualität	Keine Kundenreklamationen	Anzahl Kundenreklamationen
Stimmung im Trainerteam	Hohe Motivation, Synergien	Trainer-Fragebogen

Abb. E7.1: Prozesskennzahlen des Prozesses „Abwicklung Seminar überbetrieblich“

KAPITEL E

Generische Kennzahlen für den Hauptprozess, die für die Messung der Effizienz und der Effektivität von Prozessen Relevanz haben, sind[4]:

- Kundenbeziehung
- Prozessdauer
- Termintreue
- Prozesskosten und Prozessprofit
- Prozessqualität und
- Prozessergebnisqualität.

Mit der Prozesskennzahl „Kundenbeziehung“ soll die Zufriedenheit des Kunden mit dem Ergebnis aber auch dem Ablauf des Prozesses gemessen werden. Die Messung der Kundenzufriedenheit kann direkt (z. B. Kundenbefragungen) oder indirekt (z. B. Mitarbeiterbefragungen, Beschwerderaten) erfasst werden.

4) Vgl. Schmelzer, Sesselmann, Geschäftsprozessmanagement in der Praxis, Carl Hanser Verlage, München/Wien 2004

Formular zur Erfassung der Kundenzufriedenheit

Gruppenklima im Plenum:	❑ fördernd, frei	❑	❑	❑	❑ hemmend
Umsetzungsmöglichkeit für Ihre Tätigkeit (Zielerreichung):	❑ sehr hoch	❑	❑	❑	❑ sehr gering
Seminarort:	❑ sehr gut	❑	❑	❑	❑ sehr schlecht
Verpflegung:	❑ sehr gut	❑	❑	❑	❑ sehr schlecht
Gesamteindruck:	❑ sehr gut	❑	❑	❑	❑ sehr schlecht

Abb. E7.2: Ausschnitt aus einem Formular zur Erfassung der Kundenzufriedenheit für das Seminar „Abwicklung Seminar überbetrieblich"

Die Prozesskennzahl „Prozessdauer" ist eine Messgröße zur Messung der Dauer vom Start bis zum Ende eines Prozesses. Zwischen Durchlaufzeit und Kundenzufriedenheit besteht oft ein starker Zusammenhang. Die Messung der Prozessdurchlaufzeit erfolgt durch Erfassungen der Dauern der einzelnen Aufgaben und des gesamten Prozesses. Die Planung der Durchlaufzeit eines Prozesses ist in Abbildung E7.3 dargestellt.

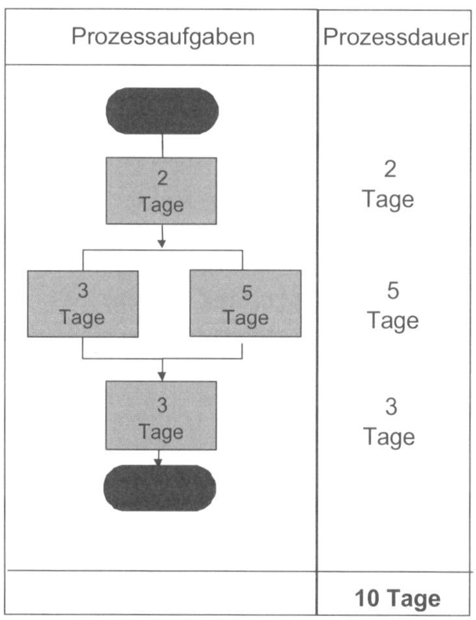

Abb. E7.3: Planung der Prozessdauer

Mit der Prozesskennzahl „Prozessqualität" wird die Effizienz der Erfüllung eines Prozesses gemessen. Die Kennzahl „Prozessqualität" informiert über „Fehler" bei der Erfüllung eines Prozesses. Die Prozessqualität ist von der Ergebnisqualität zu differenzieren, es besteht jedoch eine Korrelation zwischen diesen beiden Prozesskennzahlen. Typische Kennzahlen zur Messung der Prozessqualität sind

- die Qualitätskosten (Kosten der auftretenden Prozessfehler)
- der First Pass Yield (Prozentsatz der Ergebnisse, die bereits im ersten Prozessdurchlauf fehlerfrei sind)
- die Fehlerrate (Prozessfehler in Bezug auf die Menge der Prozessergebnisse)

Die Prozesskennzahl „Prozessergebnisqualität" dient der Messung der Qualität des Ergebnisses (Produkts) am Ende eines Prozesses. Prozessergebnisse können z. B. physische Objekte, Informationen, etc. sein. Die Ergebnisqualität kann an physischen, sensorischen oder auch funktionalen Merkmalen gemessen werden. Aus der Prozessergebnisqualität können damit stets Rückschlüsse auf die Prozessqualität gezogen werden.[5)]

Mit der Prozesskennzahl „Prozesskosten" werden die Kosten bzw. der monetär bewertete Ressourceneinsatz zur Erfüllung eines Prozesses gemessen. Die Messung der Prozesskosten erfolgt über die Erfassung und die monetäre Bewertung des Ressourceneinsatzes (Personal, Material, Finanzmittel, Maschinen, etc.) in den Teilprozessen bzw. Aufgaben eines Prozesses. Der „Prozessprofit" kann auf Grund des Deckungsbeitrags gemessen werden.

Die Prozesskennzahl „Prozesskosten" ist von den Ergebnissen einer eventuell im Unternehmen existierenden Prozesskostenrechnung zu unterscheiden. Diese stellt eine Ergänzung der traditionellen Unternehmenskostenrechnung dar (siehe Exkurs E1: Prozesskostenrechnung).

Exkurs E1: Prozesskostenrechnung[(a)]

Anlass für die Anwendung der Prozesskostenrechnung ist die Kritik an der traditionellen Kostenrechnung, in der Gemeinkosten über Zuschlagssätze auf Produkte und Dienstleistungen zugerechnet werden. Dabei besteht kein Bezug zur Kostenverursachung, es wird nach dem „Durchschnittsprinzip" vorgegangen.

Ziel der Prozesskostenrechnung ist die verursachungsgerechtere Kalkulation der Produkt- bzw. Dienstleistungskosten. Durch die Prozesskostenrechnung soll mehr Kostentransparenz in den Gemeinkostenbereichen geschaffen werden.

Die Prozesskostenrechnung beinhaltet folgende Schritte:

- Identifikation der Prozesse
- Bestimmung der Kostentreiber je Prozess

5) Vgl. Jankulik, Kuhlang, Piff, Projektmanagement und Prozessmessung, Publicis Corporate Publishing, Erlangen, 2005

- Ermittlung der Gesamtkosten je Prozess
- Ermittlung der Prozesskostensätze (als Basis für die Zurechnung auf Produkte)
- Kalkulation der Prozesskosten auf Basis der Prozesskostensätze

Die Vorgangsweise der Prozesskostenrechnung soll mit Hilfe des in Abbildung E7.4 dargestellten Beispiels illustriert werden.

Prozess	Kostentreiber	Menge	Kosten lmi	Kosten lmn	Kostensatz
Angebote einholen	Anzahl Angebote	1.000	750	→ 75	825
Bestellung aufgeben	Anzahl Bestellungen	2.000	250	→ 25	275
Bereich leiten				100	

Legende: lmi … leistungsmengeninduziert, lmn … leistungsmengenneutral

Abb. E7.4: Prozesskostenrechung

Interpretation:

Der Kostenanfall des Prozesses „Angebote einholen" wird vor allem durch den Kostentreiber „Anzahl Angebote" ausgelöst. Diesbezüglich sind für die Planungsperiode 1.000 konkrete Fälle zu erwarten. Abgeleitet von Gesamtkosten von 750.000 für die Erfüllung des Prozesses (z. B. Personal, Material, Infrastruktur) in der Periode ergeben sich je Angebot leistungsmengeninduzierte Kosten (lmi) von 750 (750.000/1.000).

Die Kosten der nicht unmittelbar kundenrelevanten leistungsmengenneutralen (lmn) Prozessen (z. B. Bereich leiten) sind auf die für die Kalkulation relevanten Prozesse zu verteilen. Die Verteilung kann z. B. proportional der Kosten der leistungsmengeninduzierten Prozesse erfolgen. Daraus ergibt sich ein Prozesskostensatz von 825 für den Prozess „Angebot einholen". Werden für die Erfüllung eines Auftrags 3 Angebote benötigt, so werden dem Auftrag 3 Prozesskostensätze von 825 zugerechnet.

(a) Vgl. Wüest, Prozessplanung und -steuerung, in: Eschenbach, Controlling, Schäffer-Pöschel, Stuttgart, 1996

E 7.2 Prozesskennzahlen: Anwendung

Definition von Prozesskennzahlen

Die Definition von Prozesskennzahlen setzt eine Planung der Prozessgrenzen, der Prozessstruktur, des Prozessablaufs und der Prozessorganisation voraus.

Es empfiehlt sich, ausgewählte generische Kennzahlen als Standards zur Anwendung für alle Prozesse zu definieren. Beispiele dafür sind die Prozesskennzahlen „Prozessdurchlaufzeit" und „Prozesskosten". Für die Definition prozessspezifischer Kennzahlen sind z. B. der Kundenbezug (Primär-, Sekundär- oder Tertiärprozess) oder Unternehmensstrategien (z. B. Kundenbeziehung, Innovation) als Einflussfaktoren zu berücksichtigen. Für unterschiedliche Prozesse können unterschiedliche Faktoren erfolgsbestimmend sein.

Für einen Prozess können auch mehrere Kennzahlen einer Kennzahlenart definiert werden. Zum Beispiel können für die Prozessqualität eines Prozesses die Kennzahlen „Fehlerrate" sowie „Qualitätskosten" kombiniert werden.

Die Definition von Prozesskennzahlen erfolgt durch den jeweiligen Prozesseigentümer in Abstimmung mit der Unternehmensführung des prozessorientierten Unternehmens sowie dem Prozessmanagement Office.

Vereinbarung von Zielvorgaben für Prozesskennzahlen

Für Prozesskennzahlen können Zielvorgaben vereinbart werden. Diese stellen die Grundlage für das Controlling dar. Wenn für einen Prozess mehrere Kennzahlen definiert werden, sind eventuelle Zusammenhänge zwischen diesen zu berücksichtigen. Handelt es sich um konkurrierende Beziehungen (z. B. Prozesskosten versus Kundenzufriedenheit), sind Prioritäten festzulegen.

Die Zielvorgaben je Prozesskennzahl sind Grundlage für Zielvereinbarungen zwischen den Prozesseigentümern und der Unternehmensführung. Das Prozessmanagement Office kann in diesen Vereinbarungsprozess einbezogen werden.

Prozesskennzahl	Prozesszielvorgabe
Prozessdauer	2,5 Monate
Prozessprofit	Minimaler Deckungsbeitrag von € 1000.-
Prozessqualität	Keine Veränderung des Seminartermins

Abb. E7.5: Beispiel für Zielvorgaben für den Prozess „Abwicklung Seminar überbetrieblich"

Planung der Erfassung von Prozessdaten

Im Rahmen der Prozesskennzahlenplanung ist auch die Erfassung der Prozessdaten zu planen. Es sind sowohl die Form der Datenerfassung als auch die diesbezüglichen Zuständigkeiten zu definieren. Es ist der Zeitpunkt der Datenerfassung (laufend, periodisch oder punktuell) und es sind die Methoden zur Datenerfassung (z. B. SW-Einsatz) festzulegen. „Hard facts", wie z. B. Prozesskosten oder die Einhaltung von Terminen, können relativ einfach mit Hilfe der Kostenrechnung oder der Terminerfassung gemessen werden. „Soft facts", wie z. B. die Beziehung zum Kunden oder die Qualität von Prozessergebnissen, können mittels Fragebögen oder qualitativer Interviews erfasst werden.[6)]

Als Beispiele sind in Abbildung E7.6 ein Formular zur Erfassung der Prozessdaten und in Abbildung E7.7 ein Auszug eines Fragebogens zum Controlling des Engineering-Prozesses eines Anlagenbauunternehmens dargestellt.

Prozessdatenerfassung

Prozess			
Datum der Erfassung		Prozesseigentümer	
Kriterium	Kennzahl	Maßgröße	Ist per Stichtag
Prozessdauer	Dauer	Tage	
Prozessqualität	Fehlerrate	%	
	Qualitätskosten	€	
Prozessprofit	Deckungsbeitrag	€	
Kundenbeziehung	Zufriedenheit Prozess	1 ... 5	
	Zufriedenheit Produkt	1 ... 5	

Abb. E7.6: Formular zur Erfassung von Prozessdaten

6) Vgl. Jankulik, Kuhlang, Piff, Projektmanagement und Prozessmessung, Publicis Corporate Publishing, Erlangen, 2005

	Engineering	K	--	-	o	+	++	Ps
1	Sind die technischen Pläne und Dokumentationen verständlich ausgeführt (Merkmal z. B.: kurze Einschulungszeit für Montagepersonal)?	Q						
2	Sind die technischen Pläne und Dokumentationen ohne Korrekturen für die Ausführung verwendbar?	Q						
3	Gibt es ausreichendes technisches Know-how im Projektierungstool, um die Projektmanager fachlich zu unterstützen?	Q						
4	Werden die Pläne und die Dokumentation so erstellt, dass wenig Nachfragen notwendig sind?	Q						
2.5	Entsprechen die fertig gestellten Anlagen und Systeme ohne oftmalige Planänderungen den technischen Kundenspezifikationen?	Q						
6	Werden in der Projektplanung Design Review Meetings vorgesehen und durchgeführt (z. B.: nach Meilensteinen)?	Q						
	Summe							
7	Werden die Pläne so erstellt, dass nachträgliche Kundenwünsche bzw. notwendige Änderungen einfach und rasch umgesetzt werden können?	T						
8	Werden Planänderungsanträge vom zuständigen Projektierungstool termingerecht durchgeführt?	T						
	Summe							
9	Werden bei der Projektierung wirtschaftliche Aspekte der Montageausführung auf der Baustelle ausreichend berücksichtigt?	K						
10	Werden Anforderungen für spätere Abnahmeprüfungen (z. B.: TÜV) in der Projektierung berücksichtigt?	K						
	Summe							

Legende:

K Kriterium (Kosten, Termine, Qualität)
Ps Prüfsumme
I Information
-- sehr niedrig, sehr wenig, sehr selten, sehr verbesserungswürdig
– niedrig, wenig, selten, verbesserungswürdig
0 durchschnittlich
\+ hoch, viel, oft, gut
++ sehr hoch, sehr viel, sehr oft, sehr gut

Abb. E7.7: Auszug eines Fragebogens zum Controlling des Engineering-Prozesses[7)]

KAPITEL E

7) Vgl. Jankulik, Kuhlang, Piff, Projektmanagement und Prozessmessung, Publicis Corporate Publishing, Erlangen, 2005

E 8 Prozessbericht

E 8.1 Prozessbericht: Definition und Beispiele

Ein Prozessbericht ist die Dokumentation der Ergebnisse eines Prozesscontrolling. In einem Prozessbericht wird der Status eines Prozesses hinsichtlich Effizienz und Effektivität zu einem Kontrollstichtag dokumentiert. Effizienz und Effektivität können auf Grund der Prozesskennzahlen gemessen werden. Die Darstellung des Prozessstatus schafft die Voraussetzung zur organisatorischen Weiterentwicklung des Prozesses.

Es kann zwischen einem Prozessstatusbericht, einer Process Score Card und einer Prozesstrendanalyse unterschieden werden. Der Prozessstatusbericht ist ein Bericht über den Status eines Prozesses hinsichtlich Prozessdauer, Prozesskosten, etc. zu einem Kontrollstichtag. Die Struktur eines Prozessstatusberichts hat sich an den betrachteten Prozesskennzahlen zu orientieren. Eventuelle Abweichungen von den Zielvorgaben je Prozesskennzahl sind zu interpretieren und steuernde Maßnahmen sind zu dokumentieren. Ein Auszug eines Prozessstatusberichts ist in Abbildung E8.1 dargestellt.

Prozessstatusbericht per ...			
Prozess		Prozesseigentümer	
Status Gesamt			
Interpretation			
Status Prozessdauer			
Prozessdauer in Tagen	Plan	Ist	Abweichung
Interpretation			
Status Prozessqualität			
Fehlerrate in %	Plan	Ist	Abweichung
Qualitätskosten	Plan	Ist	Abweichung
Interpretation			
Status Prozessprofit			
Deckungsbeitrag in €	Plan	Ist	Abweichung
Interpretation			
Status Kundenbeziehung			
Zufriedenheit Prozess (1 ... 5)	Plan	Ist	Abweichung
Zufriedenheit Produkt (1 ... 5)	Plan	Ist	Abweichung
Interpretation			
Maßnahmen			
Beilagen			

Abb. E8.1: Muster eines Prozessstatusberichts

In Anlehnung an das Balanced Score Card Modell von Kaplan und Norten[8] dient die Process Score Card der integrierten Analyse und der Visualisierung des Prozessstatus zu einem Kontrollstichtag. In Abhängigkeit von der Prozessart und spezifischen Pro-

8) Vgl. Kaplan, Norten, Balanced Scorecard, Schäffer-Poeschel, Stuttgart, 1997

zessanforderungen sind die zu messenden Prozesskennzahlen zu definieren. Der Status der einzelnen Prozesskennzahlen sowie des Prozesses gesamt werden beurteilt. Zusammenhänge zwischen den Prozesskennzahlen werden berücksichtigt.

Die Beurteilung der einzelnen Kriterien der Process Score Card kann mit einer 5-Farbskala in Anlehnung an die „Ampelfarben“ erfolgen. Die Beurteilung des Prozessstatus kann entweder global oder mit Hilfe eines Algorithmus durchgeführt werden. Wenn z. B. 2 Prozesskennzahlen „rot“ beurteilt werden, dann ist auch der Prozess „rot“ zu beurteilen.

Zur Beobachtung der Entwicklung der Process Score Card können Scores mehrerer Kontrollstichtage nebeneinander dargestellt werden. Diese Darstellung entspricht dann einer Prozesstrendanalyse.

Eine Process Score Card der Prozesse Abwicklung Seminar, Lehrgang, Coaching ist in Abbildung E8.2 dargestellt und interpretiert.

Process Score Card

Abwicklung Seminar überbetrieblich	10.01	10.04
Kundenbeziehung	1	1
Prozessqualität	1	2
Prozesskosten	2	1
Prozessdauer	1	1
Gesamt	1	1

Abwicklung Coaching innerbetrieblich	10.01	10.04
Kundenbeziehung	1	1
Prozessqualität	2	2
Prozesskosten	2	1
Prozessdauer	3	1
Gesamt	2	1

Abwicklung Seminar, Lehrgang, Coaching	
10.01	10.04

Abwicklung Lehrgang überbetrieblich	10.01	10.04
Kundenbeziehung	3	2
Prozessqualität	2	2
Prozesskosten	3	4
Prozessdauer	2	1
Gesamt	2	2

Legende

sehr schlecht	5
schlecht	4
ok	3
gut	2
sehr gut	1

Abw. Seminar/Lehrgang innerbetrieblich	10.01	10.04
Kundenbeziehung	2	1
Prozessqualität	2	1
Prozesskosten	3	2
Prozessdauer	1	1
Gesamt	2	1

Abb. E8.2: Process Score Card der Prozessgruppe „Abwicklung Seminar, Lehrgang, Coaching“

Prozesstrendanalysen können für unterschiedliche Prozesskennzahlen eines Prozesses erstellt werden. Sie visualisieren den Status je Prozesskennzahl zu unterschiedlichen Kontrollstichtagen. In Abbildung E8.3 werden die Entwicklungen der Prozesskennzahlen Prozessqualität, Prozesskosten, Prozessdauer und Kundenbeziehung dargestellt. Abweichungen von den Zielvorgaben werden ersichtlich und ermöglichen steuernde Maßnahmen.

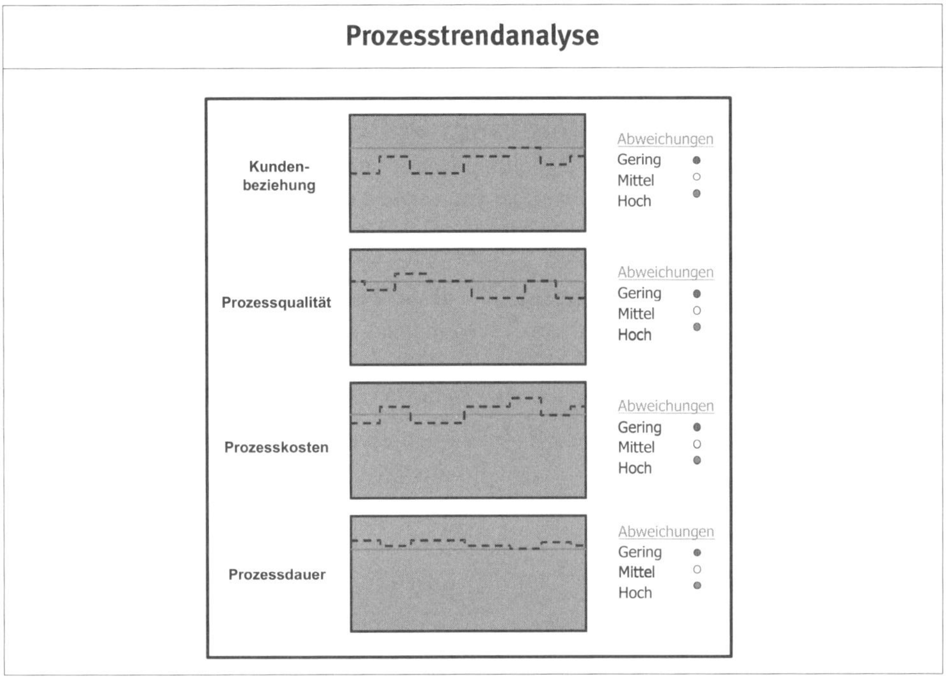

Abb. E8.3: Prozesstrendanalyse

E 8.2 Prozessbericht: Anwendung

Auswahl von Prozessberichten

Der Prozessstatusbericht, die Process Score Card und die Prozesstrendanalyse stehen als Prozessberichte zur Dokumentation des Status eines Prozesses zur Verfügung. Diese unterschiedlichen Prozessberichte stellen unterschiedliche Informationen bereit. Es ist zu entscheiden, welcher Bericht bzw. welche Kombination von Berichten zum Prozesscontrolling benötigt wird.

Erstellung und Präsentation der Prozessberichte

Für die zu erstellenden Prozessberichte sind zum Kontrollstichtag Istdaten je Prozesskennzahl zu erheben. Diese sind einem Soll-Ist-Vergleich zu unterziehen. Grundlage dafür stellen die Zielvorgaben je Prozesskennzahl dar. Abweichungen sind festzustellen und eventuelle notwendige steuernde Maßnahmen sind zu vereinbaren. Die Abweichungen sowie die steuernden Maßnahmen sind im Prozessbericht zu dokumentieren.

Prozessberichte sind vom jeweiligen Prozesseigentümer mit Unterstützung vom Prozessmanagement Office zu erstellen. Zielgruppen für die Prozessberichte sind neben der Unternehmensführung die für die Erfüllung des Prozesses zuständigen Rollenträger. Die Prozessberichte stellen wichtige Kommunikationsinstrumente dar.

E 9 Prozessbenchmarking

E 9.1 Prozessbenchmarking: Definition und Beispiel

„Allgemein kann der Begriff des Benchmarking als kontinuierliche und systematische Vorgangsweise definiert werden, welche der Zielsetzung folgt, die Leistungen (Güter und Dienstleistungen) und Arbeitsprozesse eines Unternehmen laufend im Vergleich zum direkten Mitbewerber bzw. zum jeweils „Besten" in einem bestimmten Tätigkeitsbereich zu beurteilen und zu verbessern."[9] „Beim Benchmarking misst ein Unternehmen seine Leistung (Produkte, Prozesse) systematisch an demjenigen Unternehmen, das diese Leistung am besten erbringt."[10]

Das Benchmarking kann sich auf unterschiedliche Betrachtungsobjekte und Vergleichspartner beziehen. Diesbezügliche Möglichkeiten sind in der Abbildung E9.1 dargestellt.[11] Es wird ersichtlich, dass neben Produkten und Methoden Prozesse Betrachtungsgegenstand des Benchmarking sind.

Prozessstatusbericht per ...				
Kriterien		**Ausprägung**		
Objekt	Produkte	Methode		Prozesse
Zielgröße	Kosten	Qualität	Kunden-zufriedenheit	Zeit
Vergleichspartner	Intern: Bereiche	Intern: Standorte	Extern: Branche	Extern: Andere Branche

Abb. E9.1: Möglichkeiten des Benchmarking

9) Vgl. Kemmetmüller, Bogensberger, Handbuch der Kostenrechnung, Service Fachverlage, Wien, 2002, S.347
10) Vgl. Thommen, Achleitner, Allgemeine Betriebswirtschaftslehre, Gabler, Wiesbaden 2001, S.905
11) Vgl. Horvath, Herter, Benchmarking, in: Controlling, 1/1992

Ein Auszug eines Benchmarkingberichts ist in Abbildung E9.2 dargestellt.

Benchmarkingbericht per ...			
Kennzahlen	Partner 1	Partner 2	Partner 3
Prozessdauer			
Fehlerrate			
Prozessqualitätskosten			
Prozesskosten			
Kundenzufriedenheit Prozess			
Kundenzufriedenheit Produkt			
Interpretation			

Abb. E9.2: Struktur eines Benchmarkingberichts

E 9.2 Prozessbenchmarking: Anwendung

Planung des Prozessbenchmarking

In der Planung sind jene Prozesse und jene Prozesskennzahlen, die einem Benchmarking unterzogen werden sollen, festzulegen. Der Vergleich mit Benchmarks erfolgt in der Regel auf Prozessebene. Es können auch abgrenzbare Teilprozesse einem Vergleich unterzogen werden. Weiters sind Benchmarkingpartner auszuwählen.

Durchführung des Prozessbenchmarking

Je Prozess und Prozesskennzahl sind die Daten bei den Benchmarkingpartnern zu erheben. Resultieren die Ergebnisse auf unterschiedlichen Rahmenbedingungen sind die Daten vor dem Vergleich einer Bereinigung zu unterziehen.

Auswertung und Dokumentation des Prozessbenchmarking

Die Benchmarkingergebnisse sind auszuwerten. Markante Abweichungen sind zu analysieren. Vor allem bei negativen Abweichungen sind Informationen zu den „Best Practices" der Partner zu erfassen. Aus den Erkenntnissen sind Optimierungsmaßnahmen für den eigenen Prozess abzuleiten.

E 10 Fallstudie: Mikro-Prozessmanagement für den Geschäftsbereich „Telekommunikation"

E 10.1 Der Geschäftsbereich „Telekommunikation"

Die Telekommunikation stellt einen Geschäftsbereich eines österreichischen Utility-Unternehmens dar. Der Geschäftsbereich bestand zum Zeitpunkt der Einführung des Prozessmanagement aus 150 Mitarbeitern und sah sich mit einem sehr raschen Wachstum konfrontiert. Ein Organigramm des Geschäftsbereichs ist in Abbildung E10.1 dargestellt.

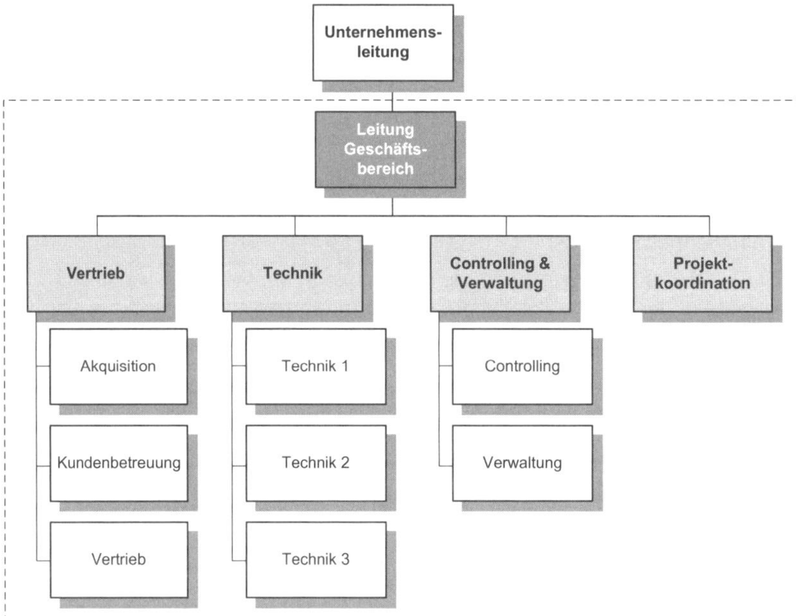

Abb. E10.1: Organigramm des Geschäftsbereichs „Telekommunikation“

E 10.2 Ausgangssituation: Bedarf nach Prozessmanagement im Geschäftsbereich

Zur Professionalisierung der Dienstleistungen und der internen Aufgabenerfüllung hat die Leitung des Geschäftsbereichs entschieden, ein Workflowmanagement-System einzuführen. Diese Investition wurde in Form einer Projekte-Kette aus einem Konzeptions- und einem Realisierungsprojekt initiiert.

Ein wesentliches Ziel des Konzeptionsprojekts stellte die Erstellung eines Pflichtenhefts als Basis für die Ausschreibung und Auswahl eines Lieferanten für die Realisierung der technischen IT-Lösung zum Workflowmanagement dar.

Als Grundlage für die Erstellung des Pflichthefts bestand der Bedarf, die Prozesse des Geschäftsbereichs zu identifizieren und zu beschreiben. Es wurde entschieden, sich im Rahmen des Konzeptionsprojekts umfassend mit Prozessmanagement auseinanderzusetzen. Die Phasen des Strukturplans des Konzeptionsprojekts sind in der Abbildung E10.2 dargestellt.

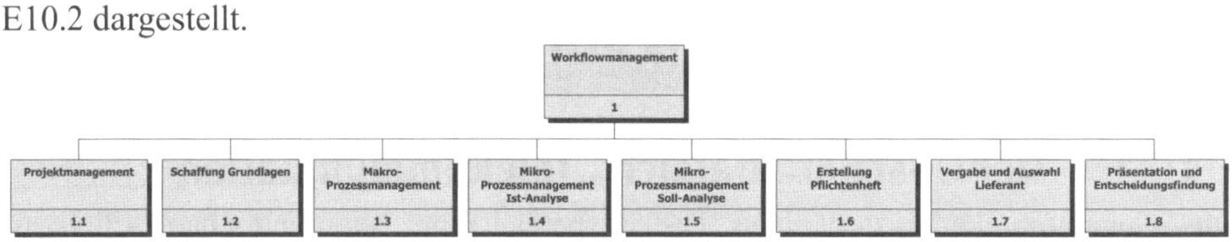

Abb. E10.2: Phasen des Konzeptionsprojekts „Workflowmanagement“

E 10.3 Ergebnisse des Makro-Prozessmanagement

In der Phase „Schaffung Grundlagen“ wurde eine Prozessmanagement-Schulung des Projektpersonals gestartet. Darauf aufbauend wurde am Makro-Prozessmanagement gearbeitet. Ergebnisse des Makro-Prozessmanagement waren eine Prozessliste, Prozesse-Ketten sowie Standards für das Mikro-Prozessmanagement. Ein Beispiel für eine definierte Prozesse-Kette ist in Abbildung E10.3 dargestellt.

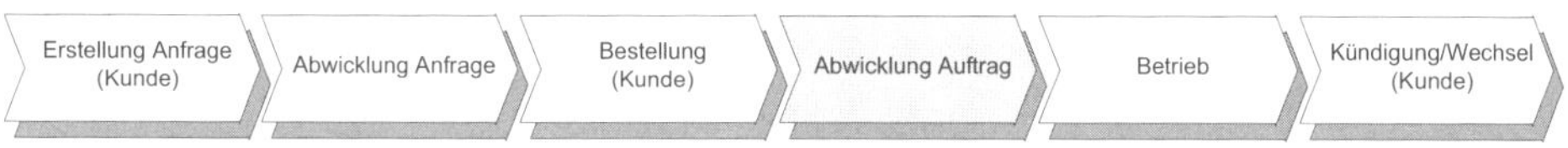

Abb. E10.3: Prozess „Abwicklung Auftrag“ als Teil der Prozesse-Kette „Kundenbeziehung“

Folgende Entscheidungen wurden bezüglich des Mikro-Prozessmanagement getroffen, um eine adäquate Grundlage für die Erstellung des IT-Pflichtenhefts zu sichern:

KAPITEL E

- Hohe Detaillierung zur Sicherung der vollständigen Erfassung und Beschreibung der Prozesse
- Verwendung eines Standardflussdiagramms als Visualisierungsinstrument zur Darstellung von Verzweigungen und von Parallelaufgaben in den Prozessen
- Ergänzung des Flussdiagramms um eine detaillierte Aufgabenplanung

E 10.4 Erstellung des Flussdiagramms und der Aufgabenplanung für den Prozess „Abwicklung Auftrag“

Das Mikro-Prozessmanagement erfolgte in mehreren ganztägigen Workshops in einem Team mit 7 Mitgliedern. Die Entwicklung der Erstansätze der Flussdiagramme wurde mit Hilfe von Moderationskarten gestaltet. Dadurch konnte die Mitwirkung aller Beteiligten gesichert werden. Zur weiteren Detaillierung der Flussdiagramme wurde eine Prozessmanagement-Software herangezogen, die Aufgabenplanung erfolgte in Tabellen in einer Office-Software.

Der Umfang der Prozesse erforderte eine Kombination von Flussdiagrammen auf Prozessebene sowie von Detailflussdiagrammen für ausgewählte Teilprozesse. Zur Sicherung der Lesbarkeit der Flussdiagramme wurde auf die Darstellung zusätzlicher Informationen (z. B. Datenquellen) verzichtet.

Die Abbildung E10.4 soll einen Eindruck des Umfangs und der Darstellungsform der Prozessflussdiagramme vermitteln. Auf die „Lesbarkeit“ der Aufgaben wurde hier aus Anonymisierungsgründen verzichtet. Der linke Teil der Abbildung zeigt den Prozess „Abwicklung Auftrag“, die farblich gekennzeichneten Aufgaben stellen „Teilprozesse“ dar, die einer weiteren Detaillierung unterzogen wurden. Für den Teilprozess „Errichtung Infrastruktur“ ist das entsprechende Detailflussdiagramm auf der rechten Seite der Abbildung dargestellt.

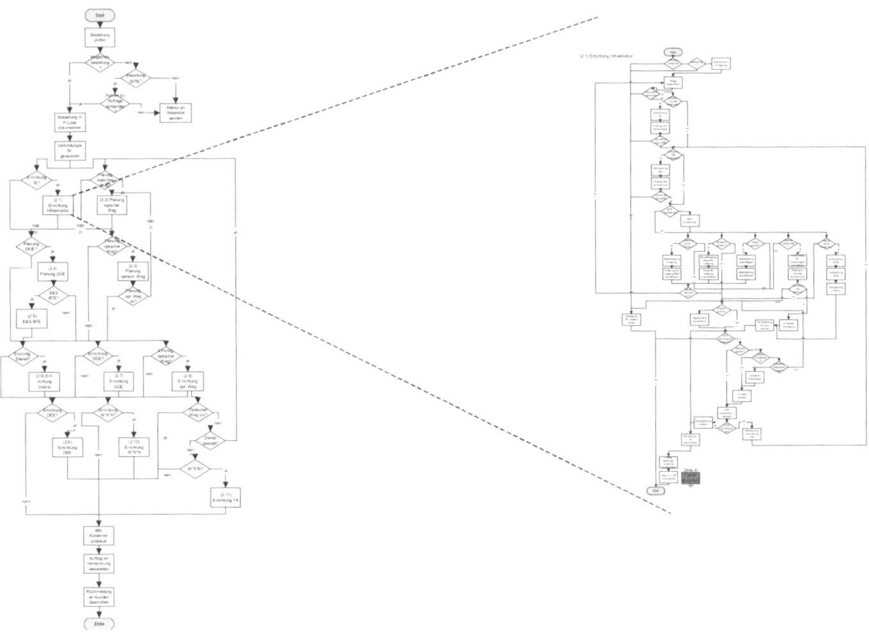

Abb. E10.4: Flussdiagramm für den Prozess „Abwicklung Auftrag" sowie Detailflussdiagramm für den Teilprozess „Errichtung Infrastruktur"

Die nicht in den Flussdiagrammen dargestellten Informationen, die jedoch für die Erstellung des Pflichtenhefts erforderlich waren, wurden in einer Aufgabenplanung in Tabellenform erarbeitet. Insbesondere wurde Wert auf die Listung notwendiger Inputs und Outputs der einzelnen Prozessaufgaben gelegt. Abbildung E10.5 zeigt exemplarisch einen Ausschnitt eines Aufgabenplans.

Aufgabe	Verantwortlich	Input	Output	Hilfsmittel
Bestellung prüfen	PK	Bestellung	Geprüfte Bestellung	Anfrageliste
Bestellung dokumentieren	PK	Geprüfte Bestellung	Eintrag in Bestell-DB	Bestell-DB
Verbindungsnummer generieren	TK	Geprüfte Bestellung	Verbindungsnummer	Verbindungsliste
Rückmeldung an Kunden weiterleiten	PK	Geprüfte Bestellung, Verbindungsnummer	Kundenrückmeldung erfolgt	Formular Kundenrückmeldung

Abb. E10.5: Ausschnitt des Aufgabenplans des Prozesses „Abwicklung Auftrag"

E 10.5 Resumée zur Fallstudie

Das Flussdiagramm stellte sich als adäquate Methode für die detaillierte Analyse der Ablauflogik des Prozesses „Abwicklung Auftrag" dar. Durch die Anwendung von Moderationshilfsmitteln zur Visualisierung der Zusammenhänge in den ersten Workshops konnte die Akzeptanz der Ergebnisse gesichert werden. Der Mehraufwand der Dokumentation durch eine spätere Übertragung in die Prozessmanagement-SW erschien gerechtfertigt.

Neben der Schaffung der Grundlagen für das Pflichtenheft wurde durch die gemeinsame Erarbeitung eine ganzheitliche Sichtweise des Prozesses erreicht.

Literatur

Gareis, R., (Happy Projects) Happy Projects!, 2. Auflage, Manz, Wien, 2005

Horvath, P., Herter, N., (Benchmarking) Benchmarking – Vergleich mit den Besten der Besten, in: Controlling, 1/1992

Jankulik, E., Kuhlang, P., Piff, R., (Projektmanagement und Prozessmessung) Projektmanagement und Prozessmessung – die Balanced Scorecard im projektorientierten Unternehmen, Publicis Corporate Publishing, Erlangen, 2005

Kaplan, R., Norten, P., (Balanced Scorecard) Balanced Scorecard – Strategien erfolgreich umsetzen, Schäffer-Pöschel, Stuttgart, 1997

Kemmetmüller, W., Bogensberger, S., (Handbuch der Kostenrechnung) Handbuch der Kostenrechnung, 7. Auflage, Service Fachverlage, Wien, 2002

Schmelzer, H. J., Sesselmann, W., (Geschäftsprozessmanagement in der Praxis) Geschäftsprozessmanagement in der Praxis, 4. Auflage, Carl Hanser Verlage, München/Wien, 2004

Thommen, J.-P., Achleitner A.-K., (Allgemeine Betriebswirtschaftslehre) Allgemeine Betriebswirtschaftslehre, 3. Auflage, Gabler, Wiesbaden, 2001

Wüest, G., (Prozessplanung und -steuerung) Prozessplanung und -steuerung, in: Eschenbach, R., Controlling, 2. Auflage, Schäffer-Pöschel, Stuttgart, 1996

Zingel, H., (Qualitätsmanagement) Qualitätsmanagement und die ISO 9000er Normenfamilie, Skriptum, 2003, www.zingel.de

F

Projekt-, Programm- und Projektportfoliomanagement im prozess- und projektorientierten Unternehmen

Die Prozesse Projektmanagement, Programmmanagement, Beauftragung eines Projekts bzw. Programms, Projektportfolio-Koordination und Projekte-Netzwerken sind spezifische Prozesse des prozess- und projektorientierten Unternehmens.

Zur Darstellung dieser Prozesse können die Methoden des Prozessmanagement angewandt werden. Eine Beschreibung der Ziele, Aufgaben, Zuständigkeiten, Methoden und Ergebnisse ist vorzunehmen. Diese Dokumentation der Prozesse fördert einerseits die Kommunikation, andererseits ermöglicht die Definition der jeweiligen Prozessergebnisse die Messung und Beurteilung der erzielten Qualität.

F Projekt-, Programm- und Projektportfoliomanagement im prozess- und projektorientierten Unternehmen

Inhalt

F 1 Prozess: Projektmanagement

F 1.1 Ziele und Struktur des Prozesses: Projektmanagement

Der Prozess „Projektmanagement" hat das professionelle Management von Projekten zum Ziel. Als Voraussetzung zur Realisierung der inhaltlichen Projektziele sind die Teilprozesse Projektstart, Projektcontrolling, Projektkoordination, (eventuell) Bewältigung einer Projektdiskontinuität und Projektabschluss professionell zu erfüllen.

Betrachtungsobjekte des Projektmanagement sind die Projektziele, die Projektleistungen, die Projekttermine, die Projektressourcen, die Projektkosten, die Projekterträge, das Projektrisiko, die Projektorganisation, die Projektkultur und der Projektkontext. Dimensionen des Projektkontexts sind die Vor- und Nachprojektphase, die relevanten Projektumwelten, andere Projekte, die Unternehmensstrategien und der Business Case der Investition, die durch ein Projekt initialisiert wird.

Die Definition der Prozessziele sowie eine grobe Prozessstrukturierung kann für den Prozess „Projektmanagement" als Ganzes vorgenommen werden (siehe Abbildung F1.1). Detaillierte Darstellungen der Ziele, Aufgaben, Zuständigkeiten, Methoden und Ergebnisse können in den Beschreibungen der Teilprozesse vorgenommen werden.

Abgrenzung des Prozesses: Projektmanagement

Prozess: Projektmanagement			
Start:	Projektauftrag erteilt	Ende:	Projektabnahme erfolgt
Ziele:	Schaffung der strukturellen Voraussetzungen zur Realisierung der Projektziele		
	Management der sozialen, zeitlichen und inhaltlichen Projektgrenzen		
	Management der Beziehungen des Projekts zum Projektkontext		
	Aufbau und Abbau der Projektkomplexität		
	Management der Projektdynamik		
	Effiziente Durchführung des Projektstarts, des Projektcontrolling, des Projektabschlusses und der laufenden Projektkoordination		
	Eventuell: Effiziente Bewältigung einer Projektdiskontinuität		
Nicht-Ziele:	Durchführung der inhaltlichen Prozesse (Anm.: Das ist ein Ziel des Projekts und nicht des Projektmanagement)		

Struktur des Prozesses: Projektmanagement

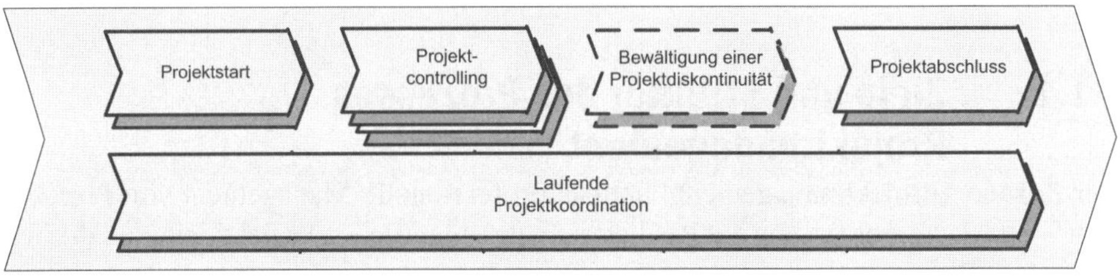

Abb. F1.1: Beschreibung des Prozesses „Projektmanagement"

Systemisch betrachtet, ist es Ziel des Projektstarts, das Projekt als soziales System zu etablieren. Ziel des Projektcontrolling ist es, die Evolution des Projekts zu fördern und Ziel des Projektabschlusses ist es, das Projekt als soziales System aufzulösen. Ziel der Bewältigung einer Projektdiskontinuität ist es, eine neue Projektidentität zu schaffen. Ziel der laufenden Projektkoordination ist es, die Projektkommunikation zur laufenden Leistungserfüllung zu sichern.

Die Erfüllung des Projektkoordinationsprozesses erfolgt laufend, die Durchführung der sonstigen Projektmanagement-Teilprozesse ist zeitlich befristet. Während der Durchführung der einzelnen Prozesse wird „Energie" in Form von Ressourcen zum raschen Erreichen der angestrebten Projektmanagement-Qualität eingesetzt.

Per Definition werden der Projektstart und der Projektabschluss jeweils einmal durchgeführt. Das Projektcontrolling ist mehrmals in einem Projekt durchzuführen und findet periodisch und/oder zu Projektmeilensteinen statt. Die Notwendigkeit der Bewältigung einer Projektdiskontinuität ist situationsabhängig.

Der Vorteil einer ganzheitlichen Betrachtung der Projektmanagement-Prozesse liegt einerseits in der Sicherung der Durchgängigkeit des zur Anwendung kommenden Projektmanagement-Ansatzes und andererseits in der Berücksichtigung der Zusammenhänge zwischen den Teilprozessen des Projektmanagement.

Die Anwendung eines einheitlichen Projektmanagement-Ansatzes sichert, dass in allen Teilprozessen einheitliche Begriffe und Methoden verwendet werden. Ein professionelles Projektmanagement berücksichtigt die Zusammenhänge zwischen den Teilprozessen, um die Projektmanagement-Ergebnisse zu optimieren.

F 1.2 Teilprozesse des Projektmanagement

Projektstartprozess

Auf Grund des Zeitdrucks in Projekten ist die Versuchung groß, sofort nach Erhalt eines Projektauftrags mit der Erfüllung der inhaltlichen Prozesse zu beginnen, ohne einen entsprechenden Projektstartprozess durchgeführt zu haben. Aus dieser mangelnden Bereitschaft, die Projektplanung und das Design der Projektorganisation gemeinsam im Projektteam durchzuführen, resultieren oft

- unrealistische Projektziele und unklare Rollendefinitionen,
- unadäquate und unverbindliche Projektpläne,
- unklare Vereinbarungen bezüglich der Gestaltung von Projekt-Umwelt-Beziehungen und fehlende organisatorische Regeln.

Ein professioneller Projektstart ist durchzuführen, um eine entsprechende Projektmanagement-Qualität zu sichern.

Sowohl der Projektstartprozess als auch die anderen Projektmanagement-Teilprozesse können in die Phasen Planung, Vorbereitung, Durchführung und Nachbereitung gegliedert werden. Der Projektstartprozess wird in der Abbildung F1.2 anhand seiner Ziele, zeitlichen Abgrenzung, Aufgaben und Zuständigkeiten dargestellt.[1]

Abgrenzung des Prozesses: Projektstart

Prozess: Projektstart			
Start:	Projektauftrag erteilt	Ende:	Projektmanagement-Dokumentation „Projektstart“ abgelegt
Ziele:	Informationstransfer aus der Vorprojektphase in das Projekt,		
	Definition von Erwartungen an die Nachprojektphase,		
	Entwicklung adäquater Projektpläne zum Management der Projektziele, Projektleistungen, Projekttermine, Projektressourcen, Projektkosten, Projekterträge und Projektrisiken,		
	Design der Projektorganisation, adäquate Integration des Projekts in die Stammorganisationen,		
	Entwicklung der Projektkultur,		
	Etablierung von Kommunikationsbeziehungen zwischen dem Projekt und anderen Projekten und relevanten Projektumwelten, erstes Projektmarketing,		
	Vermittlung des „Big Project Picture“ an alle Mitglieder der Projektorganisation,		
	Planung von Maßnahmen zum Diskontinuitätenmanagement,		
	Definition der Strukturen für die folgenden Projektmanagement-Teilprozesse,		
	Erstellung der Projektmanagement-Dokumentation „Projektstart“ und		
	effiziente Gestaltung des Projektstartprozesses		

1) Die Teilprozesse Projektcontrolling, Projektkoordination, Bewältigung einer Projektdiskontinuität und Projektabschluss werden hier nicht im Detail beschrieben. Weiterführende Informationen siehe „Happy Projects!“ Kapitel E.

Struktur des Prozesses: Projektstart

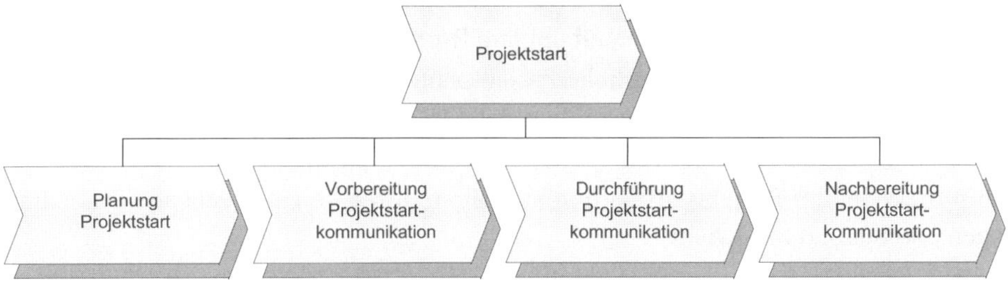

Aufgaben, Zuständigkeiten und Dokumente des Prozesses: Projektstart

	Projektauftraggeberteam	Projektmanager	Projektteam	Projektteammitglieder	PM-Consultant	Expertenpool-Manager	Externe	Ergebnisse/Dokumente
Planung Projektstart								
Check: interner Projektauftrag und Ergebnisse Vorprojektphase		D						
Auswahl der Startkommunikationsform		D						
Auswahl der Projektteammitglieder (und eines PM-Consultant)		M				D		
Auswahl einzusetzender PM-Methoden und PM-Dokumentationsform		D						
Abstimmung mit Projektauftraggeberteam	M	D						1)
Vorbereitung Projektstartkommunikation								
Beschaffung Projektcoach (eventuell)		D			(M)			
Vorbereitung Startkommunikation I, II,...		D			(M)			
Einladung Teilnehmer		D				M		2)
Dokumentation der Ergebnisse der Vorprojektphase		D		M	(M)		M	
Erstansätze für Projektplanung, -organisation, -marketing		D		M	(M)		M	
Erstellung Info-Material für Startkommunikation		D		M	(M)		M	3)

Durchführung Projektstartkommunikation								
Verteilung Info-Material an Teilnehmer		D						
Durchführung Startkommunikation I	M		D		(M)		M	
Erstansatz PM-Dokumentation „Projektstart“		D			(M)			
Durchführung Startkommunikation II, ...	M		D		(M)		M	
Nachbereitung Projektstartkommunikation								
Fertigstellung PM-Dokumentation „Projektstart“		D			(M)			
Abstimmung mit Projektauftraggeberteam	M	D						4)
Projektmarketing: Erstinfo	M			D	(M)		M	
Verteilung PM-Dokumentation „Projektstart“		D				I		
Ablage PM-Dokumentation „Projektstart“	M			D			M	
Erste inhaltliche Arbeiten (parallel)				D			D	

Legende:
D ... Durchführung
M ... Mitarbeit
I ... Information
K ... Koordination

Ergebnisse/Dokumente:
1) Liste einzusetzender Projektmanagement-Methoden
2) Einladung an Teilnehmer zu Projektstart-Workshop
3) Info-Material für Projektstart-Workshop
4) Projektmanagement-Dokumentation „Projektstart“

Abb. F1.2: Beschreibung des Projektstartprozesses

Durch eine Evaluierung der Ergebnisse und der Dauer bzw. der Kosten des Projektstartprozesses kann die Qualität des Projektstartprozesses gemessen werden. Ergebnisse des Projektstartprozesses stellen vor allem die entwickelten Projektpläne und die Etablierung des Projekts als soziales System dar. Die Projektpläne können bezüglich ihrer Existenz und ihrer inhaltlichen Qualität (Vollständigkeit, Detaillierungsgrad, Erfüllung formaler Kriterien etc.) beurteilt werden.

Der Ablauf des Projektstartprozesses ist durch entsprechende Sitzungs- und Workshopprotokolle zu dokumentieren.

Projektcontrolling

Da sich während der Durchführung von Projekten Änderungen ergeben (Änderungen der Projektziele, Änderungen in der Verfügbarkeit von Ressourcen, etc.) und sich der Informationsstand im Projekt verbessert, ist es notwendig, während der Projektdurchführung mehrmals ein Projektcontrolling durchzuführen.

Das periodische Projektcontrolling ist in Abhängigkeit von der Projektdauer zu planen. Bei einem 6 Monate dauernden Produktentwicklungsprojekt wird sich ein formales Projektcontrolling alle 3–4 Wochen empfehlen, bei einem Anlagenbauauftragsprojekt mit einer Durchlaufzeit von z. B. 24 Monaten werden alle 2 Monate formale Projektcontrollingsitzungen mit dem Projektauftraggeberteam und jedes Monat kurze Projektfortschrittsberichte notwendig sein. Es empfiehlt sich, Projektcontrolling-Termine beim Erreichen von Projektmeilensteinen durchzuführen.

Der Evolution des Projekts, die sich aus der Eigendynamik und der Dynamik in den Projekt-Umwelt-Beziehungen ergibt, ist zu entsprechen. Eventuelle Abweichungen der Istwerte von den Planwerten sind festzustellen und steuernde Maßnahmen zur Nutzung neuer Potenziale bzw. zur Korrektur ungewünschter Abweichungen sind zu setzen. Möglichkeiten zum organisatorischen Lernen des Projekts sind zu nutzen.

Das Projektcontrolling bezieht sich auf alle Betrachtungsobjekte des Projektmanagement, und nicht nur auf die Projektleistungen, die Projekttermine und die Projektkosten. Im Rahmen eines „Social" Controlling sind vor allem auch die Projektorganisation, die Projektkultur und die Beziehungen zu den relevanten Projektumwelten einem Controlling zu unterziehen.

Im Projektcontrolling sind Veränderungen zu fördern, Abweichungen als Lernchancen zu sehen. Im Projektcontrolling ist eher ein „grob" statt „fein", ein Denken in groben Alternativen, statt eines Festhaltens an einem Wunschdenken gefragt.

Bereits im Projektstartprozess sind die Projektcontrolling-Strukturen (Häufigkeit, Inhalte und Form der Berichte, Kommunikationsformen etc.) zu planen. Die Entscheidung, welche Mindestanforderungen das Projektcontrolling zu erfüllen hat, ist durch das Projektauftraggeberteam zu treffen. Diese Entscheidung ist von der Projektart abhängig. Für unterschiedliche Projektarten können unterschiedliche Controllingstandards funktional sein.

Eine entsprechende Qualität des Projektcontrolling wird durch die Durchgängigkeit der Projektmanagement-Methoden und der Kommunikationsformen vom Projektstartprozess zum Projektcontrollingprozess gesichert. Jene Projektpläne, die im Projektstart entwickelt wurden, sind im Projektcontrolling zu kontrollieren und bei Bedarf zu adaptieren. Dadurch rechtfertigt sich der notwendige Planungsaufwand im Projektstartprozess.

Projektkoordination

Im Gegensatz zum periodischen Projektcontrolling findet die Projektkoordination laufend statt. Die Projektkoordination stellt die laufende Tätigkeit des Projektmanagers dar.

Ziele der Projektkoordination sind – neben der laufenden Information der Mitglieder der Projektorganisation und der Vertreter relevanter Projektumwelten – das laufende Projektmarketing, die Koordination der Projektressourcen, das Sichern des laufenden Projektfortschritts und der Arbeitspaketqualität. Die Sicherung des laufenden Projektfortschritts erfolgt durch das Controllen des Fortschritts einzelner Arbeitspakete, die Koordination der Zusammenhänge zwischen den Arbeitspaketen und durch die Abnahme einzelner Arbeitspakete durch den Projektmanager.

Bewältigung einer Projektdiskontinuität

Projekte sind als soziale Systeme dynamisch. Entwicklungen von Projekten können kontinuierlich und diskontinuierlich stattfinden. Eine kontinuierliche Entwicklung von Projekten erfolgt auf Grund einer Veränderung der Projektziele, einer Veränderung im Leistungsumfang oder dem Bedarf nach zusätzlichen Ressourcen. Diese Bedürfnisse nach kontinuierlicher Entwicklung werden im Projektcontrolling berücksichtigt und drücken sich in der Adaption der bestehenden Projektstrukturen aus.

Diskontinuierliche Entwicklungen von Projekten erfolgen auf Grund von Projektkrisen oder Projektchancen. Es kann zu einer Projektkrise z. B. durch zu berücksichtigende, grundsätzliche technologische Neuerungen, durch den Ausfall eines strategischen Projektpartners oder durch den Ausfall des Projektauftraggeberteams kommen. Eine Projektkrise oder eine Projektchance bedingt eine Veränderung der Projektidentität durch die Schaffung grundsätzlich neuer Projektstrukturen. Auf Grund ihrer Komplexität und Dynamik haben Projekte ein hohes Potenzial für Diskontinuitäten.

Die Definition der Diskontinuität stellt den Start des Prozesses dar. Der Prozess der Bewältigung einer Projektdiskontinuität beinhaltet die Phasen Planung und Durchführung von Sofortmaßnahmen, Ursachenanalyse, Planung alternativer Bewältigungsstrategien sowie Planung und Durchführung von Zusatzmaßnahmen. Grundsätzliche Strategien zur Bewältigung einer Projektdiskontinuität sind das Re-Design des Projekts, der Projektabbruch und die Projektunterbrechung.

So wie die Definition einer Projektdiskontinuität stellt auch die Beendigung der Projektdiskontinuität einen Akt des symbolischen Management dar. Die Beendigung der Diskontinuität sollte so früh wie möglich und so spät wie zur Etablierung einer neuen Identität notwendig, vorgenommen werden. Im Zuge der Beendigung der Projektdiskontinuität ist zu vereinbaren, welche neuen Projektregeln und Projektwerte nach der Diskontinuität gelten.

Projektabschluss

Wenn die Ziele eines Projekts erreicht sind, hat das Projekt als soziales System keine Berechtigung zum Fortbestand. Das steht im Widerspruch zur grundsätzlichen Zielsetzung sozialer Systeme, ihre Lebensfähigkeit zu sichern. Der Abschluss eines Projekts bedarf daher – wie der Projektstart – eines hohen energetischen Aufwands.

Der Projektabschlussprozess ist dadurch charakterisiert, dass zwar die wesentlichen Projektaufgaben erfüllt, aber noch unattraktive Restaufgaben zu erledigen sind. Die meisten Projektumwelten sind bereit, ihre Beziehungen zum Projekt abzuschließen, aber einige wichtige Umwelten (wie z. B. der Kunde oder einzelne Projektteammitglieder) können noch Interesse am Fortbestand des Projekts haben. Ein weiteres Problem kann die Tatsache darstellen, dass ehemalige Projektteammitglieder schon in neuen Projekten eingesetzt werden.

Im Rahmen des Projektabschlussprozesses sind die inhaltlichen und zeitlichen Projektgrenzen endgültig zu entscheiden. Nicht mehr zum Projekt gehörende Ziele und Inhalte entfallen oder werden in die Nachprojektphase verlegt. Es sollte ein möglichst klares Endereignis geben. Das Projektende ist nach innen und nach außen zu kommunizieren. Mögliche Endereignisse sind z. B. die Übergabe des Abschlussberichts, eine Abschlusspräsentation oder ein Abschlussfest.

Durch die formale Beendigung des Projekts sollen Ressourcen und Energien für neue Aufgaben freigesetzt werden. Im Projekt gewonnenes Know-how soll durch die Projektdokumentation und durch Erfahrungsaustausch in die Stammorganisationen der projektdurchführenden Unternehmen und in andere Projekte transferiert werden. Ein Beitrag zum Wissensmanagement der prozess- und projektorientierten Unternehmen ist zu leisten.

Ein Erstansatz einer Planung des Projektabschlussprozesses sollte bereits im Projektstartprozess vorgenommen werden, da auch die Kosten des Projektabschlusses im Projektkostenplan zu berücksichtigen sind.

Die Qualität des Projektabschlussprozesses wird – ähnlich wie im Projektcontrollingprozess – durch die Durchgängigkeit der angewandten Projektmanagement-Methoden gesichert. So stellen z. B. der Projektzieleplan, die Business Case Analyse oder die Projekt-Umwelt-Analyse zentrale Methoden des Projektabschlussprozesses dar. Auf Basis der Business Case Analyse und der zum Projektstart vereinbarten und im Projektcontrolling adaptierten Projektziele kann beim Projektabschluss der Projekterfolg beurteilt werden. Eine „retrograde Sinnstiftung" durch eine Re-Definition der Projektziele im Projektabschlussprozess erscheint oft sinnvoll.

F 1.3 Design des Prozesses: Projektmanagement

Der generelle Prozess „Projektmanagement" ist den spezifischen Anforderungen eines Projekts entsprechend anzupassen. Es ist der Einsatz von Projektmanagement-Methoden und von Standardprojektplänen, von Projektkommunikationsformen, von Infrastruktur zur Projektdurchführung und von Projektmanagement-Consultants/Coaches zu planen.

Einsatz von Projektmanagement-Methoden

Der Einsatz von Projektmanagement-Methoden in Projekten ist grundlegend in den Standards des projektorientierten Unternehmens zu regeln. Entsprechend der Struktur des Projektmanagement-Prozesses ist in Projektmanagement-Methoden, die im Projektstart, in der Projektkoordination, im Projektcontrolling, bei Bewältigung einer Projektdiskontinuität und beim Projektabschluss eingesetzt werden, zu unterscheiden.

Bezüglich des Einsatzes dieser Methoden ist in „muss"- und „kann"-Einsatz zu unterscheiden. Die in Abbildung F1.3 dargestellte Checkliste ist unternehmenspezifisch zu adaptieren. Je Projekt ist bezüglich des Einsatzes der „kann"-Methoden und bezüglich des Detaillierungsgrades beim Methodeneinsatz zu entscheiden.

Einsatz von Methoden beim Projektstart	Klein-projekt	Projekt
Methoden zur Projektplanung		
Projektleistungsplanung		
• Projektzieleplan	Muss	Muss
• Betrachtungsobjekteplan	Kann	Muss
• Projektstrukturplan	Muss	Muss
• Arbeitspaketspezifikationen	Kann	Muss
Projektterminplanung		
• Projektmeilensteinplan	Muss	Muss
• Projektbalkenplan	Kann	Muss
• Netzplan	Kann	Kann
Projektressourcen, Projektkosten, Projekterträge		
• Projektressourcenplan	Kann	Kann
• Projektkostenplan	Muss	Muss
• Projektertragsplan	Kann	Kann
Gestaltung der Projekt-Kontext-Beziehungen		
• Projekt-Umwelt-Analyse	Muss	Muss
• Business Case Analyse	Kann	Muss
• Projekt-andere Projekte-Analyse	Kann	Muss
• Vor-Nachprojektphase-Analyse	Kann	Muss
• Projektpräsentationen, Projektvernissage	Kann	Kann
Design der Projektorganisation		
• Projektauftrag	Muss	Muss
• Projektteilauftrag	Kann	Kann
• Projektorganigramm	Muss	Muss
• Projektrollenbeschreibungen	Muss	Muss
• Projektfunktionendiagramm	Kann	Kann
• Projektkommunikationsplan	Muss	Muss
• Projektregeln	Kann	Muss
Methoden zur Entwicklung der Projektkultur		
• Projektname	Muss	Muss
• Projektlogo, Wortbildmarke	Kann	Kann
• Projektspezifische „soziale" Veranstaltungen	Kann	Kann

Methoden zum Projektrisikomanagement und zur Projektkrisenvermeidung und -vorsorge		
• Projektrisikoanalyse	Muss	Muss
• Projekt-Szenarioanalyse und Projekt-Alternativplanung	Kann	Kann
Einsatz von Methoden bei der Projektkoordination	**Klein-projekt**	**Projekt**
• TO-DO-Liste	Muss	Muss
• Sitzungsprotokolle	Muss	Muss
• Abnahmeprotokoll für Arbeitspakete	Muss	Muss
Einsatz von Methoden beim Projektcontrolling	**Klein-projekt**	**Projekt**
Methoden zum Berichtswesen		
• Projektfortschrittsberichte	Muss	Muss
• Earned Value Analyse	Kann	Kann
• Projekttrendanalysen	Kann	Kann
• Project Score Card (plus Interpretationen)	Muss	Muss
Methoden zur Projektsteuerung		
• TO DO-Listen	Muss	Muss
Methoden zur Adaptierung der Projektdokumentation		
• Laufende Adaptierung der Projektmanagement-Dokumentation	Muss	Muss
Einsatz von Methoden bei der Bewältigung einer Projektdiskontinuität	**Klein-projekt**	**Projekt**
• Definition der Projektdiskontinuität	Muss	Muss
• Planung von Sofortmaßnahmen	Muss	Muss
• Analyse der Ursachen der Projektdiskontinuität	Muss	Muss
• Planung alternativer Bewältigungsstrategien	Muss	Muss
• Planung von Zusatzmaßnahmen	Muss	Muss
• Beendigung der Projektdiskontinuität	Muss	Muss
Einsatz von Methoden beim Projektabschluss	**Klein-projekt**	**Projekt**
Maßnahmenplanung		
• TO DO-Liste: Restarbeiten	Muss	Muss
• Gestaltung der Umweltbeziehungen	Muss	Muss
• TO DO-Liste Nachprojektphase	Muss	Muss
• Adaption Business Case Analyse	Kann	Muss

Know-how Transfer		
• Projektabschlussbericht	Muss	Muss
• Spezialberichte	Kann	Kann
• Ist-Projektmanagement-Dokumentation	Muss	Muss
• Projektpräsentation	Kann	Kann
• Beiträge in Newslettern, auf Homepage, in Journalen	Kann	Kann
• Erfahrungsaustausch-Workshop	Kann	Kann
Leistungsbeurteilung		
• Beurteilung des Projekterfolgs	Muss	Muss
• Beurteilung der Mitglieder der Projektorganisation	Kann	Muss
Symbolische Handlungen zum Projektabschluss		
• „Social" Abschlussevent	Kann	Muss
• Schließen der Projektkostenstelle	Muss	Muss
• Projektabnahmeprotokoll	Muss	Muss

Abb. F1.3: Checkliste: Einsatz von Projektmanagement-Methoden

Jeder neue Projektplan, der aus dem Einsatz einer Projektmanagement-Methode resultiert, ist ein Modell des Projekts und dient der Konstruktion der Projektwirklichkeit. Durch den Einsatz mehrerer, unterschiedlicher Projektmanagement-Methoden ist es möglich, eine Management-Komplexität zu entwickeln, die der Komplexität des Projekts entspricht.

Die Qualität der Projektpläne ist durch diesen Multi-Methodeneinsatz zu sichern. Die Vollständigkeit der Projektpläne kann erst durch eine Vernetzung der Projektmanagement-Methoden und durch eine zyklische Überarbeitung der Projektpläne gesichert werden. So können z. B. Erkenntnisse der Projekt-Umwelt-Analyse in die Projektstrukturplanung und/oder die Projektkostenplanung einfließen. Der Detaillierungsgrad einzelner Projektpläne ist in Abhängigkeit von der Projektkomplexität festzulegen.

Einsatz von Standard-Projektplänen

Zum Management repetitiver Projekte können Standard-Projektpläne eingesetzt werden.

Wenn ein Unternehmen wiederholt bestimmte Projektarten durchführt (z. B. Auftragsprojekte eines IT-Unternehmens oder Produktentwicklungsprojekte eines Pharma-Unternehmens), können für diese Projektarten Standard-Projektpläne entwickelt werden. Diese Standardisierung stellt ein Instrument des organisatorischen Lernens bzw. des Wissensmanagement im Unternehmen dar.

Projektpläne, die standardisiert werden können, sind z. B. Projektstrukturpläne, Arbeitspaketspezifikationen, Objektstrukturpläne, Meilensteinlisten, Projektorganigramme und Projektfunktionendiagramme. Bei der Standardisierung mancher Projektpläne, z. B. des Projektstrukturplans, kann auf den Dokumentationen des Prozessmanagement aufgebaut werden (siehe Kapitel G 1).

Die Effizienz des Projektmanagement-Prozesses kann durch den adäquaten Einsatz von Standard-Projektplänen wesentlich gesteigert werden. Die Standard-Projektpläne sind den jeweiligen Projektbedingungen entsprechend zu adaptieren, d. h. es sind Ergänzungen und Streichungen vorzunehmen, es sind projektspezifische Bezeichnungen zu verwenden, etc.

Einsatz adäquater Projektkommunikationsformen

Im Projektmanagement-Prozess können die Kommunikationsformen Einzelgespräch, Sitzung und Workshop kombiniert werden. Zur Sicherung der entsprechenden Projektmanagement-Qualität sind auch Projektworkshops durchzuführen.

In größeren Projekten können mehrerer Kick-off Meetings und Projektstart-Workshops mit unterschiedlichen Zielgruppen auf unterschiedlichen Standorten notwendig sein.

Das Ziel regelmäßiger Projektteamsitzungen ist die wechselseitige Information der Projektteammitglieder über den Projektstatus und die Vereinbarung der weiteren Vorgangsweise. Das Ziel regelmäßiger Sitzungen des Projektauftraggeberteams ist die Information des Projektauftraggeberteams durch den Projektmanager über den Projektstatus und das Treffen strategischer Projektentscheidungen.

Gestaltung der projektbezogenen Infrastruktur

Professionelles Projektmanagement setzt den Einsatz einer entsprechenden ICT-Infrastruktur sowie einer entsprechenden räumlichen Infrastruktur voraus.

Speziell in virtuellen Projektorganisationen mit Projektteammitgliedern, die in unterschiedlichen Standorten arbeiten, stellt die Planung der im Projekt einzusetzenden Software und Telekommunikation eine Herausforderung dar. Der Einsatz einer einheitlichen Projektmanagement- und Office-Software ist zu sichern, die entsprechende Hardware ist zur Verfügung zu stellen. Über den Einsatz von Kommunikationstools, wie z. B. Projektmanagement-Portale, Collaboration-Software, Telefonkonferenzen und Videokonferenzen, ist zu entscheiden.

Für die Abhaltung von Projektsitzungen, für die Durchführung von Projektpräsentationen und einer Projektvernissage sowie eventuell zur Schaffung eines Arbeitsraums für ein Project Office ist eine projektspezifische räumliche Infrastruktur zu planen und bereit zu stellen.

Einsatz von Projektmanagement-Consultants/Coaches

Projekte, Projektmanager und Projektteams stellen neue Beratungsobjekte des Consulting und Coaching dar. Projektmanagement-Consulting ist die Beratung eines Projekts im Projektmanagement, Projektmanagement-Coaching ist die Projektmanagement-Unterstützung des Projektmanagers und/oder des Projektteams. Durch ein Projektmanagement-Consulting und/oder ein Projektmanagement-Coaching soll die Qualität des Projektmanagement in einem Projekt gesichert bzw. verbessert werden.

Auf Grund der sozialen Komplexität von Projekten empfiehlt sich der Einsatz eines Projektmanagement-Consultant oder eines Projektmanagement-Coach vor allem im Projektstartprozess. Auch zur Bewältigung einer Projektdiskontinuität kann der Einsatz einer projektexternen Unterstützung sinnvoll sein.

Die Entscheidung bezüglich des Einsatzes eines Projektmanagement-Consultant oder eines Projektmanagement-Coach sollte gemeinsam im Projektteam getroffen werden. Die Rolle des Projektmanagement-Consultant und Projektmanagement-Coach kann als projektexterne Rolle entweder von einem dafür kompetenten Mitarbeiter des Unternehmens oder einem externen Berater wahrgenommen werden.

F 2 Prozess: Programmmanagement

F 2.1 Programme als temporäre Organisationen

Ein Programm ist ein soziales Konstrukt. Unternehmen setzen zur Erfüllung einmaliger Prozesse großen Umfangs, hoher strategischer Bedeutung und zeitlicher Befristung, Programme als temporäre Organisationen ein. Für solche umfangreichen Prozesse stellen Projekte keine adäquate Organisationsform dar.

Programme beinhalten die Durchführung mehrerer Projekte, die über gemeinsame Programmziele eng gekoppelt sind. Programme – im organisatorischen Sinn – können z. B. die Erfüllung von Dienstleistungen (ein Auftragsabwicklungsprogramm), die Etablierung einer neuen Infrastruktur (ein Bau- oder ein IT-Programm) oder die Schaffung einer neuen Organisation (Reorganisationsprogramm) zum Ziel haben. Beispiele von Programmen sind in der Abbildung F2.1 dargestellt.

Der Programmbegriff wird im Alltag sehr unterschiedlich verwendet, der organisatorische Programmbegriff muss erst geprägt werden. Das jährliche Investitionsprogramm oder strategische Schwerpunkte eines Unternehmens stellen daher kein Programm im organisatorischen Sinn dar. Genau so wenig wie ein TV-Programm, ein Software-Programm, etc.

Programme sind eine neue Differenzierungsmöglichkeit zum Management prozess- und projektorientierter Unternehmen. In der Praxis wird der Projektbegriff häufig auch für temporäre Organisationen verwendet, die als Programme gemanagt werden sollten. Um den Unterschied im Umfang und in der Komplexität solcher Organisationen sichtbar zu machen, bezeichnen manche Unternehmen diese als „Total Project" oder als „Großprojekt" und managen diese daher auch als Projekt. Dabei gehen folgende organisatorische Potenziale, die sich aus der Differenzierung zwischen Projekten und Programmen ergeben, verloren:

- Unterscheidung zwischen Programmauftraggeberteam und Projektauftraggeberteams
- Einsatz unterschiedlicher Projektauftraggeberteams für unterschiedliche Projekte des Programms
- Förderung der Autonomie der Projekte eines Programms, z. B. durch die Entwicklung projektspezifischer Kulturen und die Gestaltung projektspezifischer Umweltbeziehungen

Programmname	Programmziel	Unternehmen
Bahnhofsoffensive	Revitalisierung von 40 österreichischen Bahnhöfen	Österreichische Bundesbahnen
LKS 2000	Reorganisation der Landeskliniken Salzburg	Landeskliniken Salzburg
Statoil SAP	Implementierung von SAP im Statoil-Konzern	Statoil
programm I austria	Die österreichische Projektmanagment-Initiative	PROJEKTMANAGEMENT GROUP und Projekt Management Austria
STAR 2000	Migration der SW-Systeme von Lufthansa und AUA	Austrian Airlines
EBanking & eBrokerage	Etablierung von eBanking- und eBrokerage-Firmen	ABN AMRO
Symphonie	Merger von Bawag und PSK	Bawag/PSK

Abb. F2.1: Beispiele für Programme

KAPITEL F

- Ersatz der hierarchischen Organisationsstruktur eines Großprojekts (siehe Abbildung F2.2) mit mehreren Teilprojekten durch die flache Programmorganisation (siehe Abbildung F2.3)
- Sicherung einer klaren Sprachregelung, Wegfall der unpopulären Bezeichnung „Teil"-Projektmanager
- Reduktion der Komplexität des „Großprojekts" durch die Schaffung kleinerer, überschaubarer Projektorganisationen
- Erstellung mehrerer, überschaubarer Projektdokumentationen und einer schlanken, integrierenden Programmdokumentation an Stelle einer „Großprojekt"-Dokumentation.

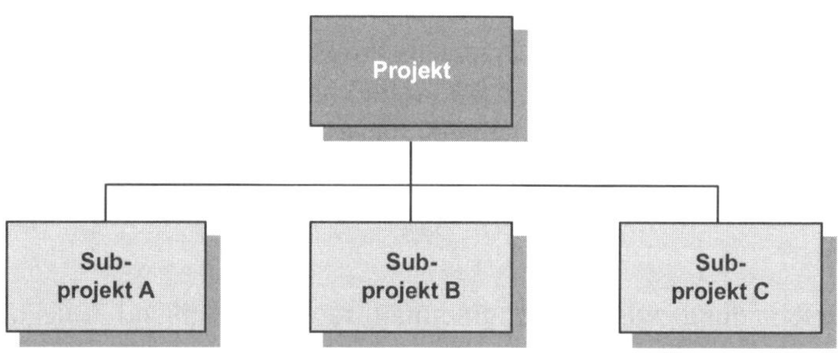

Abb. F2.2: Hierarchische Organisationsstruktur von „Großprojekten" (Projekt und Subprojekte)

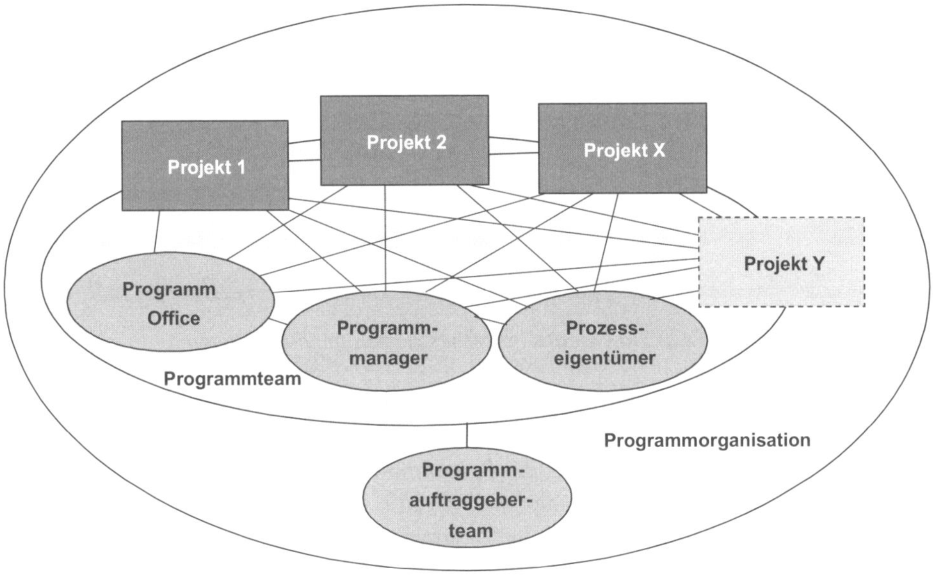

Abb. F2.3: Flache Programmorganisation (Standard-Programmorganigramm)

Der Einsatz von Programmmanagement soll bessere Qualitäten, niedrigere Kosten, kürzere Durchlaufzeiten und geringere Risiken bei der Durchführung von Programmen gewährleisten.

F 2.2 Ziele und Struktur des Prozesses: Programmmanagement

Programmmanagement ist ein Prozess, der die Teilprozesse Programmstart, Programmkoordination, Programmcontrolling, Programmmarketing, eventuell die Bewältigung einer Programmdiskontinuität und den Programmabschluss beinhaltet (siehe Abbildung F2.4). Der Programmmanagement-Prozess entspricht damit grundsätzlich dem Projektmanagement-Prozess.

Programmmarketing ist ein spezifischer Teilprozess des Programmmanagement und nicht – wie im Projektmanagement – Teil des Start-, Koordinations-, Controlling- und Abschlussprozesses. Auf Grund der hohen strategischen Bedeutung und der Einmaligkeit eines Programms stellt die professionelle Kommunikation der Programmziele und der Programmstrukturen einen wesentlichen Erfolgsfaktor für das Programm dar. Ein professionelles Marketing ist daher in Programmen besonders wichtig. Erst dadurch kann bei den relevanten Programmumwelten ein Verständnis für den Sinn eines Programms erzielt werden und die Bereitstellung von Managementaufmerksamkeit, von Know-how und von Ressourcen für die Programmdurchführung gesichert werden.

Der Programmauftrag des Programmauftraggeberteams an den Programmmanager ist das Startereignis eines Programms, die Programmabnahme durch das Programmauftraggeberteam stellt das formale Programmende dar.

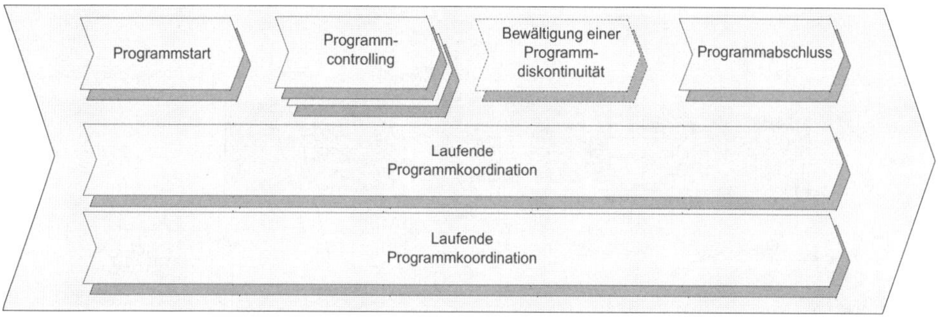

Abb. F2.4: Struktur des Prozesses „Programmmanagement"

Programmmanagement ist zusätzlich zum Management der einzelnen Projekte eines Programms zu erfüllen. Die Sicherung des „Big Programme Picture", die Planung und das Controlling der Programmziele, der Programmtermine, des Programmbudgets und des Programmrisikos, die Gestaltung der Programm-Umwelt-Beziehungen, das Designen der Programmorganisation und der Programmkultur stellen Instrumente zur Integration der Projekte in einem Programm dar. Die Einhaltung von inhaltlichen Standards und von Projektmanagement-Standards ist bei der Durchführung der Projekte zu sichern. Durch das Programmmanagement werden die Projekte eines Programms eng gekoppelt.

Der Programmstart- und der Programmabschlussprozess sind zeitlich befristet und werden nur einmal im Programm durchgeführt, der Programmcontrollingprozess wird mehrmals im Programm durchgeführt. Die Programmkoordination und das Programmmarketing sind kontinuierliche Prozesse.

Programmstartprozess

Die Ziele, Aufgaben, Zuständigkeiten und Dokumente des Teilprozesses „Programmstart" sind folgend in der Abbildung F2.5 beschrieben.[2]

2) Bezüglich einer detaillierten Beschreibung der anderen Teilprozesse des Programmmanagement siehe „Happy Projects" Kapitel G

Abgrenzung des Prozesses: Programmstart

Prozess: Programmstart			
Start:	Programmauftrag erteilt	Ende:	Programmmanagement-Dokumentation „Programmstart“ abgelegt
Ziele:	Informationstransfer aus der Vorprogrammphase in das Programm,		
	Definition von Erwartungen an die Nachprogrammphase,		
	Entwicklung adäquater Programmpläne zum Management der Programmziele, Programmleistungen, Programmtermine, Programmressourcen, Programmkosten und Programmerträge, Programmfinanzmittel,		
	Design der Programmorganisation, adäquate Integration des Programms in die Stammorganisationen,		
	Entwicklung der Programmkultur,		
	Etablierung von Kommunikationsbeziehungen zwischen dem Programm und anderen Programmen und relevanten Programmumwelten, erstes Programmmarketing,		
	Vermittlung des „Big Programme Picture“ an alle Mitglieder der Programmorganisation,		
	Planung von Maßnahmen zum Programmrisikomanagement,		
	Planung von Maßnahmen zur Vermeidung bzw. Förderung sowie zur Vorsorge für Programmdiskontinuitäten,		
	Definition der Strukturen für die folgenden Programmmanagement-Teilprozesse,		
	Erstellung der Programmmanagement-Dokumentation „Programmstart“ und		
	effiziente Gestaltung des Programmstartprozesses		

KAPITEL F

Struktur des Prozesses: Programmstart

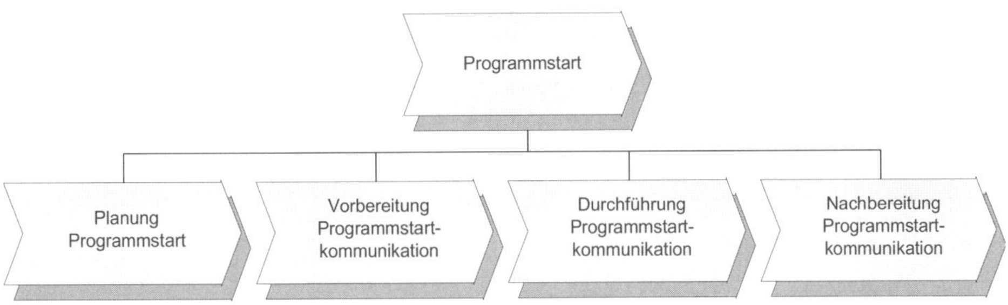

Aufgaben, Zuständigkeiten und Dokumente des Prozesses: Programmstart

	Programmauftraggeberteam	Programmmanager	Programm Office	Programmteammitglied	Programmteam	Expertenpool-Manager	Externe	Ergebnisse/Dokumente
Planung Programmstart								
Check: interner Programmauftrag und Ergebnisse Vorprogrammphase		D						
Auswahl der Startkommunikationsform		D	M					
Auswahl der Programmteammitglieder (und eines PM-Consultant)		M				D		
Auswahl einzusetzender PM-Methoden und PM-Dokumentationsform		D	M					
Abstimmung mit Programmauftraggeberteam	E	D						1)
Vorbereitung Programmstartkommunikation								
Beschaffung PM Consultant (eventuell)	E	D	M					
Vorbereitung Startkommunikation I, II,...		D	M					
Einladung Teilnehmer	I	D	M			M		2)
Dokumentation der Ergebnisse der Vorprogrammphase		M	D	M			M	
Erstansätze für Programmplanung, -organisation, -marketing		M	D	M			M	
Erstellung Info-Material für Startkommunikation		M	D	M			M	3)
Durchführung Programmstartkommunikation								
Verteilung Info-Material an Teilnehmer	I	M	D					
Durchführung Startkommunikation I	M	K			D		M	
Erstansatz PM-Dokumentation „Programmstart“		M	D					
Durchführung Startkommunikation II, ...	M	K			D		M	
Nachbereitung Programmstartkommunikation								
Fertigstellung PM-Dokumentation „Programmstart“		M	D					
Abstimmung mit Programmauftraggeberteam	E	D	M					4)

Programmmarketing: Erstinfo	M	D	M	M			M	
Verteilung PM-Dokumentation „Programmstart“		M	D			I		
Ablage PM-Dokumentation „Programmstart“	M	K		D			M	
Erste inhaltliche Arbeiten (parallel)		K		D			M	

Legende:
D ... Durchführung
M ... Mitarbeit
I ... Information
K ... Koordination
E ... Entscheidung

Ergebnisse/Dokumente:
1) Liste einzusetzender Programmmanagement-Methoden
2) Einladung an Teilnehmer zu Programmstart-Workshop
3) Info-Material für Programmstart-Workshop
4) Programmmanagement-Dokumentation „Programmstart“

Abb. F2.5: Beschreibung des Programmstartprozesses

F 2.3 Design des Prozesses: Programmmanagement

Möglichkeiten zur Gestaltung des Programmmanagement-Prozesses bestehen bezüglich des Einsatzes von Programmmanagement-Methoden, von Standardplänen, von adäquaten Kommunikationsformen, von ICT-Instrumenten und von Projektmanagement-Consultants/Coaches.

Der Einsatz von Standardplänen, von ICT-Instrumenten sowie von Consultants und Coaches ist nicht programmspezifisch. Die Ausführungen im Kapitel F 1.2 zum Designen des Projektmanagement-Prozesses gelten daher auch für Programme.

Die Methoden des Programmmanagement entsprechen den Projektmanagement-Methoden, es ändert sich nur das Betrachtungsobjekt. Statt eines Projekts wird ein Programm mit den Methoden geplant und controlled. Dementsprechend ist die Bezeichnung der Methoden anzupassen, auf z. B. Programmzieleplan, Programmstrukturplan, Programmbalkenplan, Programm-Umwelt-Analyse, etc. Die Auswahl der in einem Programm einzusetzenden Methoden kann mit Hilfe einer Checkliste (siehe Abbildung F2.6) erfolgen.

Einsatz von Methoden beim Programmstart	muss/kann
Methoden zur Planung der Programmziele, Programmleistungen, Programmtermine, Programmressourcen und Programmkosten	
Programmleistungsplanung	
• Programmzieleplan	Muss
• Betrachtungsobjekteplan	Muss
• Programmstrukturplan	Muss
• Arbeitspaketspezifikationen (für wesentliche Arbeitspakete)	Muss

Programmterminplanung	
• Programmmeilensteinplan	Muss
• Programmbalkenplan	Muss
• Programmnetzplan	Kann
Programmressourcen- und Programmkostenplanung	
• Programmressourcenplan	Kann
• Programmkostenplan	Muss
• Programmfinanzplan	Kann
Methoden zur Gestaltung der Programm-Kontext-Beziehungen	
• Programm-Umwelt-Analyse	Muss
• Kosten-Nutzen-Analyse der Investition	Muss
• Programm-andere Programme und Projekte-Analyse	Muss
• Vor-Nachprogrammphase-Analyse	Muss
• Präsentationen, -vernissage, -publikationen	Muss
Methoden zum Design der Programmorganisation	
• Programmauftrag	Muss
• Programmorganigramm	Muss
• Programmrollenbeschreibungen	Muss
• Programmfunktionendiagramm	Kann
• Programmkommunikationsstrukturen	Muss
• Programmregeln	Muss
Methoden zur Entwicklung der Programmkultur	
• Programmname	Muss
• Programmlogo	Kann
• Programmspezifische „soziale“ Veranstaltungen	Muss
Methoden zum Programmrisikomanagement, zur Krisenvermeidung und Chancenförderung, zur Vorsorge für Programmdiskontinuitäten	
• Programmrisikoanalyse	Muss
• Programmszenarioanalyse und Programmalternativplanung	Kann
Einsatz von Methoden bei der Programmkoordination	
• TO DO-Liste	Muss
• Sitzungsprotokolle	Muss
• Abnahmeprotokolle	Muss
Einsatz von Methoden zum Programmmarketing	
• Programm-Präsentationen	Muss
• Programm-Homepage	Muss

• Programm-Folder	Muss
• Programm-Events	Kann
Einsatz von Methoden zum Programmcontrolling	
Programmkontrolle und Neuplanung des Programms	
• Adaptierung der Programmpläne	Muss
Programmcontrollingberichte	
• Programmfortschrittsbericht	Muss
• Earned Value Analyse	Kann
• Programmtrendanalysen	Kann
• Programme Score Card (plus Interpretationen)	Muss
Programmsteuerung	
• TO DO-Listen	Muss
Einsatz von Methoden bei der Bewältigung einer Programmdiskontinuität	
• Definition der Programmdiskontinuität	Muss
• Planung von Sofortmaßnahmen	Muss
• Analyse der Ursachen der Programmdiskontinuität	Muss
• Planung alternativer Bewältigungsstrategien	Muss
• Planung von Zusatzmaßnahmen	Muss
• Beendigung der Programmdiskontinuität	Muss
Einsatz von Methoden beim Programmabschluss	
Maßnahmenplanung	
• TO DO-Liste: Restarbeiten	Muss
• Gestaltung der Umweltbeziehungen	Muss
• TO DO-Liste Nachprogrammphase	Muss
• Adaption Business Case Analyse	Muss
Know-how Transfer	
• Programmabschlussbericht	Muss
• Spezialberichte	Kann
• Ist-Programmmanagement-Dokumentation	Muss
• Programmpräsentation	Muss
• Beiträge in Newslettern, auf Homepage, in Journalen	Kann
• Erfahrungsaustausch-Workshop	Kann
Leistungsbeurteilung	
• Beurteilung des Programmerfolgs	Muss
• Beurteilung der Mitglieder der Programmorganisation	Kann

Symbolische Handlungen zum Programmabschluss	
• „Social" Abschlussevent	Kann
• Schließen der Programmkostenstelle	Muss
• Programmabnahmeprotokoll	Kann

Abb. F2.6: Programmmanagement-Methoden

F 3 Prozesse des Projektportfolio-Management

Prozesse zum Management von Projektportfolien sind die Beauftragung eines Projekts bzw. Programms, die Projektportfolio-Koordination und das Netzwerken von Projekten. Das Managen einer Projekte-Kette ist eine spezifische Form des Netzwerkens von Projekten.

Ziel des Projektportfolio-Management ist die Optimierung der Projektportfolio-Ergebnisse. Nicht die Optimierung der Ergebnisse einzelner Projekte oder Programme, sondern die Optimierung der Ergebnisse des Projektportfolios ist aus Sicht des Unternehmens anzustreben. Dieses Ziel kann in Konflikt zur Optimierung der Ziele einzelner Projekte stehen.

In den unterschiedlichen Prozessen des Projektportfolio-Management werden unterschiedliche Ziele verfolgt. Ziele der Beauftragung eines Projekts bzw. Programms stellen die Auswahl der richtigen Investitionen und der adäquaten Organisationsform zur Initialisierung der Investitionen dar. Ziele der Projektportfolio-Koordination sind die Abstimmung der Ziele der Projekte des Projektportfolios, die Koordination der in den Projekten eingesetzten internen und externen Ressourcen, die Organisation des Lernens von und zwischen Projekten, sowie das Festlegen von Prioritäten von Projekten. Ziel des Netzwerkens von Projekten ist das Schaffen von Synergien zwischen den Projekten eines Netzwerks.

Die Beauftragung eines Projekts bzw. Programms ist deswegen als ein Prozess des Projektportfolio-Management zu verstehen, weil eine Entscheidung, ein neues Projekt oder Programm zu starten, nicht isoliert, sondern im Kontext des dadurch neu entstehenden Projektportfolios getroffen werden sollte.

F 3.1 Prozess: Beauftragung eines Projekts bzw. Programms

Ziele und Strukturen des Prozesses: Beauftragung eines Projekts bzw. Programms

Ziel des Beauftragungsprozesses ist es, Entscheidungen über die inhaltliche Realisierung einer Investition und über die Organisationsform zu deren Initialisierung zu treffen. Bei der Analyse einer beantragten Investition sind deren Konsequenzen für das Investitionsportfolio des Unternehmens zu berücksichtigen. Es sind jene Investitionen auszuwählen, die einen optimalen Beitrag zur Realisierung der strategischen Ziele des Unternehmens leisten. Mögliche organisatorische Alternativen zur Initialisierung einer Investition sind die Projektorganisation, die Programmorganisation und die Durchführung durch die Stammorganisation.

Durch die Definition der Beauftragung eines Projekts bzw. Programms als Prozess werden der diesbezügliche Ablauf und die notwendigen Entscheidungen formalisiert. Durch die klare Differenzierung zwischen Investitions- und Organisationsentscheidung wird ein Beitrag zur Sicherung der Entscheidungsqualität geleistet, um die Risiken von Fehlinvestitionen und von nicht adäquaten Organisationsformen zur Initialisierung von Investitionen zu reduzieren.

Im Beauftragungsprozess werden jene Investitionen betrachtet, für deren Initialisierung wahrscheinlich ein Projekt oder Programm notwendig ist. Für kleinere Investitionen, z. B. Geräte oder Möbel, ist keine Business Case Analyse durchzuführen und ist der Prozess der Beantragung und der Entscheidungsfindung weniger komplex. Die Investitionsentscheidungen liegen in diesen Fällen in der Befugnis von Managern von Profit-Zentren oder Expertenpools und bedürfen nicht der Einbeziehung eines Investitionsentscheidungsgremiums oder einer Projektportfolio Group.

Der Prozess der Beauftragung eines Projekts bzw. Programms beginnt mit der Definition einer Problemstellung bzw. eines Anlasses für eine Investition und endet mit der Erteilung eines Projektauftrags. Phasen des Beauftragungsprozesses sind

- die Entwicklung der Investitionsidee,
- die Erstellung eines Investitionsantrags und eines Projektantrags,
- die Investitionsentscheidungsfindung,
- die Organisationsentscheidungsfindung und
- die Erteilung des Projekt- bzw. Programmauftrags.

Die Phase der Erteilung des Projekt- bzw. Programmauftrags wird nur durchgeführt, wenn eine positive Investitionsentscheidung getroffen wurde und wenn entschieden wird, die Investition in Projekt- oder Programmform zu initialisieren. Der Prozess: Beauftragung eines Projekts bzw. Programms ist in der Abbildung F3.1 dargestellt.

Abgrenzung des Prozesses: Beauftragung eines Projekts bzw. Programms

Prozess: Beauftragung eines Projekts bzw. Programms			
Start:	Investitionsidee definiert	Ende:	Auftrag erteilt
Ziele:	Entscheidung über die Realisierung einer Investition unter Berücksichtigung der strategischen Ziele der projektorientierten Organisation,		
	Beschreibung der Investition (des Business Case): Problemstellung, Ist-Analyse, Lösungsalternativen, Investitionsrechnung,		
	Entscheidung über die Organisationsform zur Initialisierung der Investition,		
	Projektabgrenzung (inklusive eines Erstansatzes einer Projektmanagement-Dokumentation) für das Projekt zur Initialisierung der Investition,		
	Abklärung der Verfügbarkeit der benötigten Projektressourcen,		
	Nominierung des Projektauftraggeberteams,		
	Beauftragung des Projektmanagers und des Projektteams mit der Projektdurchführung		

Struktur des Prozesses: Beauftragung eines Projekts bzw. Programms

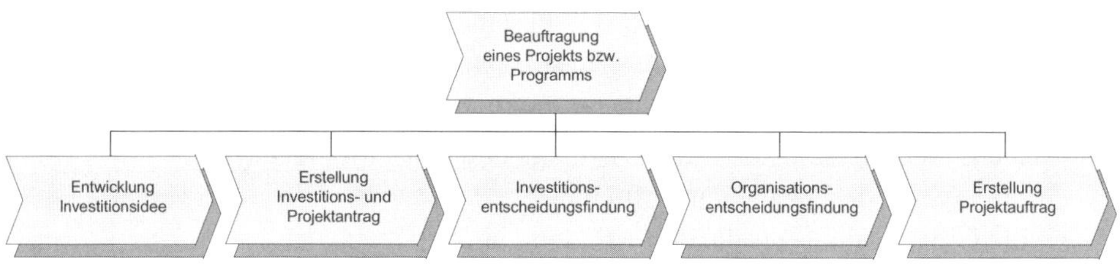

Aufgaben, Zuständigkeiten und Dokumente des Prozesses: Beauftragung eines Projekts bzw. Programms

	Promotoren	Antragsteam	PM Office	Investitionsentscheidungs-gremium	Projektportfolio Group	Expertenpool-Manager	Projekt-/Programmauftrag-geberteam	Projekt-/Programmmanager	Ergebnisse/Dokumente
Entwicklung Investitionsidee									
Dokumentation der Idee	D								
Konkretisierung der Idee	D		M						1)
Quick Check	M			(D)	D	M			2)
Erstellung Investitions- und Projektantrag									
Bildung Antragsteam	M	M	M	(D)	D				3)
Informationssammlung	I	D	M			M			
Entwurf Anträge	I	D	M						
Abstimmung Anträge	M	M	M	(D)	D	M			
Überarbeitung Anträge		D	M						4)
Investitionsentscheidungsfindung									
Vorlage zur Investitionsentscheidung	M		M						
Investitionsentscheidung	I	I		(D)	D	I			
Organisationsentscheidungsfindung									
Vorlage zur Organisationsentscheidung		D	M						
Organisationsentscheidung	I	I	M	(I)	D	I			
Auswahl Auftraggeberteam					D				
Erteilung Projektauftrag									
Auswahl Projektmanager					I		D	I	
Formulierung Auftrag						M	M	D	5)
Beauftragung Team						I	D	M	

Legende:
D ... Durchführung
M ... Mitarbeit
I ... Information

Ergebnisse/Dokumente:
1) Investitionsantrag für Quick Check
2) Entscheidungsprotokoll: Quick Check
3) Auftrag an Antragsteam
4) Investitionsantrag und Projektantrag
5) Projekt- oder Programmauftrag

Abb. F3.1: Beschreibung des Prozesses „Beauftragung eines Projekts bzw. Programms“

Die Entscheidung zur Realisierung einer Investition und die Entscheidung über die adäquate Organisationsform zu deren Initialisierung können von der Projektportfolio Group getroffen werden. Manche prozess- und projektorientierte Organisationen setzen für die Investitionsentscheidungsfindung ein Investitionsentscheidungsgremium ein und übertragen der Projektportfolio Group nur die Aufgabe der Organisationsentscheidungsfindung. Die Manager der Expertenpools sind zur Abklärung der Verfügbarkeit der benötigten Projektressourcen einzubeziehen.

Ergebnisse des Prozesses: Beauftragung eines Projekts bzw. Programms

Die Ergebnisse des Beauftragungsprozesses sind der Investitions- und der Projektantrag, die Business Case Analyse, die Entscheidungsprotokolle und ein etwaiger Projekt- bzw. Programmauftrag. In den Entscheidungsprotokollen werden sowohl die Entscheidung über die Durchführung der Investition als auch die Entscheidung über die Organisationsform zu deren Initialisierung dokumentiert.

Zur Beurteilung der Qualität des Beauftragungsprozesses ist außer diesen inhaltlichen Ergebnissen auch die Gestaltung des Prozesses, d. h. dessen Dauer, Kosten und Organisation, zu berücksichtigen. Der Prozess der Beauftragung eines Projekts schafft die Grundlagen für den Start eines Projekts. Die im Zuge der Beauftragung definierten Projektziele sollten daher möglichst vollständig und operational sein. Der im Beauftragungsprozess erstellte Erstansatz der Projektmanagement-Dokumentation steht für das Projekt als Grundlage zur Verfügung.

F 3.2 Prozess: Projektportfolio-Koordination

Projektportfolio

Die Menge aller Projekte und Programme, die gleichzeitig in einem Unternehmen geführt werden, können als Projektportfolio definiert werden. In einem Projektportfolio können entweder alle Projekte eines Unternehmens oder Teilmengen der Projekte zusammengefasst werden. Teilmengen von Projekten können nach Projektarten, wie z. B. das Projektportfolio der Angebotserstellungsprojekte und der Kundenauftragsprojekte, das Projektportfolio der Produktentwicklungsprojekte, etc. unterschieden werden.

Die Anzahl der Projekte in Projektportfolien sowie die Stadien, in denen sich die einzelnen Projekte befinden, verändern sich laufend. Starts neuer Projekte und Abschlüsse von Projekten bedingen eine hohe Dynamik von Projektportfolien. Die Strukturen von Projektportfolien, d. h. die beinhalteten Projektarten, die Arten der Beziehungen zwischen Projekten, die Umweltbeziehungen der einzelnen Projekte, die Dauern, Kosten und Risiken der Projekte, etc. bleiben jedoch relativ konstant. Da prozess- und projektorientierte Unternehmen laufend Projekte durchführen, sind Projektportfolien zeitlich nicht begrenzt, sondern erstrecken sich über die Lebensdauer des Unternehmens.

Das Projektportfolio ist ein zentrales Integrationsinstrument prozess- und projektorientierter Unternehmen. Der sich durch die Definition von Projekten und Programmen ergebenden organisatorischen Differenzierung wird eine integrierende Sichtweise gegenübergestellt.

Ziele und Strukturen des Prozesses: Projektportfolio-Koordination

Betrachtungsgegenstände der Projektportfolio-Koordination sind die zu einem Zeitpunkt gleichzeitig im Unternehmen geführten (und geplanten) Projekte und Programme und deren Beziehungen zueinander.

Ziele der Koordination des Projektportfolios sind, die Projekte hinsichtlich der strategischen Ziele des Unternehmens abzustimmen und das Projektportfolio-Ergebnis zu optimieren. Dabei können die Zielsetzungen der Projektportfolio-Koordination in Konflikt zu den Zielen einzelner Projekte stehen.

Die Projektportfolio-Koordination verfolgt innen- und außenorientierte Ziele. Unterschiedliche Projekte, die für den gleichen Kunden ausgeführt werden, sind bezüglich der langfristigen Kundenstrategien und der grundsätzlichen Verhaltensweisen gegenüber dem Kunden abzustimmen. Zukäufe und Dienstleistungen unterschiedlicher Projekte vom gleichen Lieferanten können hinsichtlich der Beschaffungskonditionen optimiert werden. Die in den Projekten eingesetzten internen und externen Ressourcen sind zu koordinieren, Prioritäten von Projekten bezüglich des Zugriffs auf knappe Ressourcen sind festzulegen.

Das Controlling der Struktur des Projektportfolios, die Steuerung des Projektportfolio-Risikos und die Organisation des Lernens von und zwischen Projekten stellen weitere Ziele dar. Auch das eventuelle Abbrechen oder Unterbrechen von Projekten aus strategischen Gründen ist Ziel der Projektportfolio-Koordination.

Der Prozess der Projektportfolio-Koordination ist in der Abbildung F3.2 beschrieben. Der Prozess beinhaltet die Phasen der Vorbereitung, Durchführung und Nachbereitung der periodischen Koordinationssitzung der Projektportfolio Group. In Abhängigkeit der Größe und der Dynamik des von einer Projektportfolio Group zu koordinierenden Projektportfolios kann es notwendig sein, jede Woche oder jede zweite Woche eine etwa 2–4 stündige Koordinationssitzung abzuhalten.

Zur Vorbereitung der Koordinationssitzung ist die Projektportfolio-Datenbank zu aktualisieren, sind Projektportfolio-Berichte zu erstellen, sind neue Investitions- und Projektanträge zu sammeln und auf Vollständigkeit zu prüfen und sind Projektfortschrittsberichte ausgewählter Projekte zusammenzustellen. Die Dokumente der Projektportfolio-Koordination sind Projektportfolio-Berichte, Investitions- und Projektanträge, Projektfortschrittsberichte und das Protokoll der Koordinationssitzung der Projektportfolio Group.

Abgrenzung des Prozesses: Projektportfolio-Koordination

Prozess: Projektportfolio-Koordination			
Start:	Auftrag zur Organisation einer Koordinationssitzung der Projektportfolio Group	Ende:	Mitarbeiter des Unternehmens über wesentliche Entscheidungen der Koordinationssitzung der Projektportfolio Group informiert
Ziele:	Optimierung der Projektportfolio-Ergebnisse		
	Controlling der Struktur des Projektportfolios (Anzahl der Projekte je Projektart, Dauer und Budgets der Projekte, etc.)		
	Steuerung des Projektportfolio-Risikos		
	Abstimmung der Projektziele mit den strategischen Zielen des Unternehmens,		
	Abstimmung der Ziele der einzelnen Projekte		
	Koordination von in Projekten eingesetzten internen und externen Ressourcen und Festlegung von Projektprioritäten		
	Organisation des Lernens von und zwischen Projekten		
	Eventuelles Unterbrechen oder Abbrechen von Projekten (aus strategischen Gründen)		

Struktur des Prozesses: Projektportfolio-Koordination

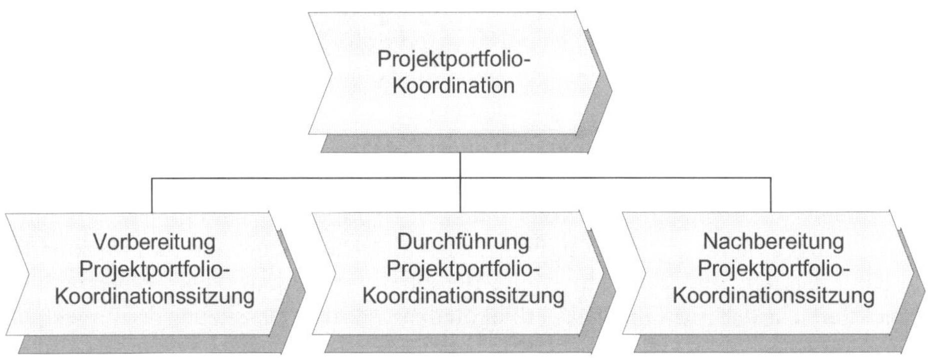

Aufgaben, Zuständigkeiten und Dokumente des Prozesses: Projektportfolio-Koordination

	Investitionsentscheidungsgremium	Projektportfolio Group	PM Office-Leiter	Ausgewählte Projektauftraggeber	Mitarbeiter, Projektmanager	Antragsteams	Expertenpool-Manager	Ergebnisse/Dokumente
Vorbereitung Projektportfolio-Koordinationssitzung								
Aktualisierung Projektportfolio-Datenbank			D					
Erstellung von Projektportfolio-Berichten			D					1)
Zusammenstellung aktueller Investitions- und Projektanträge			D			M	M	2)
Zusammenstellung ausgewählter Projektfortschrittsberichte			D		M			3)
Einladung der Teilnehmer		I	D	I				4)
Durchführung Projektportfolio-Koordinationssitzung								
Verteilung Info-Material		I	D	I				
Entscheidungen: PP-Struktur		D						
Abstimmung Projektziele	I	D						
Entscheidungen: PP-Risiko		D						
Entscheidungen: Umweltstrategie		D						
Organisation des Lernens		D						
Festlegen von Projektprioritäten		D						
Erstellung Protokoll	I		D					5)
Nachbereitung Projektportfolio-Koordinationssitzung								
Adaption Projektportfolio-Datenbank			D					6)
Information der Mitarbeiter über wesentliche Entscheidungen		M	D			I	I	

KAPITEL
F

Legende:
D ... Durchführung
M ... Mitarbeit
I ... Information

Ergebnisse/Dokumente:
1) Projektportfolio-Berichte
2) Aktuelle Investitions- und Projektanträge
3) Ausgewählte Projektfortschrittsberichte
4) Einladung zur Koordinationssitzung der Projektportfolio Group
5) Protokoll der Koordinationssitzung der Projektportfolio Group
6) Adaptierte Projektportfolio-Datenbank

Abb. F3.2: Beschreibung des Prozesses „Projektportfolio-Koordination“

Ergebnisse des Prozesses: Projektportfolio-Koordination

Bezüglich der Gestaltung des Projektportfolios eines Unternehmens können unterschiedliche Qualitätskriterien, wie z. B. die optimale Anzahl Projekte je Projektart, das minimale und maximale Projektportfolio-Budget, der maximale Einsatz von Engpass-Ressourcen im Projektportfolio, die maximale Anzahl von Kooperationsprojekten mit einem Lieferanten, die maximale Anzahl Projekte mit der gleichen Person als Projektmanager, etc. zur Anwendung kommen. Ergebnisse der Projektportfolio-Koordination sind einerseits hinsichtlich dieser Qualitätskriterien optimierte Strukturen des Projektportfolios und ein optimiertes Projektportfolio-Risiko.

Andererseits stellen die ganzheitliche Optimierung der Beziehungen zu den Projekt- und Programmumwelten, die Optimierung der Projekt- und Programmergebnisse bezüglich der Leistungsfortschritte, der Kosten und Erträge, etc. die Sicherung der Realisierung der Investitionsstrategien des Unternehmens und die Optimierung der Umsetzung von Organisations- und Personalstrategien im Projektportfolio Ergebnisse der Projektportfolio-Koordination dar.

Die notwendigen Entscheidungen zur Optimierung des Projektportfolios sind von der Projektportfolio Group zu treffen. Die Entscheidungsaufbereitung durch die Wartung der Projektportfolio-Datenbank, die Analyse des Projektportfolios und die Erstellung von Projektportfolio-Berichten ist vom PM Office wahrzunehmen.

F 3.3 Prozess: Netzwerken von Projekten

Projekte-Netzwerk

Ein Projekte-Netzwerk ist ein soziales Netzwerk eng gekoppelter Projekte. Die Koppelung von Projekten in einem Projekte-Netzwerk kann sich durch die Kooperation der einzelnen Projekte mit gleichen Partnern oder Lieferanten, der Erfüllung von Leistungen für den gleichen Kunden, die Durchführung der Projektleistungen in der gleichen Region, den Einsatz einer gleichen Technologie, etc. ergeben.

Ein Projekte-Netzwerk hat keine klaren Grenzen, d. h. dass auch Projekte von Kunden, Partnern oder Lieferanten des prozess- und projektorientierten Unternehmens berücksichtigt werden können, sofern deren Berücksichtigung einen Beitrag zur Realisierung der gemeinsamen Zielen leisten kann.

Die Netzwerkpartner eines Projekte-Netzwerks sind Organisationen, nämlich Projekte und Programme, die miteinander kommunizieren. Die gemeinsame Intention der Netzwerkpartner ist das Schaffen von Synergien im Projekte-Netzwerk und die Organisation des Lernens. Das Netzwerken passiert durch Kommunikationen der Netzwerkpartner in Workshops, Sitzungen und Gesprächen. Diese Kommunikation kann durch gemeinsame Datenbanken, Chatrooms und Links unterstützt werden.

Ziele und Strukturen des Prozesses: Netzwerken von Projekten

Das Netzwerken von Projekten beginnt mit der Definition des Bedarfs zum Netzwerken. Den Bedarf zum Netzwerken können mehrere Projektmanager, die Projektportfolio Group oder das PM Office definieren. Durch die notwendige Konzentration auf die Projektziele und Leistungen werden die Potenziale des Netzwerkens mit anderen Projekten für die Mitglieder von Projektorganisationen nicht immer ersichtlich. Daher ist es auch Aufgabe der Projektportfolio Group und des PM Office das Netzwerken von Projekten zu fördern.

Das Netzwerken von Projekten kann nur anlassbezogen erfolgen oder auch als periodische Kommunikationsform in eines prozess- und projektorientierten Unternehmens etabliert sein. Anlässe für das ad-hoc-Netzwerken von Projekten sind Projektdiskontinuitäten. Die Konsequenzen einer Krise oder einer Chance eines Projekts auf andere Projekte sind zu analysieren und etwaige Maßnahmen sind zu treffen. Auch wenn das Projekte-Netzwerken als periodische Kommunikationsform etabliert ist, sind situativ die Kriterien zur Koppelung von Projekten in Projekte-Netzwerken zu definieren.

Zur Vorbereitung des Netzwerkens von Projekten ist der Bedarf zum Netzwerken zu konkretisieren, sind Mitglieder der einzelnen Projektorganisationen einzuladen und sind relevante Informationen über die netzwerkenden Projekte bereitzustellen. Zum Netzwerken von Projekten empfiehlt sich die Durchführung eines Networking-Workshop. Der Workshop als Kommunikationsform ermöglicht die direkte Interaktion der Mitglieder der unterschiedlichen Projektorganisationen. Auf Grundlage eines entsprechenden Informationsaustausches sind die Beziehungen zwischen den Projekten des Projekte-Netzwerks zu analysieren. Zur Visualisierung dieser Beziehungen kann eine Projekte-Netzwerk-Grafik verwendet werden. Diese unterstützt die gemeinsame Konstruktion des Projekte-Netzwerks.

Auf Grundlage der Analyse konfliktärer und komplementärer Beziehungen zwischen den Projekten können Strategien und Maßnahmen zum Management des Projekte-Netzwerks festgelegt werden. Die Veranlassung und Umsetzung der vereinbarten Maßnahmen ist Verantwortung der Projektmanager der netzwerkenden Projekte.

Das Netzwerken von Projekten setzt kooperative Organisationskultur voraus. Eine aktive Informationspolitik, die Möglichkeit zur horizontalen Kommunikation und wechselseitiges Vertrauen sind zentrale Werte beim Netzwerken von Projekten.

Der Prozess: Netzwerken von Projekten ist in der Abbildung F3.3 beschrieben.

Abgrenzung des Prozesses: Netzwerken von Projekten

Prozess: Netzwerken von Projekten			
Start:	Bedarf zum Netzwerken von Projekten definiert	Ende:	Maßnahmen zur Nutzung von Synergien zwischen den Projekten veranlasst
Ziele:	Kommunikation zwischen eng gekoppelten Projekten des Projektportfolios einer projektorientierten Organisation,		
	Analyse konfliktärer und komplementärer Beziehungen zwischen den Projekten des Projekte-Netzwerks,		
	Nutzung von Synergien im Projekte-Netzwerk,		
	Organisation des Lernens im Projekte-Netzwerk		

Struktur des Prozesses: Netzwerken von Projekten

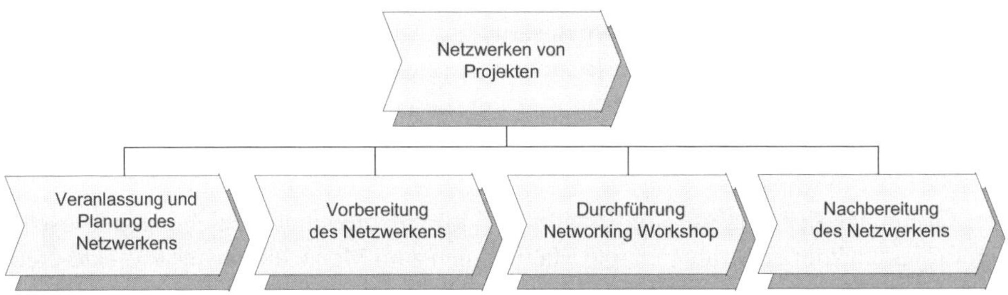

Aufgaben, Zuständigkeiten und Dokumente des Prozesses: Netzwerken von Projekten

	Projektportfolio Group	PM Office	div. Vertreter von Projektauftraggeberteams	div. Projektmanager	Projektteammitglieder	Vertreter relevanter Projektumwelten	Expertenpool-Manager	Ergebnisse/Dokumente
Veranlassung und Planung des Netzwerkens								
Veranlassung zum Netzwerken	D	D	D	D	M			
Planung des Netzwerkens		D		M				
Konkretisierung des Bedarfs zum Netzwerken		D	M	M	M			
Vorbereitung des Netzwerkens								
Einladung der Teilnehmer zum Netzworking-Workshop		D	I	I	I	I	I	1)
Info-Sammlung über zu betrachtende Projekte		D		M	M	M		
Durchführung Networking-Workshop								
Informationsaustausch zwischen Projekten		M	M	D	M	M	M	2)
Entwicklung der Projekte-Netzwerk-Graphik		M	M	D	M	M	M	
Planung von Maßnahmen		M	M	D	M	M	M	
Abstimmung der Maßnahmen	I	M	M	D		I	M	3)
Nachbereitung des Netzwerkens								
Veranlassung der Maßnahmen		D	I	D	I	I		

Legende:
D ... Durchführung
M ... Mitarbeit
I ... Information

Ergebnisse/Dokumente:
1) Einladung zum Networking-Workshop
2) Projekte-Netzwerk-Grafik
3) Liste Maßnahmen

Abb. F3.3: Beschreibung des Prozesses „Netzwerken von Projekten"

KAPITEL F

Ergebnisse des Prozesses: Netzwerken von Projekten

Ergebnisse des Netzwerkens von Projekten sind einerseits die Analyse der Beziehungen zwischen den Projekten des Projekte-Netzwerks und andererseits eine Liste mit Maßnahmen zur Nutzung der Synergien im Projekte-Netzwerk.

F 3.4 Design der Projektportfoliomanagement-Prozesse

Wesentliche Methoden zum Projektportfolio-Management sind in der Abbildung F3.4 dargestellt.[3)]

Methoden zur Beauftragung eines Projekts bzw. Programms	
• Investitionsantrag	Muss
• Investment Portfolio Score Card	Kann
• Business Case Analyse bzw. Kosten-Nutzen-Analyse	Muss
• Projektabgrenzung	Muss
• Projektantrag	Muss
• Projektauftrag	Muss
Methoden zur Projektportfolio-Koordination	
• Projektportfolio-Datenbank	Muss
• Projektportfolio Score Card	Muss
• Sonstige Projektportfolio-Berichte	Kann
• Projektanträge	Muss
• Projektfortschrittsberichte	Muss
Methoden zum Netzwerken von Projekten	
• Networking-Workshop	Kann
• Projekte-Netzwerk-Grafik	Kann
• Projektportfolio-Berichte	Kann
• Projektfortschrittsberichte	Kann

Abb. F3.4: Methoden zum Projektportfolio-Management

Literatur

Gareis R., (Happy Projects) Happy Projects!, 2. Auflage, Manz, Wien, 2005

3) Die Methoden zum Projektportfolio-Management sind im Kapitel I von „Happy Projects!" beschrieben.

G

Zusammenhänge zwischen Prozessmanagement und Projekt-, Programm- bzw. Projektportfolio-Management

Die Zusammenhänge zwischen Prozessmanagement und Projektmanagement sind vielfältig. Die Erfüllung von Hauptprozessen erfolgt durch Projekte, Prozesse sind Grundlage für die Phasenorientierung des Projektstrukturplans, Projektmanagement ist ein Prozess des prozess- und projektorientierten Unternehmens, Methoden zum Prozess- und Projektmanagement sind zu vereinheitlichen, Standard-Projektpläne können auf Basis von Prozessbeschreibungen erstellt werden und Prozesse stellen Betrachtungsobjekte in Projekten dar.

Auch Programmmanagement ist ein Prozess des prozess- und projektorientierten Unternehmens. In Programmen ist Prozessmanagement anzuwenden.

Die Prozesse des Projektportfolio-Management können als Prozesse-Netzwerk dargestellt werden. Prozesse sind Betrachtungsobjekte der Projektportfolio-Koordination.

G Zusammenhänge zwischen Prozessmanagement und Projekt-, Programm- bzw. Projektportfolio-Management

Inhalt

G 1 Zusammenhänge zwischen Prozessmanagement und Projektmanagement

G 1.1 Erfüllung von Hauptprozessen durch Projekte

Projekte (oder Programme) können zur Erfüllung von Hauptprozessen eingesetzt werden. Der Umfang von Hauptprozessen und deren relative Einmaligkeit können den Einsatz von Projekten zu deren Erfüllung notwendig machen. Die Erfüllung einzelner Prozesse, wenn sie Teil von Hauptprozessen sind, macht den Einsatz von Projekten meist nicht notwendig.

Ein Hauptprozess ist eine Kombination von Prozessen, die gemeinsam zur Zielrealisierung erfüllt werden müssen. Die dem Hauptprozess zugehörenden Prozesse können auch für sich alleine (oder auch in anderen Hauptprozessen) erfüllt werden. Der Hauptprozess „Auftragsabwicklung Anlagenbau" eines Anlagenbauunternehmens besteht z. B. aus den Prozessen Projektmanagement, Engineering, Beschaffung, Transport, Bau, Installation und Inbetriebnahme. Jeder dieser Prozesse kann auch unabhängig vom Prozess „Auftragsabwicklung Anlagenbau" erfüllt werden. Der Installationsprozess kann z. B. auch im Rahmen einer Wartungsleistung erfüllt werden.

Prozesse sind die in Projekten zu erfüllenden Leistungen. Der Erfolg von Projekten ist vom professionellen Projektmanagement und von der professionellen Erfüllung der inhaltlichen Prozesse bestimmt. So hängt das Ergebnis des Projekts „Realisierung Anlagenbau" wesentlich von der Professionalität bei der Erfüllung der Prozesse „Engineering", „Beschaffung", etc. ab.

Die Basis für eine professionelle Erfüllung von Prozessen wird durch das Prozessmanagement geschaffen.

G 1.2 Prozesse als Grundlage für die Phasenorientierung des Projektstrukturplans

In einem Projektstrukturplan[1)] werden die im Projekt zu erfüllenden Leistungen dargestellt. Der Projektstrukturplan sollte phasenorientiert (und nicht objektorientiert) gegliedert sein. Durch eine phasenorientierte Strukturierung von Projekten wird ein wesentlicher Beitrag für ein professionelles Projektmanagement geleistet. Es wird dadurch

- eine ganzheitliche Wahrnehmung von organisationsübergreifenden Projekten gesichert,
- die Vollständigkeit der Arbeitspakete des Projektstrukturplans durch die Anwendung eines chronologischen Denkansatzes gewährleistet und
- eine Basis für ein integriertes Projektcontrolling geschaffen.

---

1) Vgl. Gareis, Happy Projects, Manz, Wien, 2005, Kapitel F1.3

Ein Balkenplan, der auf Basis einer phasenorientierten Strukturierung eines IT-Projekts erstellt wurde, ist in der Abbildung G1.1 dargestellt.

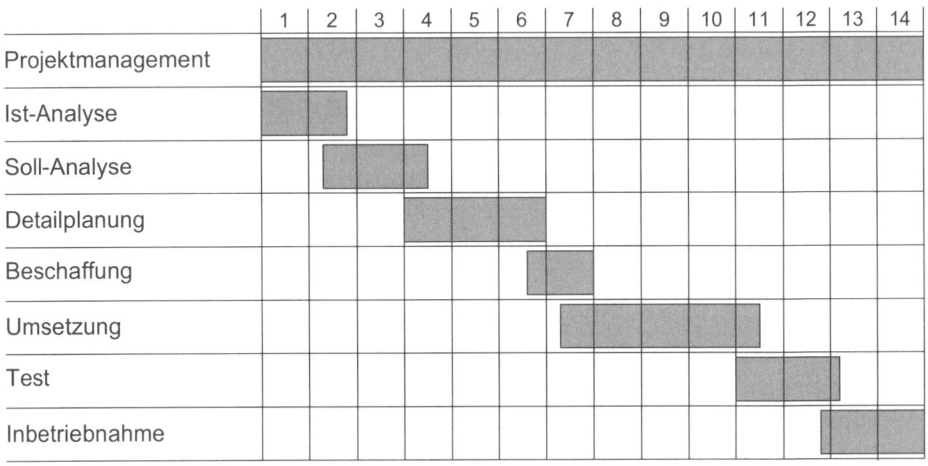

Abb. G1.1: Phasenorientierter Balkenplan des Projekts „Realisierung IT-Applikation"

Im Balkenplan wird die Phasenorientierung des Projekts sichtbar. Die Balken des Projekts „fließen" der Zeitachse folgend – wie gewünscht – von links nach rechts. Dabei dürfen sich Phasen überlappen, eine sequentielle Anordnung der Phasen wird nicht angestrebt. Die Chronologie des Abarbeitens der Arbeitspakete im Projekt wird aber offensichtlich.

Da entsprechend dieses Ablaufs der Aufwand an Ist-Ressourcen und der Anfall der Ist-Kosten erhoben werden kann, sollten auch der Ressourcenplan und der Kostenplan der phasenorientierten Strukturierung des Projektstrukturplans entsprechen.

Grundlage für die Definition der Projektphasen stellen die im Projekt zu erfüllenden Prozesse dar. Deren Teilprozesse und Aufgaben sind im Projektstrukturplan Arbeitspaketgruppen und Arbeitspakete innerhalb der Projektphasen.

G 1.3 Projektmanagement als Prozess

Projektmanagement ist ein Prozess des prozess- und projektorientierten Unternehmens. Die Definition von Projektmanagement als Prozess bedingt eine Beschreibung des Prozesses und ermöglicht die Festlegung von messbaren Outputs. Projektmanagement bekommt dadurch eine Qualität!

Die Beschreibung des Prozesses „Projektmanagement" wurde im Kapitel F.1 vorgenommen.

G 1.4 Einheitliche Methoden zum Prozess- und Projektmanagement

Methoden zur Abgrenzung, Strukturplanung, Ablaufplanung und auch zur Organisationsplanung (z. B. das Funktionendiagramm) werden sowohl im Prozess- als auch im Projektmanagement eingesetzt. Diese Methoden werden aber oft unterschiedlich bezeichnet, es werden unterschiedliche Formulare und unterschiedliche Begriffe für das Gleiche verwendet.

Durch eine Vereinheitlichung der im Prozess- und Projektmanagement eingesetzten Methoden können im prozess- und projektorientierten Unternehmen Synergien erzielt werden. Zusätzlich zu einheitlichen Formularen kann auch eine einheitliche Software verwendet werden.

G 1.5 Standard-Projektpläne auf Basis von Prozessbeschreibungen

Standard-Projektpläne leisten einen Beitrag zum organisatorischen und individuellen Lernen des prozess- und projektorientierten Unternehmens. Bei adäquatem Einsatz können Standard-Projektpläne die organisatorische Effizienz wesentlich steigern.

Projektpläne, die einer Standardisierung unterzogen werden können, sind z. B. der Projektstrukturplan, die Arbeitspaketspezifikationen, der Projektmeilensteinplan, das Funktionendiagramm eines Projekts und das Projektorganigramm.

Grundlage der Standardisierung von Projektplänen sind die Beschreibungen der einzelnen Prozesse, die in einem Projekt zu erfüllen sind. Aus den Prozessstrukturplänen können der Standard-Projektstrukturplan und der Standard-Meilensteinplan entwickelt werden, die Prozessaufgabenpläne können als Basis für Arbeitspaketspezifikationen verwendet werden und Funktionendiagramme einzelner Prozesse können für die Entwicklung eines Standard-Funktionendiagramms eines Projekts und eines Standard-Projektorganigramms verwendet werden.

Standard-Projektpläne sind mehr als die Summe der Prozessbeschreibungen. Im Zuge der Zusammenführung der Prozessbeschreibungen zur Standardisierung der Projektpläne werden z. B. zusätzlich zu berücksichtigende Arbeitspakete identifizierbar und können nicht notwendige Redundanzen eliminiert werden. Abläufe sind miteinander zu verknüpfen und ergänzende Rollen sind zu definieren. Dabei entsteht ein „Big Project Picture“.

Standard-Projektpläne sind differenziert nach Projektarten zu entwickeln. Projektarten, die wiederholt in einem Unternehmen durchgeführt werden und für die eine Standardisierung sinnvoll ist, sind z. B. Auftragsabwicklungen, Produktenwicklungen oder Organisation von Events. Beispiele für Standard-Projektpläne für die Projektart „Abwicklung Anlagenbauauftrag“ sind in den Abbildungen G1.2 bis G1.5 dargestellt.

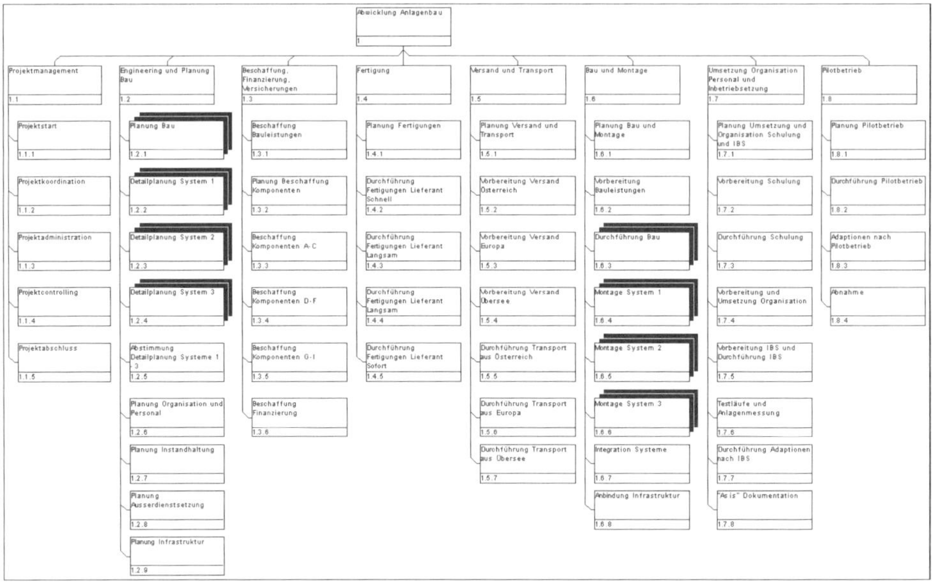

Abb. G1.2: Standard-Projektstrukturplan eines Projekts „Abwicklung Anlagenbauauftrag“

KAPITEL G

PSP	Bezeichnung	Basisplan	Aktualisierter Plan	Ist
1.1.1	Projekt gestartet			
1.2.5	Engineering abgeschlossen			
1.2.7	Dokumentation Engineering und Bau abgeschlossen			
1.3.5	Beschaffung durchgeführt			
1.4.3	Fertigung gestartet			
1.5.4	Versand durchgeführt			
1.5.6	Transporteingangskontrolle durchgeführt			
1.6.7	Integration Objekte erfolgt			
1.7.5	IBS durchgeführt			
1.8.1	Pilotbetrieb gestartet			
1.8.5	Endabnahme durchgeführt			
1.1.4	Projekt abgenommen			

Abb. G1.3: Standard-Meilensteinplan eines Projekts „Abwicklung Anlagenbauauftrag“

		Projektauftraggeber	Projektmanager	PTM Beschaffung	PTM Bauplanung	PMT Planer System 1	PTM Planer System 2	PTM Planer System 3	PTM Logistik	PTM Bau und Montage	PMA
1.1	Projektmanagement	M	D	M	M	M	M	M	M	M	
1.2	Engineering und Planung Bau										
1.2.1	Planung Bau										
1.2.1.1	Erstansatz Detailplanung Objekte 1		K		D						M
1.2.1.2	Erstansatz Detailplanung Objekte 2		K		D						M
1.2.1.3	Erstansatz Detailplanung Objekte 3		K		D						M
1.2.1.4	Abstimmung Detailplanung Objekte		K	M	D	M	M	M	M	M	M
1.2.1.5	Fertigstellung Detailplanung Objekte		K		D						M
1.2.2	Detailplanung System 1										
1.2.2.1	Detailplanung Komponente A		K			D	M	M			M
1.2.2.2	Detailplanung Komponente B		K			M	D	M			M

Legende: PTM ... Projektteammitglied, PMA ... Projektmitarbeiter

Abb. G1.4: Standard-Funktionendiagramm eines Projekts „Abwicklung Anlagenbauauftrag" (Ausschnitt)

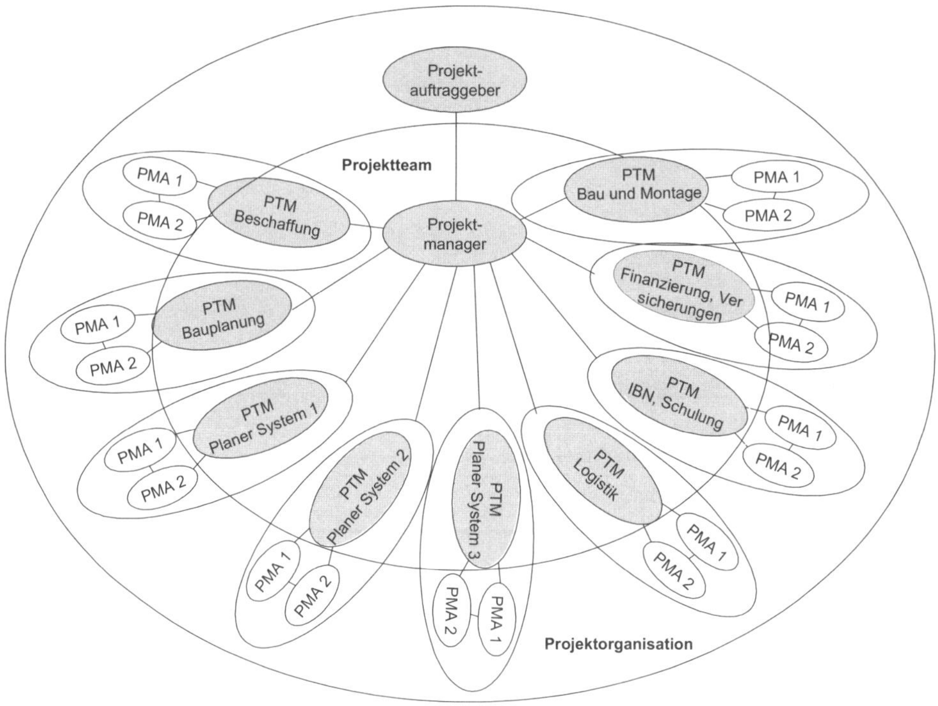

Abb. G1.5: Standard-Organigramm eines Projekts „Abwicklung Anlagenbauauftrag"

Eine weitere Differenzierungsmöglichkeit für die Entwicklung von Standard-Projektplänen sind die zu planenden, zu errichtenden oder zu organisierenden Objekte. So können z. B. für unterschiedliche Anlagenarten, für unterschiedliche Gebäudearten oder für unterschiedliche Eventarten Standard-Betrachtungsobjektpläne erstellt werden. Abbildung G1.6 zeigt einen Standard-Betrachtungsobjekteplan für eine Industrieanlage.

Standard-Projektpläne schaffen eine Grundlage zur Planung konkreter Projekte. In den Standard-Projektplänen sind zur Entwicklung spezifischer Projektpläne Ergänzungen und Streichungen vorzunehmen. Durch diese Adaptionen, durch die Berücksichtigung des jeweiligen Objekts (z. B. Schulgebäude oder Bürogebäude) und dessen spezifischer Betrachtungsobjekte sowie durch die Berücksichtigung der jeweils spezifischen relevanten Umwelten eines konkreten Projekts ergeben sich die projektspezifischen Strukturen. Auch die jeweiligen organisatorischen Rahmenbedingungen, wie z. B. die Kooperationsmöglichkeiten mit Kunden, Partnern und Lieferanten, beeinflussen die Strukturierung der konkreten Projektpläne wesentlich.

Objektart	Betrachtungsobjekt
Objekte	Halle
	Bürobau
	Lager
Infrastruktur	Grundstück
	Verkehrsanbindung
	Medienanbindung
Technische Systeme	...
Technische Komponenten	...
Aufbauorganisation	Rollen Organigramm
Prozesse	Betriebsprozess
	Instandhaltungsprozess

Abb. G1.6: Standard-Betrachtungsobjekteplan eines Projekts „Abwicklung Anlagenbauauftrag"

G 1.6 Prozesse als Betrachtungsobjekte in Projekten

Traditionell kommt Projektmanagement in technischen Projekten der Bau-, Anlagenbau- und IT-Branche zur Anwendung. In den letzten Jahren gewinnen neue Projektarten, wie z. B. Organisations-, Personal- und Marketingprojekte, an Bedeutung. Organisationsprojekte sind z. B. eine Unternehmensgründung oder die Reorganisation eines Geschäftsbereichs. In diesen neuen Projektarten sind die Organisationsstrukturen, d. h. Rollen, Organigramme und auch Prozesse, wichtige Betrachtungsobjekte. Die Rollen oder Prozesse sind im Rahmen der Projekte zu analysieren, zu planen, eventuell neu zu gestalten und umzusetzen.

Zur Sicherstellung ganzheitlicher Lösungen ist es notwendig, Organisationsstrukturen und vor allem Prozesse auch in traditionellen Projekten als Betrachtungsobjekte zu definieren. Es gibt keine rein technischen Projekte. In jedem Bau-, Anlagenbau- und IT-Projekt sind organisatorische Maßnahmen erforderlich. Zum Beispiel sind für die erfolgreiche Errichtung einer Industrieanlage neben den technischen Lösungen auch organisatorische Lösungen, wie z. B. Beschreibungen der Betriebs- und Instandhaltungsprozesse, zu schaffen.

Die in einem Anlagenbauprojekt zu betrachtenden Organisationsstrukturen werden z. B. im Standard-Betrachtungsobjekteplan eines Projekts „Abwicklung Anlagenbauauftrag" (siehe Abbildung G1.6) ersichtlich.

G 2 Zusammenhänge zwischen Prozessmanagement und Programmmanagement

G 2.1 Programmmanagement als Prozess

Analog dem Projektmanagement ist das Programmmanagement ein Prozess des prozess- und projektorientierten Unternehmens. Die Definition von Programmmanagement als Prozess bedingt eine Beschreibung des Prozesses und ermöglicht die Festlegung von messbaren Outputs. Auch Programmmanagement bekommt dadurch eine Qualität!

Die Beschreibung des Prozesses „Projektmanagement" wurde im Kapitel F.2 vorgenommen.

G 2.2 Prozessmanagement in Programmen

Durch die Einmaligkeit eines Programms für ein durchführendes Unternehmen kann es sein, dass für manche repetitive, programmspezifische Aufgaben des Programms keine Prozesse definiert und beschrieben sind. In diesem Fall sind Prozesse zu definieren und zu beschreiben. Dadurch wird ein Beitrag zum organisatorischen Lernen im Programm geleistet. Die Anwendung der definierten Prozesse in mehreren Projekten des Programms unterstützt die Integration der Projekte im Programm.

Für die definierten Prozesse sind temporäre Prozesseigentümer zu definieren. Als Mitglieder des Programmteams (siehe Abbildung G2.1) sind diese einerseits für das Design und die Umsetzung der Prozesse im Programm bzw. in den einzelnen Projekten verantwortlich, andererseits übernehmen sie auf Grund ihrer inhaltlichen Kompetenz Mitverantwortung für die Programmergebnisse. Prozesseigentümer können auch als Projektteammitglied oder Projektmitarbeiter in einzelnen Projekten des Programms die erfolgreiche Umsetzung der Prozesse sicherstellen.

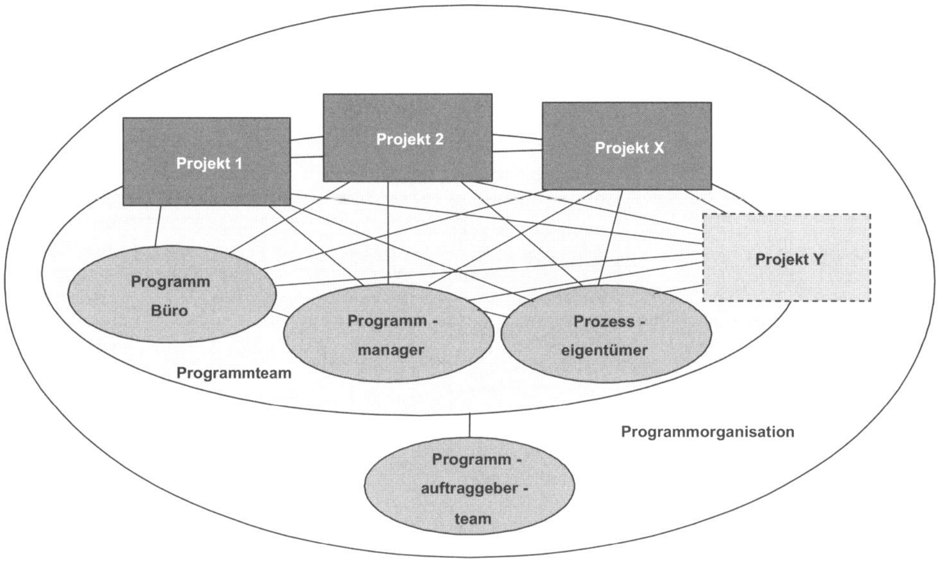

Abb. G2.1: Prozesseigentümer als Mitglieder des Programmteams

G 2.3 Fallstudie: Prozessmanagement im Programm „Infrastrukturoffensive"[2]

Strukturen des Programms „Infrastrukturoffensive"

Das Programm „Infrastrukturoffensive" des Bereichs „Immobilien" eines österreichischen Logistikunternehmens hatte zum Ziel die Revitalisierung von Immobilienobjekten. Damit sollte die Grundlage für eine wirtschaftlichere Nutzung der Immobilien geschaffen werden.

Im Programm wurden einerseits baubezogene Projekte und andererseits Projekte, die für diese baubezogenen Projekte Grundlagen schafften, durchgeführt. Das waren Strategieprojekte, Marketingprojekte und vor allem Organisationsprojekte.

Jedes Immobilienobjekt wurde in Form einer Projekte-Kette aus einem Konzeptionsprojekt, Planungsprojekt und Realisierungsprojekt revitalisiert. Im Programm wurden ca. 40 Immobilienobjekte betrachtet, das Programm zeichnet sich daher durch viele repetitive Projekte aus. Der Einsatz von Prozessmanagement zur Sicherung des organisatorischen Lernens im Programm stellte einen Erfolgsfaktor dar. Dem wurde durch die Durchführung der Projekte „Prozessstandards" und „Doku Management" Rechnung getragen. Die beiden Projekte werden im Ausschnitt des Programmstrukturplans in der Abbildung G2.2 sichtbar.

2) Vgl. Stummer, Organisational learning by documentations, IPMA congress, London, 2000

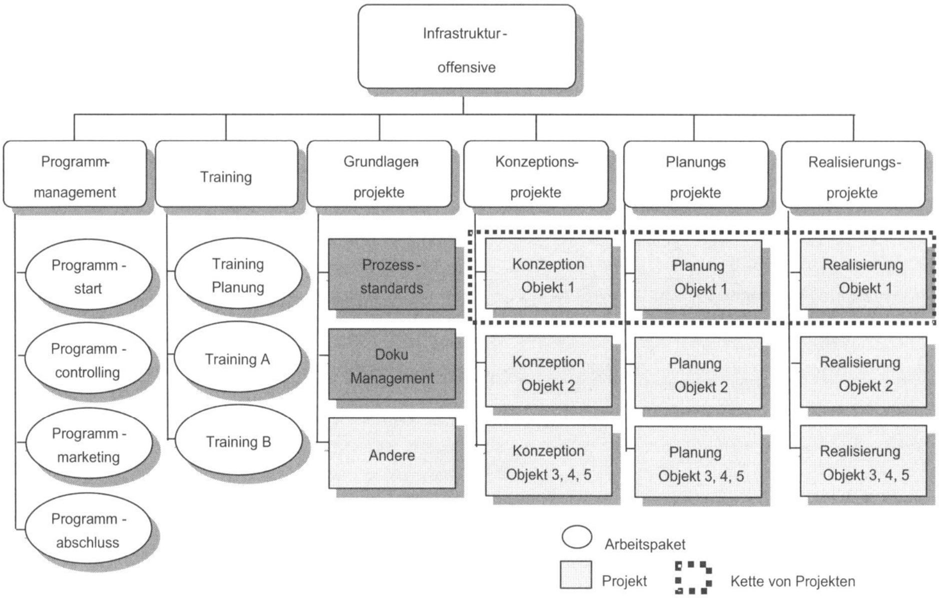

Abb. G2.2: Programmstrukturplan des Programms „Infrastrukturoffensive"

KAPITEL G

Projekt „Prozessstandards"

Zur Schaffung von Grundlagen für die Durchführung der baubezogenen Projekte wurde das Grundlagenprojekt „Prozessstandards" definiert. Ziel des Projekts war die Identifikation und Beschreibung wesentlicher programmspezifischer Prozesse (z. B. Frequenzzählung in der Immobilie oder Durchführung des Architekturwettbewerbs) sowie die Definition von Prozesseigentümern. Für die Rolle „Prozesseigentümer" war eine Rollenbeschreibung zu entwickeln. Für die Erfüllung der Prozesse waren Hilfsmittel, nämlich Formulare und Checklisten, zu erstellen.

Projekt „Doku Management"

Nach der Beschreibung wesentlicher inhaltlicher Prozesse im Projekt „Prozessstandards" wurde der Bedarf an einheitlichen Strukturen zum Management der Projekte des Programms sichtbar. Dies betraf alle Projektarten der Kette baubezogener Projekte, nämlich Konzeptionsprojekt, Planungsprojekt und Realisierungsprojekt. Jedes dieser Projekte gelangte im Programm je Objekt, daher ca. 40 Mal, zur Durchführung. Eine Entwicklung von Standard-Projektplänen erschien dem Programm Office daher sinnvoll.

Ziele des Projekts „Doku Management" waren:

- Standard-Projektpläne (Projektstrukturplan, Arbeitspaketspezifikationen) für die baubezogenen Projektarten „Konzeption", „Planung" und „Realisierung" entwickelt
- Datenbank-Lösung zur Sicherung des Zugriffs auf die Standard-Projektpläne und auf konkrete Projektergebnisse implementiert
- Ablage von Projektdokumenten in Pilotphase durchgeführt

- Trainingsleistungen zur Nutzung der Standard-Projektpläne und der Datenbank-Lösung durchgeführt

Die Abbildung G2.3 zeigt Beispiele der Ergebnisse des Projekts „Doku Management" und deren Zusammenhänge. Es sind der Standard-Projektstrukturplan des Projekts „Konzeption", die Arbeitspaketspezifikation für das Arbeitspaket „1.6.5. Erstellung Konzept Verwertung" und das Standardformular für die Erfüllung dieses Arbeitspakets dargestellt.

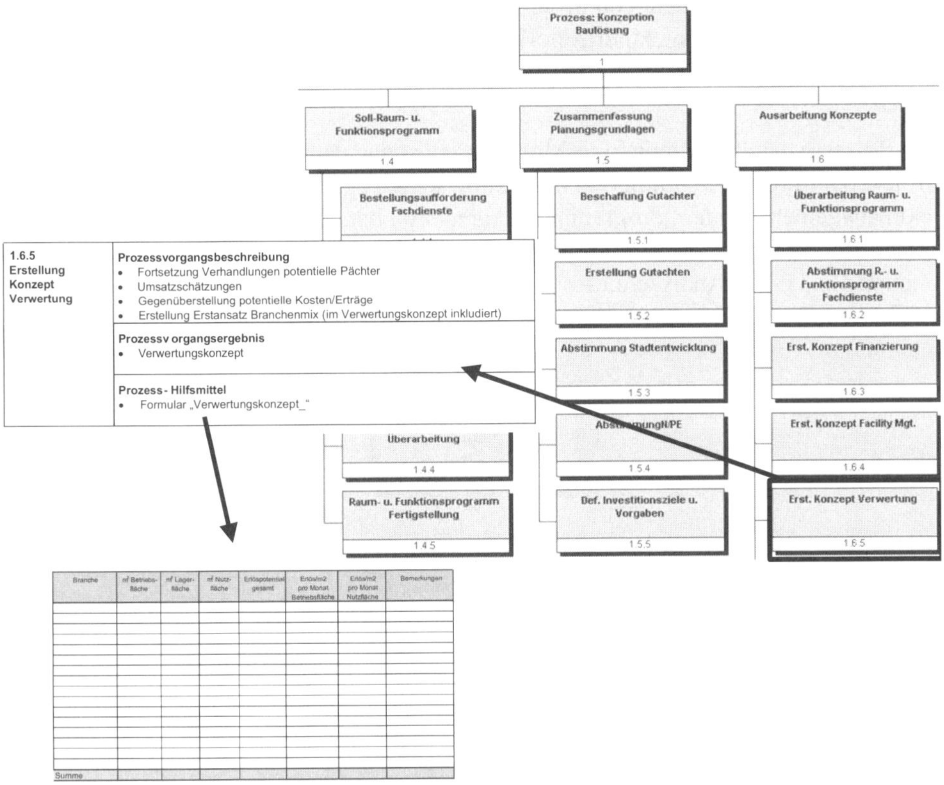

Abb. G2.3: Ergebnisse des Projekts „Doku Management"

Zusammenfassen konnten folgende Nutzen des Projekts „Doku Management" für das Programm „Infrastrukturoffensive" definiert werden:

- Standard-Projektpläne für baubezogene Projekte des Programms
- Gemeinsame Sprache im Programm
- Basis für den Vergleich der Projektergebnisse
- Steigerung der Qualität des Projekt- und Programmmanagement
- Basis für den Know-how Transfer zwischen den Projekten einer Projekte-Kette.
- Vereinfachung des Zugriffs auf bestehendes Know-how.

G 3 Zusammenhänge zwischen Prozessmanagement und Projektportfolio-Management

G 3.1 Prozesse-Netzwerk: Projektportfolio-Management

Prozesse zum Management von Projektportfolien sind die Beauftragung eines Projekts bzw. Programms, die Projektportfolio-Koordination und das Netzwerken von Projekten. Das Managen einer Projekte-Kette ist eine spezifische Form des Netzwerkens von Projekten.

Die Prozesse des Projektportfolio-Management sowie das Controlling einer von einem Projekt oder Programm initiierten Investition stellen den Kontext für den Prozess „Projektmanagement" (oder „Programmmanagement") dar. Die Darstellung der Beziehungen zwischen diesen Prozessen kann in einem Prozesse-Netzwerk erfolgen (siehe Abbildung G3.1). Die Analyse dieser Beziehungen zwischen Prozessen ist eine Aufgabe des Makro-Prozessmanagement.

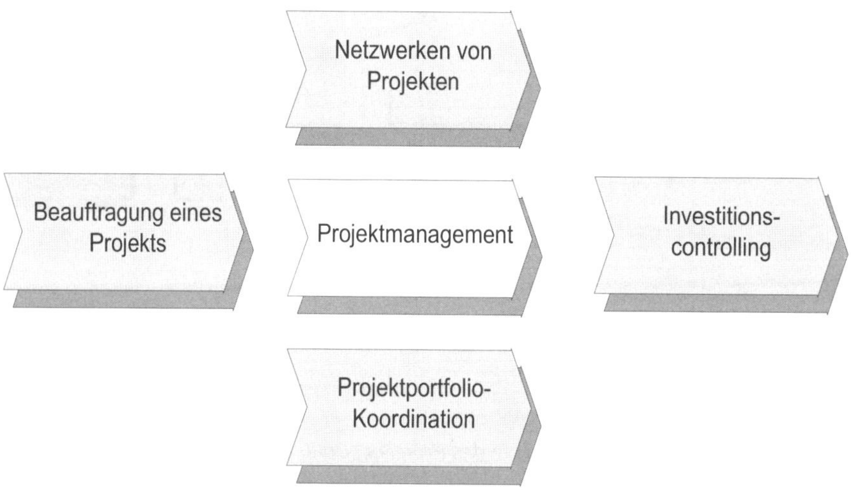

Abb. G3.1: Prozesse-Netzwerk „Projektportfolio-Management"

G 3.2 Beschreibung der Prozesse des Projektportfolio-Management

Die Prozesse zum Management von Projektportfolien, nämlich die Beauftragung eines Projekts bzw. Programms, die Projektportfolio-Koordination und das Netzwerken von Projekten sind Prozesse des prozess- und projektorientierten Unternehmens.

Die Definition der Prozesse des Projektportfolio-Management bedingt deren Beschreibung mit Prozessmanagement-Methoden (siehe Kapitel F.3).

G 3.3 Prozesse als Betrachtungsobjekte der Projektportfolio-Koordination

Ziele der Projektportfolio-Koordination sind die Abstimmung der Ziele der Projekte des Projektportfolios, die Koordination der in den Projekten eingesetzten internen und externen Ressourcen, die Organisation des Lernens von und zwischen Projekten, sowie das Festlegen von Prioritäten von Projekten.

Das organisatorische Lernen kann sich auf die Erfüllung des Projekt- und Programmmanagement aber auch auf die in Projekten und Programmen zu erfüllenden inhaltlichen Prozesse beziehen. Die Qualität der Erfüllung kann entweder indirekt über die Beurteilung der Beziehungen zu Kunden, Partnern und Lieferanten oder direkt durch Messung der Prozessqualitäten erfolgen.

Ein zentrales Instrument der Projektportfolio-Koordination ist die Project Portfolio Score Card.[3] In einer erweiterten Version dieser Score Card von Jankulik und Piff werden die Prozesse der Abwicklung von Anlagenbauaufträgen explizit in der Score Card berücksichtigt und gescored (siehe Abbildung G3.2). Es handelt sich dabei um die Prozesse Projektmanagement, Engineering, Beschaffung/Logistik, Montage/Supervision, Inbetriebnahme/Schulung und Pilotbetrieb.

Prozesse stellen daher explizite Betrachtungsobjekte der Projektportfolio-Koordination dar.

KAPITEL
G

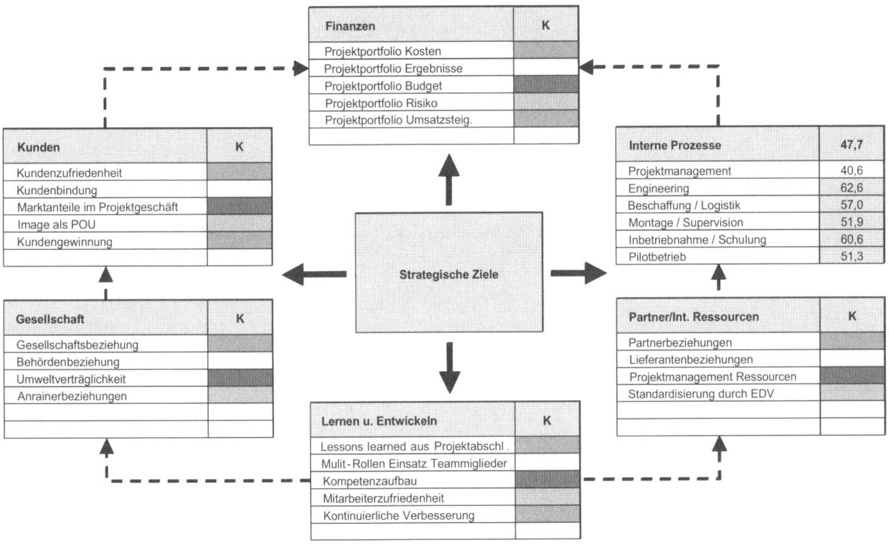

Abb. G3.2: Modell der Project Portfolio Score Card von Jankulik und Piff[4]

3) Vgl. Gareis, Happy Projects, Manz, Wien, 2005, Kapitel I.3
4) Vgl. Jankulik, Kuhlang, Piff, Projektmanagement und Prozessmessung, Publicis Corporate Publishing, Erlangen, 2005

Literatur

Gareis, R., (Happy Projects) Happy Projects!, 2. Auflage, Manz, Wien, 2005

Jankulik, E., Kuhlang, P., Piff, R., (Projektmanagement und Prozessmessung) Projektmanagement und Prozessmessung – die Balanced Scorecard im projektorientierten Unternehmen, Publicis Corporate Publishing, Erlangen, 2005

Stummer, M., (Organisational learning by documentations) Organisational learning by documentations), Präsentation, IPMA congress, London, 2000

H

Organisationsstrukturen des prozess- und projektorientierten Unternehmens

Prozess- und projektorientierte Unternehmen haben spezifische Organisationsstrukturen. Prozessbezogene Rollen sind Prozesseigentümer, Prozessmanagement-Team und PzM Office, projektbezogene Rollen sind Projekt- bzw. Programmauftraggeber, Projekt- bzw. Programmmanager, Projektteammitglied und Projektmitarbeiter, Projektportfolio Group und PM Office.

Diese Rollen sind in Organigrammen zu visualisieren, auch Projekte und Programme als temporäre Organisationen sind in Organigrammen darzustellen. Durch diese Symbolik wird die Prozess- und Projektorientierung eines Unternehmens ausgedrückt. Zur Institutionalisierung des Prozessmanagement sowie des Projekt-, Programm- und Projektportfoliomanagement bedarf es auch spezifischer Kommunikationsstrukturen, wie z. B. der Prozesscontrolling-Sitzung und der Projektportfolio-Sitzung.

Potenziale zur Integration prozess- und projektorientierter Organisationsstrukturen können genutzt werden. Es gibt z. B. Best Practices bezüglich der gemeinsamen Erfüllung der Aufgaben des PzM Office und des PM Office oder bezüglich des gemeinsamen Einsatzes von Hilfsmittel, wie z. B. einer um die Dimension „Prozesse" erweiterte Project Portfolio Score Card.

H Organisationsstrukturen des prozess- und projektorientierten Unternehmens

Inhalt

H 1 Organisationsstrukturen zur Umsetzung der Prozessorientierung

Folgend werden einerseits grundsätzliche Formen der prozessorientierten Organisation und andererseits die Rollen, das Organigramm und die Kommunikationsstrukturen zur Umsetzung der Prozessorientierung beschrieben.

H 1.1 Formen der prozessorientierten Organisation

In der Literatur (z. B. Schmelzer/Sesselmann[1]) finden sich folgende Formen der prozessorientierten Organisation: Funktionalorganisation, Einflussprozessorganisation, Matrixprozessorganisation und reine Prozessorganisation.

Die Differenzierung dieser Organisationsformen erfolgt auf Grund der Entscheidungsbefugnisse des Prozesseigentümers. Die Entscheidungsbefugnisse des Prozesseigentümers bezüglich der Gestaltung eines Prozesses werden in Relation zu den Entscheidungsbefugnissen der Verantwortlichen von Funktionsbereichen (z. B. Beschaffung, Lager, Produktion, etc.) der Linienorganisation betrachtet.

Funktionalorganisation

In der Funktionalorganisation wird zum Management funktionsbereichs-übergreifender Prozesse keine spezifische aufbauorganisatorischer Struktur in der Form von Prozesseigentümern geschaffen. Entscheidungsbefugnisse bezüglich der Gestaltung von Prozessen sind nicht explizit geregelt. Funktionsinterne Prozesse werden implizit durch die funktional Verantwortlichen betrachtet, jedoch keinem Prozessmanagement unterzogen. Schnittstellen zwischen den Funktionsbereichen werden über die Hierarchie gemanagt.

Einflussprozessorganisation

Die dominierende Struktur in der Einflussprozessorganisation ist die Funktionalorganisation. Prozessmanagement wird informell wahrgenommen. Prozesseigentümer oder „Prozesskoordinatoren" wenden Methoden des Prozessmanagement informell an. Durch prozessbezogene Kommunikationen (z. B. Durchführung von Qualitätszirkel zur Beschreibung und Optimierung von Prozessen) wird eine informelle Prozessorientierung im Unternehmen erreicht.

Die Prozesseigentümer haben keine Entscheidungsbefugnisse. Formal können Veränderungen bezüglich der Gestaltung der Prozesse nur durch die Funktionsbereiche veranlasst werden.

Matrixprozessorganisation

In der Matrixprozessorganisation stellen Prozesse ein explizites Element des organisatorischen Designs dar, gleichrangig mit anderen Matrixdimensionen wie z. B. Funktio-

1) Vgl. Schmelzer, Sesselmann, Geschäftsprozessmanagement in der Praxis, Carl Hanser Verlage, München/Wien, 2004

nen, Produkte, Divisionen oder Regionen. Dementsprechend gibt es folgende Arten von Matrixprozessorganisationen:

- Prozessorientierte Funktionalorganisation
- Prozessorientierte Produktorganisation
- Prozessorientierte Divisionalorganisation
- Prozessorientierte Regionalorganisation.

Die prozessbezogenen Entscheidungsbefugnisse sind zwischen Prozesseigentümer und Funktions-, Produkt-, Divisions- oder Regionalmanager aufgeteilt. Die konkrete Aufteilung der Befugnisse ist abhängig vom gewünschten Ausmaß der Prozessorientierung. Die Prozesseigentümer können entweder mehr oder weniger Entscheidungsbefugnisse übertragen bekommen. Hier kann bei Bedarf nach Prozessarten differenziert werden.

In der Matrixprozessorganisation werden die Befugnisse im Prozessmanagement verteilt. Die Verantwortung für die Durchführung der Prozesse liegt in jedem Fall bei den Funktionsbereichen. Bezüglich der Gestaltung der Prozesse haben die Prozesseigentümer Entscheidungsbefugnisse hinsichtlich der Abgrenzung und Strukturierung der Prozesse, sowie der Planung der Abläufe, der Dauern und der Kennzahlen. Die jeweilige Funktions-, Produkt-, Divisions- oder Regionalmanager haben Entscheidungsbefugnisse hinsichtlich der einzusetzenden Ressourcen und der Methoden zur Erfüllung der einzelnen Aufgaben.

In der Abbildung H1.1 ist eine Matrixprozessorganisation schematisch dargestellt, Abbildung H1.2 zeigt ein konkretes Beispiel einer Matrixprozessorganisation eines Non-Profit Unternehmens.

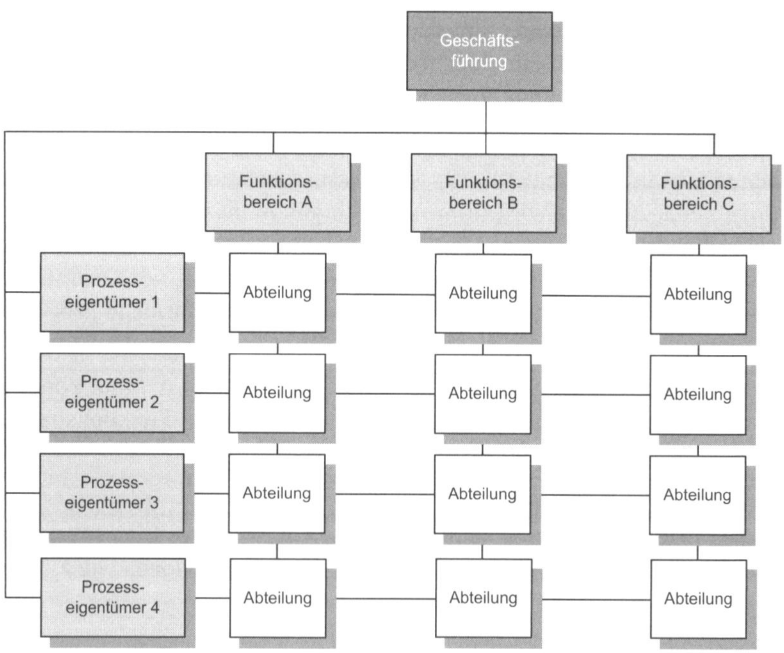

Abb. H1.1: Matrixprozessorganisation (schematisch)

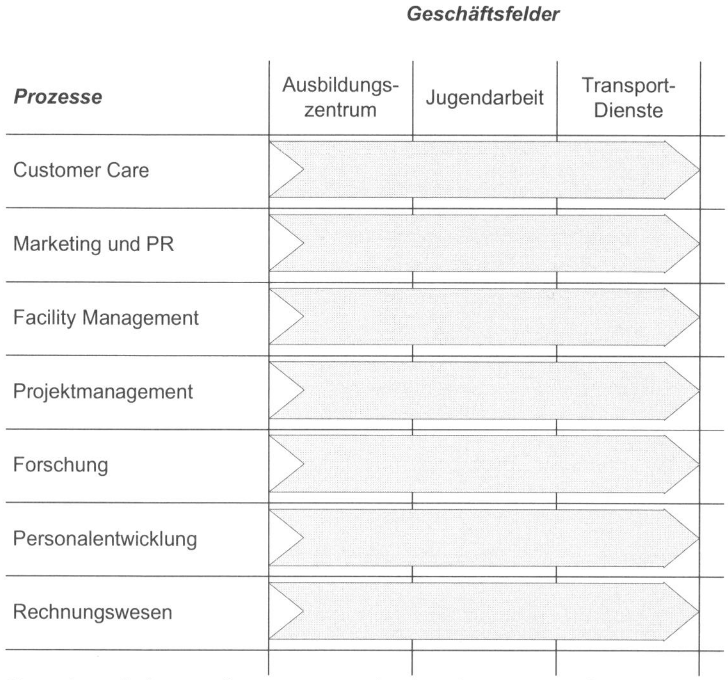

Abb. H1.2: Ausschnitt: Matrixprozessorganisation eines Non-profit Unternehmens

In beiden dargestellten Matrixprozessorganisationen werden die Prozesseigentümer sichtbar gemacht. Durch die gewählten Symbole wird eine Gleichwertigkeit zwischen Prozessorientierung und Funktionsorientierung ausgedrückt. Die Darstellungen entsprechen aber nicht der klassischen Interpretation der Matrixorganisation, da die Prozesseigentümer keine operative Verantwortung für die Erfüllung der Prozesse haben.

Die Linien von den Prozesseigentümern zu den für die Erfüllung der Prozessaufgaben Verantwortlichen symbolisieren nur die Prozessmanagementaufgaben der Prozesseigentümer.

Stark zum Ausdruck kommt die Prozessorientierung eines Unternehmens durch die Darstellung der Prozesse mit Blockpfeilen im Organigramm (siehe Abbildung H1.3). Bei dieser Darstellungsform handelt es sich aber auch um eine Matrixprozessorganisation.

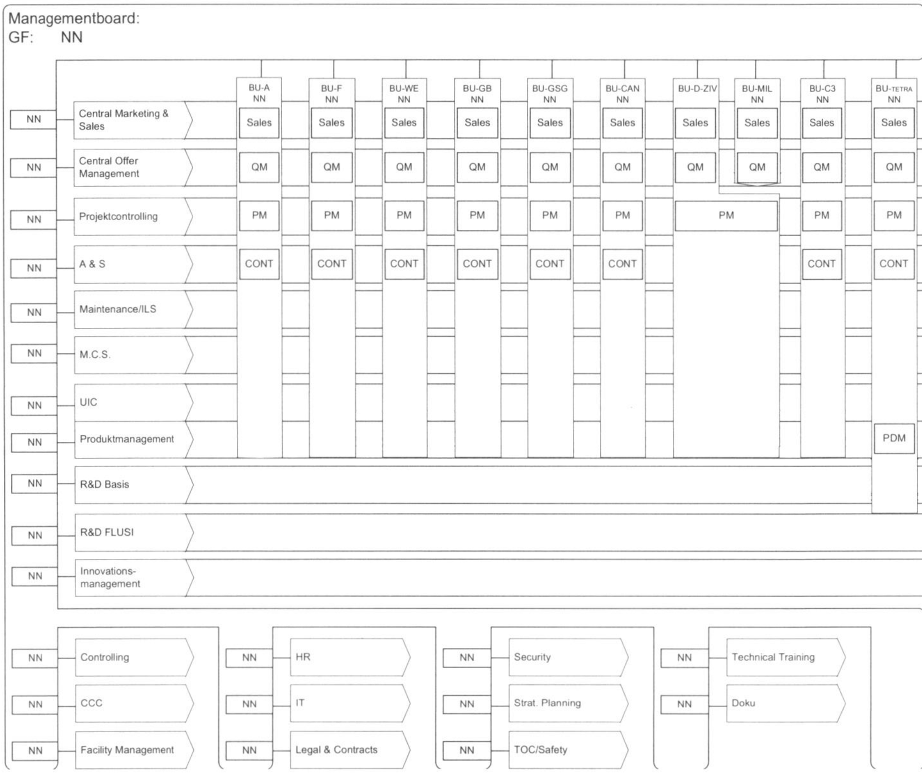

Abb. H1.3: Matrixprozessorganisation eines Anlagenbauunternehmens (mit dargestellten Prozessen)

Durch die Darstellung von Prozessen im Organigramm wird die Prozessorientierung eines Unternehmens vermittelt. In der Interpretation eines solchen Organigramms ist zu berücksichtigen, dass meist keine konkreten Prozesse abgebildet werden. Wenn man Prozesse horizontal zu den Profit Centers darstellt (siehe Abbildung H1.3), wird das Bild gemeinsamer Abläufe vermittelt, obwohl meist nicht mehrere Profit Centers (z. B. unterschiedlicher Regionen) bei der Erfüllung der Prozesse mitwirken. Die Darstellung soll nur die Verantwortung der Prozesseigentümer für die Sicherung einheitlicher Prozesse der verschiedenen Profit Centers vermitteln.

Reine Prozessorganisation

In der Reinen Prozessorganisation stellen Prozesse zentrale Elemente der Unternehmensorganisation dar. Die Organisation ist nach Prozessen strukturiert. Für die wesentlichen Prozesse werden Prozessteams etabliert, die relativ autonom für das Prozessmanagement und auch für die Prozesserfüllung verantwortlich sind. Statt Funktionsbereichen stehen Ressourcenpools, aus denen die benötigten personellen Ressourcen für die Prozesse disponiert werden, zur Verfügung.

Ein wesentlicher Beitrag zum Modell der Reinen Prozessorganisation wurde durch Osterloh/Frost geleistet. In ihrem Modell wird die Organisationsstruktur an den Kernprozessen und wesentlichen Supportprozessen orientiert. Zur Unterstützung sind Zentralstellen (Finanzen, Recht, etc.) eingerichtet (siehe Abbildung H1.4).[2]

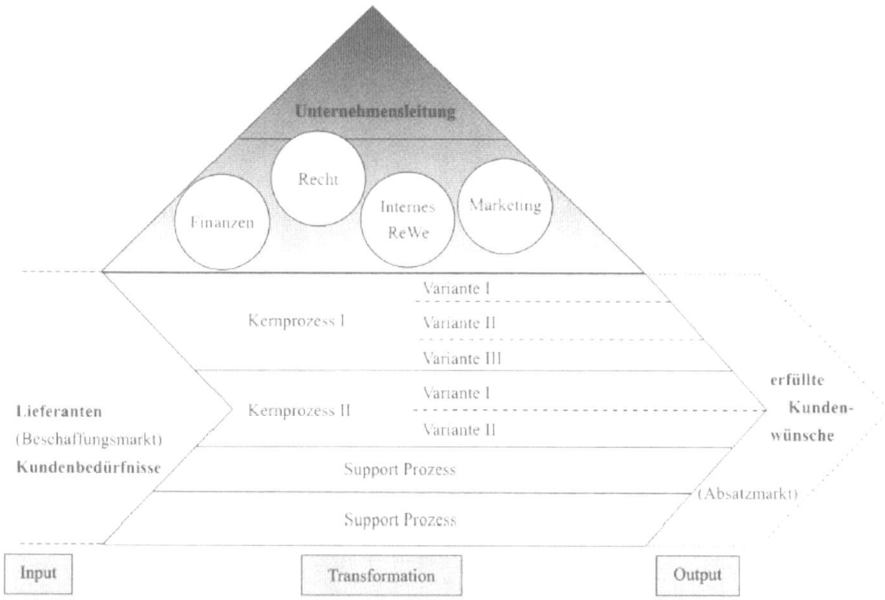

Abb. H1.4: Reine Prozessorganisation

2) Vgl. Osterloh, Frost, Prozessmanagement als Kernkompetenz, Gabler, Wiesbaden, 1996

In Abbildung H1.5 ist ein Organigramm eines Anlagenbauunternehmens als Reine Prozessorganisation dargestellt.

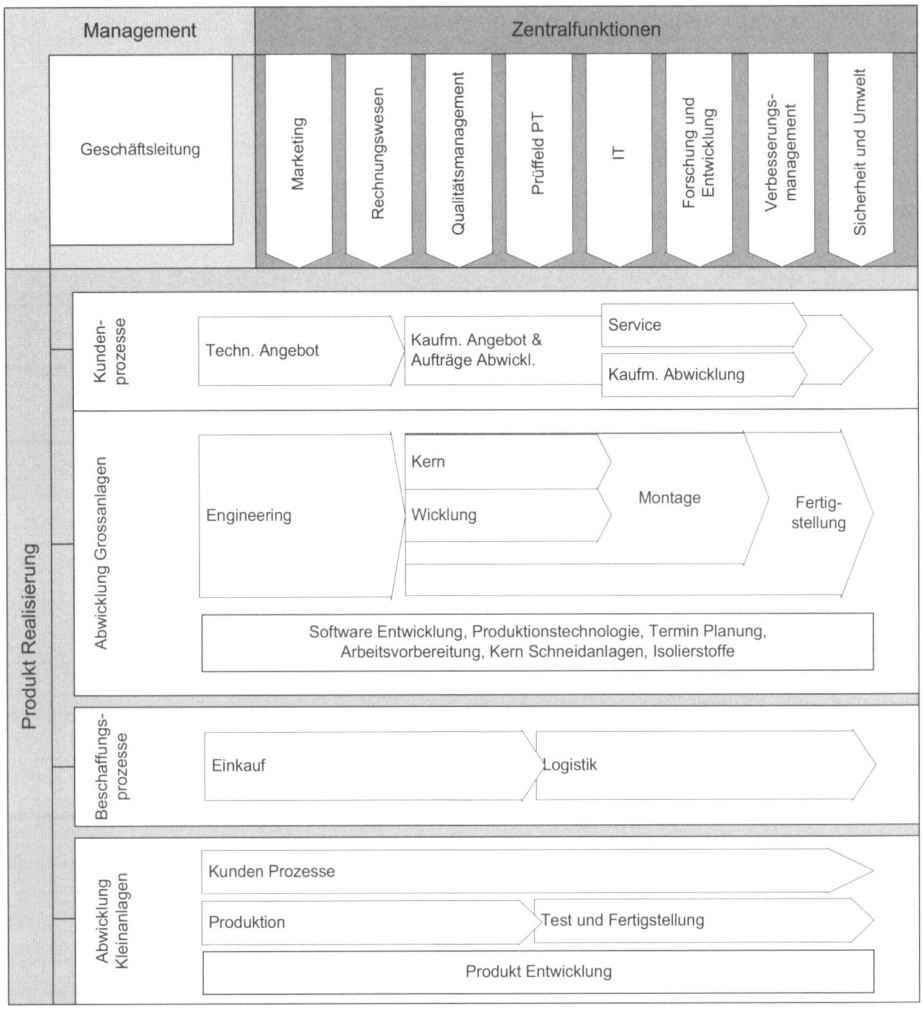

Abb. H1.5: Organigramm eines Anlagenbauunternehmens (Reine Prozessorganisation)

Vorteile der in den Abbildungen H1.4 und H1.5 dargestellten Reinen Prozessorganisationen sind die Visualisierungen der Prozesse und der Prozesseigentümer im Organigramm. Diesbezüglich wird eine hohe Transparenz geschaffen.

Da die Darstellung einer Prozesslandkarte entspricht, geht aber auch Information, die die eigentliche Aussagekraft von Organigrammen ausmacht, verloren (z. B. Mitarbeiter für die Erfüllung der Prozesse und Kommunikationsbeziehungen). Manchmal entspricht diese Darstellung nicht der gelebten Praxis von Unternehmen, sondern nur einer um 90° gedrehten Funktionalorganisation. Diese Art von Informationsvermittlung wäre manipulativ.

Formen der prozessorientierten Organisation in der Praxis

Die Prozessorientierung gewinnt in vielen Unternehmen an Bedeutung. Trotzdem sind Formalisierungen und Symbolisierungen von Prozessen und Prozesseigentümern in Organigrammen und Rollenbeschreibungen nur in geringem Ausmaß implementiert.

Prozesseigentümer werden manchmal etabliert aber noch mit wenigen Entscheidungsbefugnissen versehen. Es sind traditionelle, vertikale Darstellungen von Organigrammen üblich, die Visualisierungen von Prozessen und von Prozesseigentümern in Organigrammen gewinnen aber an Bedeutung.

H 1.2 Rollen zur Umsetzung der Prozessorientierung

Rollen zur Umsetzung der Prozessorientierung sind einerseits Rollen zur Erfüllung der Prozesse und andererseits Rollen zum Prozessmanagement. Die Rollen zur Erfüllung der Prozesse sind abhängig von der jeweiligen Geschäftstätigkeit eines Unternehmens. Sie werden daher hier nicht betrachtet.

Die in jedem prozess- und projektorientierten Unternehmen benötigten Rollen zum Prozessmanagement sind Prozesseigentümer, Prozessmanagement-Team und Prozessmanagement Office. Diese werden folgend hinsichtlich ihrer Ziele, Aufgaben und organisatorischer Integration beschrieben.

Rolle: Prozesseigentümer

Ziele und Aufgaben des Prozesseigentümers

Der Prozesseigentümer nimmt eine zentrale Rolle im Prozessmanagement ein. Ihm fallen die Aufgaben des Mikro-Prozessmanagement zu. Die Rolle „Prozesseigentümer" sieht zwar keine inhaltliche Mitarbeit bei der Erfüllung eines Prozesses vor, meist sind aber Personen, welche die Rolle „Prozesseigentümer" wahrnehmen inhaltliche Experten, die gleichzeitig auch eine Rolle in der Prozessdurchführung haben. So ist z. B. der Prozesseigentümer des Prozesses „Engineering" eines Anlagenbauunternehmens auch in Entscheidungen in der Erfüllung des Engineeringprozesses involviert.

Der Prozesseigentümer plant – eventuell unter Einbezug eines Prozessmanagement-Teams – den Prozess, d. h. er erstellt die Prozessabgrenzung, den Prozessstrukturplan, eine Prozessablaufplanung und gestaltet die Prozessorganisation. Weiters plant und vereinbart er Prozesskennzahlen und diesbezügliche Prozessziele. Der Prozesseigentümer ist für die Durchführung von Maßnahmen zur Implementierung und zum Marketing eines Prozesses verantwortlich. Darunter fallen z. B. Dokumentation des Prozesses, die Organisation von Schulungen und die Durchführung von Präsentationen.

Im Controlling des Prozesses ist der Prozesseigentümer für die Ist-Datenerfassung, die Erstellung von Abweichungsanalysen und die Erstellung von Berichten verantwortlich. Die Vereinbarung von Maßnahmen zur Prozessoptimierung fällt ebenfalls in seinen Aufgabenbereich.

In der Erfüllung seiner Aufgaben ist der Prozesseigentümer an die Prozessmanagement-Standards des Unternehmens gebunden. Wenn diese Freiräume, z. B. bezüglich des Methodeneinsatzes im Mikro-Prozessmanagement, lassen, sind diesbezügliche Entscheidungen durch den Prozesseigentümer zu treffen.

Eine Rollenbeschreibung des Prozesseigentümers findet sich in Abbildung H1.6. Darin werden die Ziele, die organisatorische Stellung, die Aufgaben, die Umweltbeziehungen und die formalen Weisungsbefugnisse idealtypisch dargestellt. Diese Rollenbeschreibung ist für eine konkrete Unternehmenssituation zu adaptieren.

Rolle: Prozesseigentümer
Ziele
• Zuständigkeit für das Mikro-Prozessmanagement eines Prozesses
• Abstimmung der Beziehungen zu anderen Prozessen
• Eventuell: Leitung des Prozessmanagement-Teams
• Nicht-Ziel: Durchführung des Prozesses
Organisatorische Stellung
• Wird von der Geschäftsführung eingesetzt
• Berichtet der Geschäftsführung und dem PzM Office
• Eventuell: Leitet das Prozessmanagement-Team
Aufgaben
• Prozessabgrenzung
• Erstellung der Prozessstrukturplan, Prozessablaufplanung, Prozessorganisationsplanung
• Definition von Prozesskennzahlen
• Umsetzung der Prozessmanagement-Standards des Unternehmens
• Controlling des Prozesses
• Optimierung des Prozesses
• Dokumentation des Prozesses
• Abstimmung von Beziehungen zu anderen Prozessen
• Kommunikation von Veränderungen des Prozesses
Umweltbeziehungen
• Prozessdurchführende, Führungskräfte des Unternehmens, Geschäftsführung, andere Prozesseigentümer, Mitglieder des Prozessmanagement-Teams, PzM Office
Formale Weisungsbefugnisse
• Entscheidungen bezüglich der Gestaltung des Prozesses • Einberufen von Sitzungen des Prozessmanagement-Teams

Abb. H1.6: Rollenbeschreibung „Prozesseigentümer“

Kompetenzen des Prozesseigentümers

Die Rolle „Prozesseigentümer" ist im Regelfall keine Vollzeittätigkeit, sondern kann mit anderen Rollen im Unternehmen kombiniert werden. Die Rolle wird in der Regel von inhaltlichen Experten besetzt.

Zur Erfüllung der Aufgaben eines Prozesseigentümers sind entsprechende Kompetenzen notwendig. Neben inhaltlichen Kompetenzen zur Erfüllung eines Prozesses sind Prozessmanagement-Kompetenzen und soziale Kompetenzen zur Führung des Prozessmanagement-Teams notwendig.

Organisatorische Eingliederung des Prozesseigentümers

In Abhängigkeit von der Größe eines Unternehmens können Prozesseigentümer organisatorisch unterschiedlich eingegliedert werden. In kleinen Unternehmen werden Prozesseigentümer in der Regel direkt der Geschäftsführung berichten. In großen Unternehmen können Prozesseigentümer den Geschäftsbereichs- oder Profit Zentrums-Leitern zugeordnet sein.

In großen Unternehmen kann für bereichsübergreifende Prozesse eine Kombination eines zentralen mit mehreren dezentralen Prozesseigentümern (z. B. je Profit Zentrum) sinnvoll sein. Die dezentralen Prozesseigentümer sind hinsichtlich ihrer Entscheidungen an den zentralen Prozesseigentümer gebunden, haben aber die Möglichkeit, Profit Zentren spezifische Anpassungen der Prozesse vorzunehmen. Sie sind auch für die dezentrale Umsetzung der Prozesse verantwortlich.

Wenn in einem Unternehmen ein PzM Office existiert können alle Prozesseigentümer zur Koordinationszwecken in einem Prozesseigentümer-Pool zusammengefasst werden. In diesem „virtuellen" Pool werden Personen, die für die Erfüllung der Aufgaben des Prozesseigentümers qualifiziert und nominiert sind, sichtbar. Im Rahmen des Pools kann ein regelmäßiger Erfahrungsaustausch organisiert werden.

Rolle: Prozessmanagement-Team

Ziele und Aufgaben des Prozessmanagement-Teams

Für einen umfangreichen Prozess kann es notwendig sein, ein Prozessmanagement-Team zu etablieren. Aufgaben des Prozessmanagement-Teams sind die Unterstützung des Prozesseigentümers in der Planung und beim Controlling eines Prozesses. Mitglieder des Prozessmanagement-Teams können im Prozesscontrolling eigene Erfahrungen aus der Erfüllung des Prozesses einbringen und Prozessoptimierungen mitgestalten.

Eine idealtypische Rollenbeschreibung eines Prozessmanagement-Teams ist in der Abbildung H1.7 dargestellt. Diese Rollenbeschreibung ist für eine konkrete Unternehmenssituation zu adaptieren.

Rolle: Prozessmanagement-Team
Ziele
• Unterstützung des Prozesseigentümers im Mikro-Prozessmanagement
• Nicht-Ziel: Durchführung des Prozesses
Organisatorische Stellung
• Wird von der Geschäftsführung eingesetzt
• Prozesseigentümer ist Mitglied des Prozessmanagement Teams
Aufgaben
• Mitarbeit bei der Prozessabgrenzung
• Mitarbeit bei der Erstellung des Prozessstrukturplans, Prozessablaufplans, Prozessorganisationsplans
• Mitarbeit bei der Definition von Prozesskennzahlen
• Mitarbeit im Controlling des Prozesses
• Mitarbeit bei der Optimierung des Prozesses
Umweltbeziehungen
• Prozessdurchführende, Führungskräfte des Unternehmens, Geschäftsführung, Prozesseigentümer, PzM Office
Formale Weisungsbefugnis
• keine

Abb. H1.7: Rollenbeschreibung „Prozessmanagement-Team"

KAPITEL H

Kompetenzen des Prozessmanagement-Teams

Ein Prozessmanagement-Team setzt sich aus Mitarbeitern, die bei der Erfüllung eines Prozesses mitarbeiten, zusammen. Dadurch werden die zur Planung und zum Controlling des Prozesses notwendigen Kompetenzen gesichert. Die Einbindung von Prozessdurchführenden in das Prozessmanagement-Team sichert auch die Akzeptanz der erarbeiteten Lösungen.

Organisatorische Eingliederung des Prozessmanagement-Teams

Der Prozesseigentümer ist Leiter des jeweiligen Prozessmanagement-Teams. Die organisatorische Eingliederung des Prozessmanagement-Teams ist daher von der organisatorische Positionierung des Prozesseigentümers abhängig.

Rolle: Prozessmanagement Office (PzM Office)

Ziele und Aufgaben des PzM Office

Mit der zunehmenden Bedeutung von Prozessen in Unternehmen entsteht ein Bedarf zur Professionalisierung des Prozessmanagement. Individuelle, kollektive und organisatorische Kompetenzen im Prozessmanagement sind zu sichern. Das PzM Office entspricht diesen Anforderungen in institutionalisierter Form.

Aufgaben eines PzM Office sind die Durchführung des Makro-Prozessmanagement sowie die Sicherung eines professionellen Mikro-Prozessmanagement im Unternehmen.

Das PzM Office führt das Makro-Prozessmanagement gemeinsam mit Führungskräften des Unternehmens durch. Ergebnisse des Makro-Prozessmanagement sind Prozesslisten, Prozesslandkarten, Prozesse-Netzwerke, Liste der Prozesseigentümer, etc.

Zur Sicherung der Prozessmanagement-Qualität definiert das PzM Office Standards für das Mikro-Prozessmanagement und kontrolliert deren Umsetzung. Das PzM Office kann Prozesseigentümer bei der Erfüllung der Aufgaben des Mikro-Prozessmanagement durch Moderations- und Dokumentationsleistungen unterstützen. Der Pool der Prozesseigentümer kann dem PzM Office zugeordnet sein. Der Manager des PzM Office erfüllt in diesem Fall Koordinationsaufgaben für die Poolmitglieder.

Durch die Organisation von Maßnahmen zur Personalentwicklung schafft das PzM Office die notwendigen personellen Kompetenzen, durch das Beschaffen entsprechender SW-Lösungen schafft es die infrastrukturellen Voraussetzungen für ein professionelles Prozessmanagement.

Die Rollenbeschreibung des PzM Office in idealtypischer Form ist in der Abbildung H1.8 dargestellt. Diese Rollenbeschreibung ist für eine konkrete Unternehmenssituation zu adaptieren.

Rolle: PzM Office
Ziele
• Durchführung des Makro-Prozessmanagement
• Sicherung der Qualität des Mikro-Prozessmanagement
• Nicht-Ziel: Mikro-Prozessmanagement für einzelne Prozesse
Organisatorische Stellung
• Wird von der Geschäftsführung eingesetzt
• Berichtet der Geschäftsführung
Aufgaben
• Identifikation von Prozessen, Definition von Prozesse-Ketten (gemeinsam mit Führungskräften)
• Definition von Standards für das Mikro-Prozessmanagement
• Kontrolle der Umsetzung der Standards für das Mikro-Prozessmanagement
• Unterstützung der Prozesseigentümer im Mikro-Prozessmanagement
• Organisation von Maßnahmen zur Personalentwicklung zum Prozessmanagement
• Sicherstellung der Infrastruktur für das Prozessmanagement
Umweltbeziehungen
• Prozesseigentümer, Geschäftsführung, Führungskräfte, Prozessmanagement-Teams
Formale Weisungsbefugnis
• Definition der Standards zum Mikro-Prozessmanagement

Abb. H1.8: Rollenbeschreibung „Prozessmanagement Office“

Kompetenzen des PzM Office

In Abhängigkeit von der Größe des Unternehmens ist das PzM Office durch Teilzeit- oder Vollzeit-Personal zu besetzen. Zur Erfüllung der Aufgaben im PzM Office sind fundierte Prozessmanagement-Kompetenzen und soziale Kompetenzen erforderlich.

Organisatorische Eingliederung des PzM Office

Grundsätzlich kann ein PzM Office entweder als Stabstelle oder als Service Zentrum in einem Unternehmen positioniert werden. Der Status des PzM Office als Service Zentrum setzt die Definition von Dienstleistungen und deren aktive Vermarktung im Unternehmen voraus. Als Stabstelle bedient sich das PzM Office informeller Strukturen zur Umsetzung des Prozessmanagement. Als Stabstelle kann ein PzM Office in Abhängigkeit von der Unternehmensgröße entweder der Geschäftsführung (bei kleinen Unternehmen) oder einem Profit Zentrums-Leiter (bei großen Unternehmen) zugeordnet werden.

Internationale Konzerne haben manchmal ein PzM Office auf Konzernebene, das in der operationalen Umsetzung des Prozessmanagement durch regionale PzM Offices unterstützt wird. Die Abstimmung zwischen den regionalen PzM Offices zur Sicherung einer einheitlichen Vorgehensweise erfolgt durch das zentrale PzM Office.

Aus der Abbildung H1.9 ist die organisatorische Eingliederung eines PzM Office eines Telekommunikationsunternehmens ersichtlich.

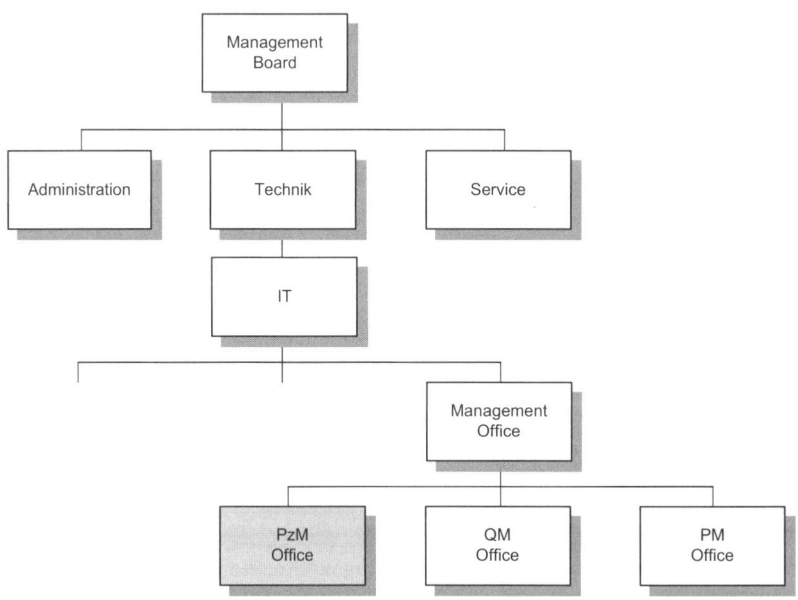

Abb. H1.9: Organisatorische Eingliederung des PzM Office eines österreichischen Telekommunikationsunternehmens

Im Management Office des Telekommunikationsunternehmens sind das PzM Office, das QM Office und das PM Office zusammengefasst. Die organisatorische Eingliederung des Management Office – und damit auch des PzM Office – in den IT-Bereich ist geschichtlich begründet. Der IT-Bereich war „Vorreiter" zu den Themen Prozessmanagement, Qualitätsmanagement und Projektmanagement. Trotz dieser organisatorischen Positionierung verstehen sich das PzM Office und auch die anderen Offices als Dienstleister für das gesamte Unternehmen.

Rolle: Führungskraft (im prozess- und projektorientierten Unternehmen)

Führungskräfte prozess- und projektorientierter Unternehmen sind außer dem Vorstand bzw. der Geschäftsführung unter anderen die Funktions-, Produkt-, Divisions- oder Regionsmanager. Zur Umsetzung des Prozessmanagement in Unternehmen ist eine Zusammenarbeit der Prozesseigentümer und des PzM Office mit den Führungskräften des Unternehmens erforderlich.

Aufgaben des Prozessmanagement, die Prozesseigentümer und das PzM Office gemeinsam mit Führungskräften zu erfüllen haben, sind:

- das Makro-Prozessmanagement
- die Umsetzung von Prozessen in den jeweiligen Organisationseinheiten
- eventuell die Mitarbeit in Prozessmanagement-Teams
- das gemeinsame Prozesscontrolling.

Diese Aufgaben sollten sich daher auch in den Rollenbeschreibung von Führungskräften prozess- und projektorientierter Unternehmen finden. Zur Erfüllung dieser Aufgaben benötigen Führungskräfte Kompetenzen im Prozessmanagement.

H 1.3 Organigramm zur Darstellung der Prozessorientierung

Beim Designen des Organigramms können zur Darstellung der Prozessorientierung eines Unternehmens unterschiedliche Möglichkeiten bezüglich der organisatorischen Eingliederungen des PzM Office und des Pools der Prozesseigentümer berücksichtigt werden. In den Organigrammen in der Abbildung H1.10 sind diesbezügliche Alternativen dargestellt.

KAPITEL H

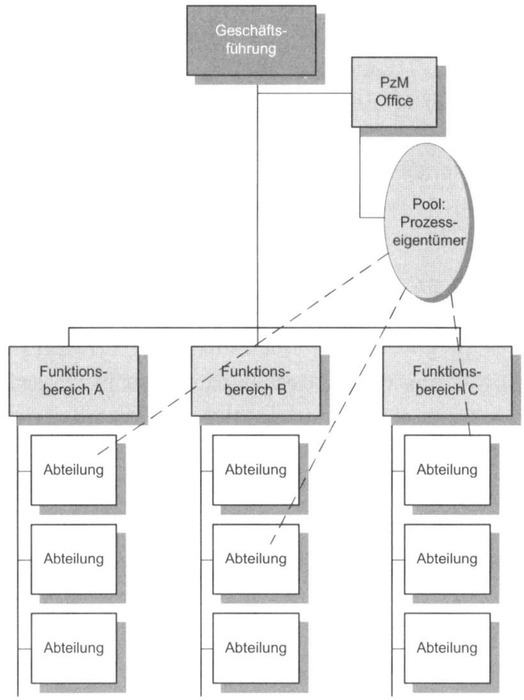
Geschäfts-
führung
PzM
Office
Pool:
Prozess-
eigentümer
Funktions-
bereich A
Funktions-
bereich B
Funktions-
bereich C
Abteilung
Abteilung
Abteilung
Abteilung
Abteilung
Abteilung
Abteilung
Abteilung
Abteilung

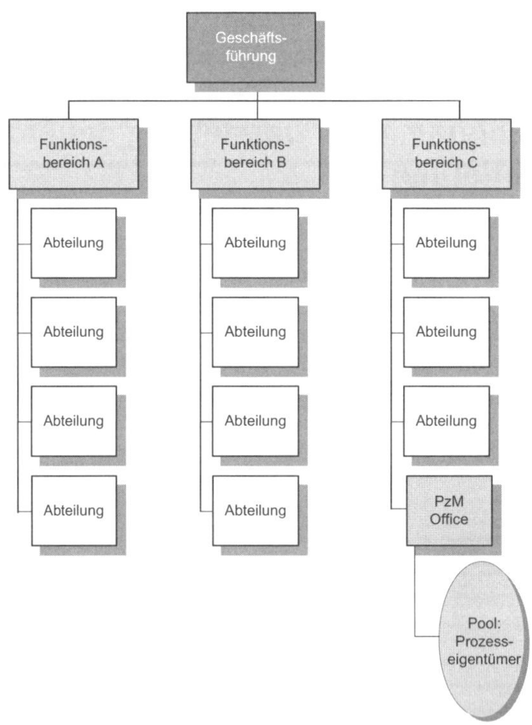
Geschäfts-
führung
Funktions-
bereich A
Funktions-
bereich B
Funktions-
bereich C
Abteilung
Abteilung
Abteilung
Abteilung
Abteilung
Abteilung
Abteilung
Abteilung
Abteilung
Abteilung
Abteilung
PzM
Office
Pool:
Prozess-
eigentümer

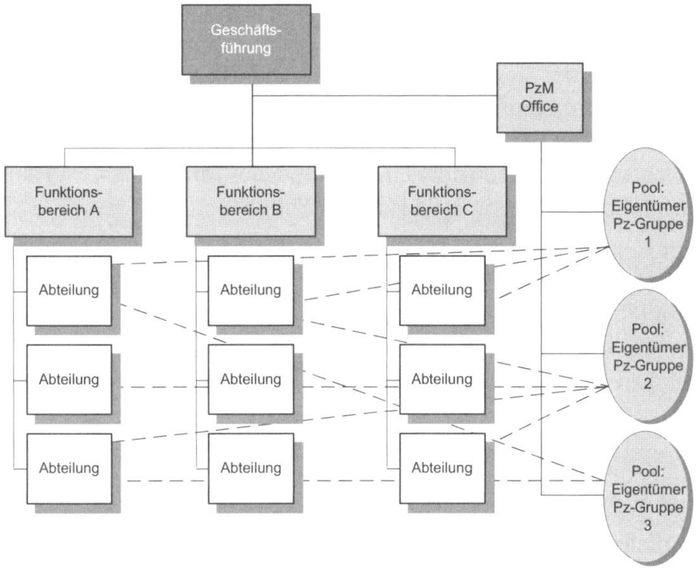

Abb. H1.10: Alternative Organigramme zur Darstellung der Prozessorientierung eines Unternehmens

In allen Darstellungen der Organisation werden sowohl das PzM Office als auch die Prozesseigentümer sichtbar. Der Pool: Prozesseigentümer ist sowohl gesamt, als auch nach Prozessgruppen differenziert dargestellt. Durch die differenzierte Darstellung wird der Rolle „Prozesseigentümer" eine höhere Bedeutung gegeben. Durch unterschiedliche Linien wird zwischen operativer Zuständigkeit (volle Linie zwischen den Managern der Funktionsbereiche und den Abteilungen) und der Zuständigkeit für das Prozessmanagement (strichlierte Linie zwischen Prozesseigentümer und Abteilungen) unterschieden. Die Darstellungen mit strichlierten Linien drücken die Prozessorientierung stärker aus als jene ohne diese.

Da die Prozesse nicht dargestellt sind, kommt die Prozessorientierung des Unternehmens in den Organigrammen trotzdem relativ schwach zum Ausdruck. Die konkreten Aufgaben der unterschiedlichen Rollen im Prozessmanagement sowie die Verteilung der Entscheidungsbefugnisse sind daher den ergänzenden Rollenbeschreibungen zu entnehmen.

H 1.4 Kommunikationsstrukturen zur Umsetzung der Prozessorientierung

Zur Durchführung der Aufgaben des Makro- und Mikro-Prozessmanagement bedarf es im prozess- und projektorientierten Unternehmen spezifischer Kommunikationsstrukturen. Einerseits sind periodisch Prozessportfolio-Sitzungen und andererseits Prozessmanagement-Teamsitzungen notwendig. Die Ziele, Teilnehmer und Häufigkeiten dieser Sitzungen sind in Abbildung H1.11 dargestellt.

In Abhängigkeit von der Anzahl zu betrachtender Prozesse können Prozessportfolio-Sitzungen entweder für alle Prozesse eines Unternehmens oder für einzelne Prozessgruppen durchgeführt werden. Die Häufigkeit von Prozessmanagement-Teamsitzungen ist von der Prozessart abhängig. Zum Controlling der Primärprozesse werden meistens häufiger Sitzungen notwendig sein als zum Controlling der Tertiärprozesse.

Kommunikations-struktur	Ziele	Teilnehmer	Häufigkeit
Prozessportfolio Meeting (je Prozessgruppe)	Controlling des Prozessportfolios	Prozesseigentümer (je Prozessgruppe), PzM Office, Führungskräfte	1x im Vierteljahr
Meeting des Prozessmanagement-Teams A	Controlling des Prozesses A	Prozesseigentümer, Mitglieder des Prozessmanagement-Teams (Prozess A)	1x pro Monat
Meeting des Prozessmanagement-Teams B	Controlling des Prozesses B	Prozesseigentümer, Mitglieder des Prozessmanagement-Teams (Prozess B)	1x alle 2 Monate
...	...	...	...

Abb. H1.11: Kommunikationsstrukturen zur Umsetzung der Prozessorientierung

H 2 Organisationsstrukturen zur Umsetzung der Projektorientierung

Folgend werden einerseits permanente und temporäre Organisationen und andererseits spezifische Rollen, das Organigramm und Kommunikationsstrukturen zur Umsetzung der Projektorientierung beschrieben.

H 2.1 Differenzierung und Integration im prozess- und projektorientierten Unternehmen

Im prozess- und projektorientierten Unternehmen werden permanente und temporäre Organisationen kombiniert. Es werden gleichzeitig eine Anzahl von Projekten gestartet, geführt, abgeschlossen bzw. abgebrochen. Dadurch wird ein Zustand eines Fließgleichgewichts hergestellt, der die Entwicklung des Unternehmens und dessen Überleben sichern soll. Je unterschiedlicher die Projekte und Programme eines Unternehmens sind, desto höher wird deren Managementkomplexität. Diese ist einerseits von der Dynamik und Komplexität der einzelnen Projekte und andererseits von den Beziehungen zwischen den Projekten abhängig.

Durch den Einsatz von Projekten und Programmen als temporäre Organisationen werden folgende Ziele verfolgt:

- Schaffung von organisatorischer Flexibilität,
- Delegation von Managementverantwortung in Projekte und Programme,
- Zielorientierung durch die Definition von Projekt- und Programmzielen und
- Sicherung des organisatorischen Lernens durch das Nutzen der Monitoring-Potenziale von Projekten und Programmen.

Der Einsatz von Projekten und Programmen in Unternehmen fördert deren Differenzierung. Durch integrative Organisationsmaßnahmen, wie z. B. die Entwicklung von Prozessbeschreibungen zum Projekt- und Programmmanagement und die Etablierung einer Projektportfolio-Datenbank, kann der hohen Differenzierung entsprochen werden.

Die Integrationsfunktionen sind durch spezifische, permanente Organisationseinheiten, nämlich durch eine oder mehrere Projektportfolio Group(s), durch Expertenpools und durch ein PM Office, wahrzunehmen. Deren Aufgabe ist es, zu gewährleisten, dass die relativ autonomen Projekte und Programme die generellen Ziele und Regeln des Unternehmens verfolgen.

H 2.2 Temporäre Rollen zur Umsetzung der Projektorientierung

Zusätzlich zu den Rollen der permanenten Organisation, wie z. B. Geschäftsführer und Abteilungsleiter, existieren im prozess- und projektorientierten Unternehmen Rollen der temporären Organisationen, nämlich Projekt- und Programmrollen. Dabei kann zwischen Rollen, die Individuen wahrnehmen, und Rollen, die Teams wahrnehmen, unterschieden werden. Projektbezogene Individualrollen sind z. B. Projektauftraggeber (als Einzelperson), Projektmanager, Projektteammitglied und Projektmitarbeiter. Projektbezogene Teamrollen sind z. B. Projektauftraggeberteam, Projektteam und Subteam.

Folgend werden die wesentlichen Aufgaben der unterschiedlichen Projektrollen dargestellt. Da die Programmrollen den Projektrollen ähnlich sind, werden diese hier nicht näher behandelt.[3)]

Rolle: Projektauftraggeberteam

Der Erfolg eines Projekts ist von der Managementaufmerksamkeit, die das Projekt im Unternehmen bekommt, abhängig. Die organisatorische Integration eines Projekts im

3) Eine umfassende Beschreibung der Projekt- und Programmrollen findet sich in „Happy Projects!" (Gareis, Happy Projects, Manz, Wien, 2005) in den Kapiteln C und G.

Unternehmen erfolgt vor allem durch das Projektauftraggeberteam. Wenn das Projektauftraggeberteam nicht adäquat besetzt ist, werden dessen Mitglieder dem Projekt entweder nicht genug Unterstützung geben können oder sie werden wenig Interesse am Projekt zeigen.

Das Projektauftraggeberteam beauftragt im Projektstartprozess ein Projektteam, die Projektziele zu realisieren, und entlastet das Projektteam durch die Projektabnahme im Projektabschlussprozess. Das Projektauftraggeberteam stellt dem Projektteam Kontextinformationen zur Verfügung, trifft strategische Projektentscheidungen und gibt dem Projektteam Feedback zu den erzielten (Zwischen-) Ergebnissen.

Eine wesentliche Aufgabe des Projektauftraggeberteams liegt in der Führung des Projektmanagers. Der Projektmanager hat ein Recht auf Führung. Zum laufenden Kontakt mit dem Projektmanager kann aus dem Projektauftraggeberteam ein Sprecher nominiert werden. Das Projektauftraggeberteam achtet auf die Anwendung der Standards zum Projekt- und Programmmanagement im Projekt. Das Projektauftraggeberteam hat somit eine wesentliche Verantwortung bezüglich der Sicherung der Managementqualität im Projekt.

Rolle: Projektmanager

Der Projektmanager ist die zentrale Integrationsrolle im Projekt. Der Projektmanager ist der Ansprechpartner für alle Mitglieder der Projektorganisation und für Vertreter relevanter Projektumwelten. Der Projektmanager „treibt" das Projekt, ist am Leistungsfortschritt und am erfolgreichen Abschluss des Projekts interessiert. Er ist jenes Mitglied des Projektteams, das für das Projektmanagement verantwortlich ist.

Aufgaben des Projektmanagers sind die Gestaltung des Projektmanagement-Prozesses. Das jeweilige Projekt ist zu starten, laufend zu koordinieren, zu controllen und abzuschließen. Eventuell ist auch eine Projektdiskontinuität zu bewältigen. Dazu sind die adäquaten Kommunikationsformen zu wählen, Projektmanagement-Methoden einzusetzen und IT- und Telekommunikationshilfsmittel anzuwenden. Der Projektmanager ist für ein professionelles Projektmanagement und für ein adäquates Projektmarketing verantwortlich.

Die Erfüllung von Projektmanagement-Aufgaben durch den Projektmanager ist eine Dienstleistung am Projekt und nicht das Wahrnehmen einer Machtposition. Bei der Erfüllung der Projektmanagement-Aufgaben kooperiert der Projektmanager mit den anderen Mitgliedern des Projektteams und mit dem Projektauftraggeberteam. Für den Projekterfolg ist der Projektmanager nicht alleine, sondern gemeinsam mit den Projektteammitgliedern verantwortlich.

Rollen: Projektteammitglied und Projektmitarbeiter

Die Unterscheidung zwischen den Rollen „Projektteammitglied" und „Projektmitarbeiter" ermöglicht es, die unterschiedliche Intensität deren Mitarbeit im Projektmanagement auszudrücken. Die Projektteammitglieder müssen durch ihre Mitgliedschaft im Projektteam Beiträge zur Realisierung der Projektziele leisten.

Sowohl das Projektteammitglied als auch der Projektmitarbeiter haben für den Projekterfolg eine hohe Bedeutung, da ohne eine entsprechende Expertenkompetenz zur Erfüllung der Arbeitspakete keine adäquaten Projektergebnisse erzielt werden können.

Projektmitarbeiter erfüllen inhaltliche Arbeitspakete in Projekten. Projektteammitglieder erfüllen neben den inhaltlichen Aufgaben auch Projektmanagement-Aufgaben und Projektmarketing-Aufgaben. Die Projektteammitglieder nehmen an Projektteamsitzungen teil und kommunizieren die Projektziele und deren Ergebnisse an relevante Projektumwelten. Die Projektteammitglieder und Projektmitarbeiter sind für die Qualität der Ergebnisse ihrer Arbeitspakete verantwortlich.

Rollen: Projektteam und Subteam

Das Projektteam und das Subteam sind eigenständige Rollen in Projekten, an die spezifische Erwartungen gestellt werden. Die Erwartungen an das Projektteam unterscheiden sich grundsätzlich von jenen an einzelne Projektteammitglieder, und die Erwartungen an ein Subteam unterscheiden sich ebenfalls von jenen an die einzelnen Subteammitglieder. Erst durch diese Differenzierung zwischen Team und Teammitglied wird der Sinn von Teamarbeit, von Teamsitzungen in Projekten, sowie die Notwendigkeit, Kompetenzen zur effizienten Teamarbeit zu schaffen, verständlich.

Die Bedeutung des Projektteams liegt in der Schaffung des Mehrwerts der Teamarbeit im Projekt. Die Bedeutung von Subteams liegt ebenfalls im Schaffen qualitativ hochwertiger, integrierter Arbeitspaketergebnisse durch Teamarbeit. Subteams werden benötigt, wenn einzelne Leistungsumfänge so groß sind, dass sie ein einzelnes Projektteammitglied nicht mehr bewältigen kann und die Zusammenarbeit mehrerer Personen notwendig ist.

Das Projektteam hat Projektmanagement-Aufgaben zu erfüllen. Die Verantwortung des Projektteams liegt in der Schaffung qualitativ hochwertiger Projektmanagement-Lösungen durch deren Entwicklung, Abstimmung und Entscheidung im Team. Das Projektteam erfüllt keine inhaltlichen Arbeiten, wie z. B das Programmieren einer Software, entscheidet aber möglicherweise, wer im Fall eines Problems bei der Programmierung der Software einzubeziehen ist.

H 2.3 Permanente Rollen zur Umsetzung der Projektorientierung

Spezifisch für prozess- und projektorientierte Unternehmen sind außer den temporären Rollen die permanenten Rollen „Expertenpool", „Projektportfolio Group" und „PM Office", die vor allem Integrationsaufgaben erfüllen.

Expertenpool Manager

Die Erfüllung der Prozesse in Projekten und Programmen erfolgt durch Experten unterschiedlicher Expertenpools des Unternehmens.[4] Ziel eines Expertenpools ist es, genü-

4) Statt „Expertenpool" finden sich in der Praxis auch andere Bezeichnungen, wie z. B. „Ressourcen Pool" und „Center of Excellence"

gend und entsprechend qualifizierte Experten für die Projekte und Programme bereitzustellen. Weiters ist es Ziel, durch ein professionelles Prozessmanagement die Voraussetzungen zur effizienten Erfüllung der Prozesse in den Projekten zu sichern.

Die im Expertenpool zu erfüllenden Aufgaben sind Personalmanagement-, Prozessmanagement- und Wissensmanagement-Aufgaben. Die Erfüllung projektbezogener Aufgaben und auch deren qualitative Kontrolle erfolgt nicht im Expertenpool, sondern in den Projekten. Entsprechend dem Modell der „Empowered" Projektorganisation[5] sind die Projektteammitglieder und Projektmitarbeiter für die Art und Weise der Leistungserfüllung – im Rahmen der definierten Richtlinien und Standards – und für die Qualität der Leistungserfüllung selbst verantwortlich.

Abhängig von der Geschäftstätigkeit eines Unternehmens können mehrere Arten von Expertenpools unterschieden werden. In einem Anlagenbauunternehmen gibt es z. B. unterschiedliche technische Expertenpools (Mechanisches Engineering, Elektrisches Engineering, etc.), einen Expertenpool „Beschaffung", einen Expertenpool „Montage" usw. Im prozess- und projektorientierten Unternehmen sollte es einen Projektmanagement-Expertenpool geben.

Der Unterschied zwischen einem Expertenpool und einer „traditionellen" Abteilung liegt außer im „Empowerment" der Experten vor allem in der Wahrnehmung der Leitungsrollen. Der „traditionelle" Abteilungsleiter versteht sich vor allem auch als Experte, der für die inhaltlichen Leistungen der Abteilungsmitarbeiter verantwortlich ist. Der Manager des Expertenpools versteht sich vor allem als Manager des Pools mit Personal- und Organisationsverantwortung und nicht als inhaltlicher Experte. Dieses Selbstverständnis des Managers eines Expertenpools schließt jedoch nicht aus, dass er auch Expertenaufgaben in Projekten wahrnimmt. Er ist aber nicht für die Leistungen der anderen Experten des Pool verantwortlich. Die Rolle des Managers eines Expertenpools ist in der Abbildung H2.1 beschrieben.

Rolle: Expertenpool Manager
Ziele
• Führung der Expertenpool-Mitglieder
• Beurteilung der Verfügbarkeit von Ressourcen zur Durchführung von Projekten und Programmen (im Beauftragungsprozess)
• Bereitstellung qualifizierter Mitarbeiter für Projekte und Programme
• Bereitstellung von Standards zur Erfüllung der Prozesse
• Wissensmanagement im Expertenpool

5) Siehe: Gareis, Happy Projects, Manz, Wien, 2005, Kapitel C 4.1

Organisatorische Stellung
• Berichtet dem Manager des Profit-Zentrums, dem der Expertenpool angehört
• Leitung unterschiedlicher Qualifikationsgruppen im Expertenpool: Junior Experten, Experten und Senior Experten
• Arbeitet im Prozess der Beauftragung eines Projekts bzw. Programms, im Startprozess und im Abschlussprozess von Projekten und Programmen mit
Aufgaben
• Rekrutierung von und Entwicklung des Personals des Expertenpool
• Disposition des Personals des Expertenpool (in Projekte und Programme)
• Entwicklung und Sicherung von Know-how (Methoden, Tools)
• Wartung einer Wissensdatenbank mit Informationen zu den Prozessen des Expertenpool
• Beschaffung und Bereitstellung der für die Erfüllung der Prozesse notwendigen Infrastruktur
• Bereitstellung von Standards zur Erfüllung der Prozesse
• Sicherung der Einhaltung der Standards
• Definition ethischer Standards und Sicherung der Berufsethik
Nicht-Aufgaben
• Durchführung projektbezogener Arbeitspakete
• Projektbezogene Kontrolle der Qualität der Erfüllung der Arbeitspakete
Umweltbeziehungen
• Mitglieder des Expertenpools
• Andere Expertenpools, PM Office
• Geschäftsleitung, Manager der Profit-Zentren
• Projekte und Programme
• Kunden, Partner und Lieferanten
Formale Weisungsbefugnisse
• Organisations-, Infrastruktur- und Budgetentscheidungen im Expertenpool
• Entscheidungen bezüglich der Rekrutierung und der Entwicklung von Personal für den Expertenpool
• Entscheidungen zur Disposition von Mitgliedern des Expertenpools in Projekte und Programme
• Freigabe von Standards zur Erfüllung von Prozessen
• Veranlassen von Supervisionen oder von Audits bezüglich der Prozesse des Expertenpools

Abb. H2.1: Beschreibung der Rolle: Expertenpool Manager

KAPITEL H

Projektportfolio Group

Die Projektportfolio Group stellt eine spezifische, permanente Teamrolle mittlerer und größerer Unternehmen dar. Erst ab etwa 100 Mitarbeitern und jeweils 15 bis 20 gleichzeitig durchgeführten Projekten erreichen Unternehmen eine Komplexität, die ein eigenständiges Team für das Projektportfolio-Management sinnvoll macht. Erst dann sollte dem Management des Projektportfolios eine entsprechende Aufmerksamkeit durch die Etablierung einer Projektportfolio Group gegeben werden. In kleineren Unternehmen können diese Aufgaben durch die Geschäftsführung wahrgenommen werden.

Bei größeren Unternehmen sollte die Verantwortung für die Beauftragung eines Projekts bzw. Programms und für die Projektportfolio-Koordination bei der Projektportfolio Group liegen. Die Projektportfolio Group sollte direkt der Geschäftsführung berichten, da sie strategische Entscheidungen trifft. Die Projektportfolio Group ist entscheidungsbefugt und daher nicht nur als beratende Stabstelle der Geschäftsführung zu verstehen.

Mitglieder der Projektportfolio Group sollten Führungskräfte des Unternehmens mit ganzheitlicher Verantwortung und strategischer Orientierung sein. Ein Mitglied sollte als Sprecher der Projektportfolio Group nominiert werden.

Eine Projektportfolio Group eines österreichischen Telekommunikationsunternehmens besteht z. B. aus fünf Führungskräften jener Bereiche, die vor allem in Projekten tätig sind (Finanzen, Netzwerkbau, Marketing, IT und Call Center) und aus dem Manager des PM Office. Sprecher der Projektportfolio Group ist der Manager des Finanzbereichs. Diese Projektportfolio Group trifft sich einmal wöchentlich 2–4 Stunden zum Projektportfolio-Management.

In Abhängigkeit von der Anzahl und der Komplexität der zu koordinierenden Projekte können auch mehrere Projektportfolio Groups in einem Unternehmen benötigt werden. Maximal können Projektportfolios mit etwa 50 bis 80 Projekten von einer Projektportfolio Group gemanagt werden. Differenzierungen von Projektportfolio Groups können nach Unternehmensbereichen (bzw. Profit Zentren) und nach Projektarten erfolgen.

Ein österreichisches Anlagenbauunternehmen unterscheidet z. B. in drei Projektportfolio Groups, eine für Angebots- und Kundenauftragsprojekte, eine für Produktentwicklungsprojekte und eine für Personal-, Organisations- und Marketingprojekte. Um sicherzustellen, dass die Entscheidungen dieser drei Projektportfolio Groups aufeinander abgestimmt sind, sind einzelne Führungskräfte Mitglieder in mehreren Projektportfolio Groups.

Die Projektportfolio Group ist vom PM Office in der Vorbereitung, Durchführung und Nachbereitung der Koordinationssitzungen zu unterstützen. Insbesonders kann die Erstellung der Projektportfolio-Berichte durch ein PM Office erfolgen. PM Offices erbringen daher nicht nur Dienstleistungen bezüglich des Projekt- und Programmmanagement, sondern auch bezüglich des Projektportfolio-Management. Eine Beschreibung der Rolle der Projektportfolio Group findet sich in der Abbildung H2.2.

Rolle: Projektportfolio Group
Ziele
• Optimierung der Projektportfolio-Ergebnisse
• Gestaltung der Projektportfolio-Strukturen
• Umsetzung von Personal- und Organisationsstrategien im Projektportfolio
• Beitrag zur Optimierung des Management von Projekte-Netzwerken
• Beitrag zur Optimierung des Management von Projekte-Ketten
Organisatorische Stellung
• Die Projektportfolio Group berichtet der Geschäftsleitung
• Mitglieder sind Führungskräfte und der Manager des PM Office
• Sitzungen: etwa 2 Mal je Monat, 3–4 Stunden
Aufgaben
Beauftragung eines Projekts bzw. Programms
• Eventuell: Entscheidung über auszuwählende Investitionen (wenn es kein eigenes Investitionsentscheidungsgremium gibt)
• Abstimmen der Projektziele mit den strategischen Zielen der projektorientierten Organisation
• Entscheidung über die Organisationsform zum Initialisieren einer Investition (Programm, Projekt, Kleinprojekt, Stammorganisation)
• Auswahl des Projektauftraggeberteams
Projektportfolio-Koordination und Netzwerken von Projekten
• Koordination der in Projekten eingesetzten internen und externen Ressourcen, Festlegung von Projektprioritäten
• Festlegen von Strategien zur Gestaltung von Beziehungen zu Projektumwelten
• Kurz-Analyse ausgewählter (kritischer) Projekte
• Entscheidungen über das Unterbrechen oder Abbrechen von Projekten (aus strategischen Gründen)
• Organisation des Lernens von und zwischen Projekten, des Nutzens von Synergien
• Auswahl der Projektauftraggeberteams in Projekte-Ketten
Umweltbeziehungen
• Geschäftsleitung, Profit-Zentren, PM Office, etc.
• Projektantragsteams, Projektauftraggeberteams und Projektmanager
• Mitarbeiter der projektorientierten Organisation
• Kunden, Partner und Lieferanten
Formale Entscheidungsbefugnisse
• Entscheidungen zur Gestaltung des Projektportfolios
• eventuell: Entscheidung über Investitionsanträge

• Entscheidung über Projektanträge
• Auswahl der Projektauftraggeberteams
• Unterbrechen und Abbrechen von Projekten
• Veranlassen des Netzwerkens von Projekten

Abb. H2.2: Beschreibung der Rolle: Projektportfolio Group

PM Office

Unternehmen entwickeln ihre Projektorientierung in mehreren Phasen. Zu Beginn werden einige wenige Projekte – als „Ausnahmefälle“ – durchgeführt. Dann nimmt die Menge der Projekte und Programme, die gleichzeitig durchgeführt werden, zu. Die Vorgehensweisen in den Projekten und im Projektmanagement sind dabei stark von den mitarbeitenden Personen bestimmt. Es liegt eine individuell geprägte Projekt- und Programmmanagement-Kultur vor. Ein formalisiertes Projektportfolio-Management existiert in dieser Phase nicht.

Mit der Zunahme der Bedeutung von Projekten und Programmen in Unternehmen entsteht ein Bedarf zur Vereinheitlichung der Vorgehensweisen in den Projekten und Programmen und zur Sicherung der Qualität im Projekt- und Programmmanagement. Auch der Bedarf nach einer Projektportfolio-Sicht und nach Projektportfolio-Berichten entsteht. Im Rahmen der Formalisierung des Projekt- und Programmmanagement wird häufig auch ein PM Office etabliert. Das PM Office repräsentiert die institutionalisierten Kompetenzen im Projekt-, Programm- und Projektportfolio-Management.

Ziel eines PM Office ist die Sicherung eines professionellen Projekt-, Programm- und Projektportfolio-Management im Unternehmen. Diesbezügliche individuelle, kollektive und organisatorische Kompetenzen sind durch das PM Office zu entwickeln.

Durch die Bereitstellung von Hilfsmittel zum Projekt- und Programmmanagement und durch Management-Support leistet das PM Office einen Beitrag zur Erreichung der Projekt- und Programmziele. Durch die regelmäßige Wartung der Projektportfolio-Datenbank, die Erstellung von Projektportfolio-Berichten und deren adäquate Kommunikation wird auch ein Beitrag zur Optimierung des Projektportfolios geleistet.

In Abhängigkeit von der Größe des Unternehmens, des Umfangs des Projektportfolios und der angebotenen Dienstleistungen kann das PM Office nur aus einer Person oder aus mehreren Personen bestehen. Ein mittelständisches Produktions- und Handelsunternehmen mit etwa 350 Mitarbeitern und einem Projektportfolio von durchschnittlich 25 Projekten besetzt das PM Office z. B. mit zwei Part-time Mitarbeitern.

Wesentlich im Organigramm des PM Office (siehe Abbildung H2.3) ist die Differenzierung in Stellen, die Dienstleistungen zum Projekt- und Programmmanagement erbringen und Stellen, die Dienstleistungen zum Projektportfolio-Management erbringen. Die Expertenpools „Projektmanagement“ und „PM-Trainer/PM-Consultants“ können im PM Office aber auch in anderen Organisationseinheiten angesiedelt sein. Die Rolle des Managers des PM Office ist in der Abbildung H2.4 beschrieben.

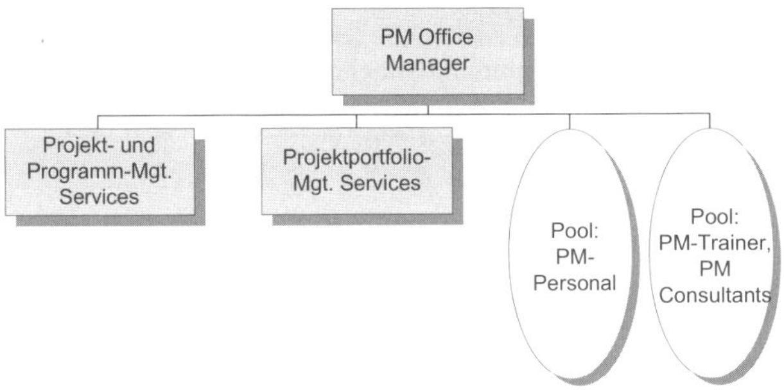

Abb. H2.3: Standard-Organigramm eines PM Office

Rolle: PM Office Manager
Ziele
• Sicherung des professionellen Projekt-, Programm- und Projektportfolio-Management
• Eigentümer der Prozesse des Projekt- und Programmmanagement und des Projektportfolio-Management
• Leitung der PM Office-Mitarbeiter
Organisatorische Stellung
• Berichtet dem Manager des Profit-Zentrums oder des Servicebereichs, dem das PM Office angehört
• Die Mitarbeiter des PM Office berichten dem Manager des PM Office
• Ist Mitglied der Projektportfolio Group
Aufgaben
Projekt- und Programmmanagement, Qualitätssicherung
• Arbeit als Experte im Projekt- und Programmmanagement (Management-Support, Consulting, Auditing)
Beauftragung eines Projekts bzw. Programms
• Überprüfung der Qualität von Investitions- und Projektanträgen
Projektportfolio-Koordination
• Erstellung von Projektportfolio-Berichten
• Teilnahme an den Koordinationssitzungen der Projektportfolio Group
Netzwerken von Projekten
• Veranlassen des Netzwerkens von Projekten
• Sicherung der Kontinuität im Management von Projekte-Ketten
Organisatorisches Design
• Weiterentwicklung der Standards zum Projekt-, Programm- und Projektportfolio-Management

Personalmanagement
• Coaching von Projekt- und Programmmanager bzw. von Projekt- und Programmauftraggebern
Management des PM Office
• Organisation des PM Office
• Personalmanagement im PM Office
• Management des PM Office-Budgets
• Eventuell Koordination der Expertenpools „Projektmanagement" und „PM-Training und PM-Consulting"
Umweltbeziehungen
• PM Office-Mitarbeiter
• Projektportfolio Group
• Geschäftsleitung, Manager der Profit-Zentren, der Expertenpools
• Projektantragsteams, Projektauftraggeberteams und Projektmanager
• Mitarbeiter der projektorientierten Organisation
• Kunden, Partner und Lieferanten
Formale Weisungsbefugnisse
• Freigabe von Standards zum Projekt- und Programmmanagement und zum Projektportfolio-Management
• Veranlassen von Supervisionen oder von Audits zum Projekt- und Programmmanagement
• Veranlassung des Netzwerkens von Projekten
• Organisations-, Personal-, Infrastruktur- und Budgetentscheidungen im PM Office

Abb. H2.4: Beschreibung der Rolle: PM Office Manager

H 2.4 Organigramm zur Darstellung der Projektorientierung

Die Kombination permanenter und temporärer Organisationen kann im Unternehmensorganigramm visualisiert werden. Da Projekte und Programme eine hohe strategische Bedeutung für das Unternehmen haben, sollten sie auch symbolisch im Organigramm dargestellt werden. Dabei ist nicht jedes einzelne Projekt, sondern es sind Gruppen von Projekten (z. B. gegliedert nach Projektarten) und Programme darzustellen.

Beim Designen des Organigramms gibt es Gestaltungsmöglichkeiten bezüglich der organisatorischen Eingliederung der Expertenpools, der Projektportfolio Group und des PM Office. Diese ist vor allem von der Größe des Unternehmens abhängig. Mögliche Gestaltungsalternativen von Organigrammen finden sich in den Abbildungen H2.5 und H2.6.

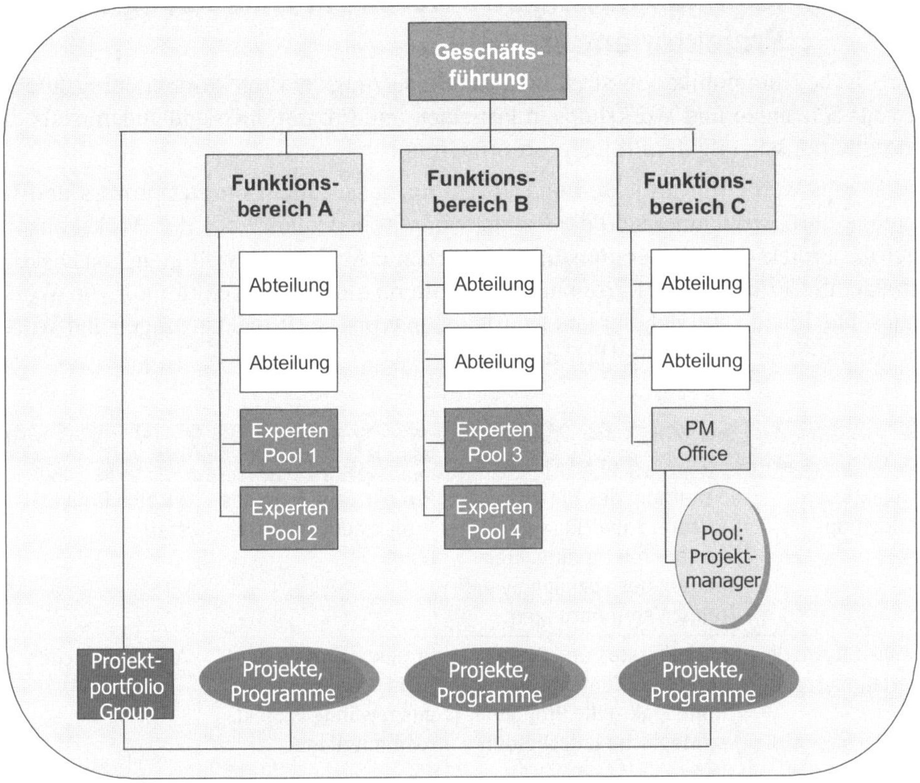

Abb. H2.5: Organigramm zur Darstellung der Projektorientierung (Alternative A)

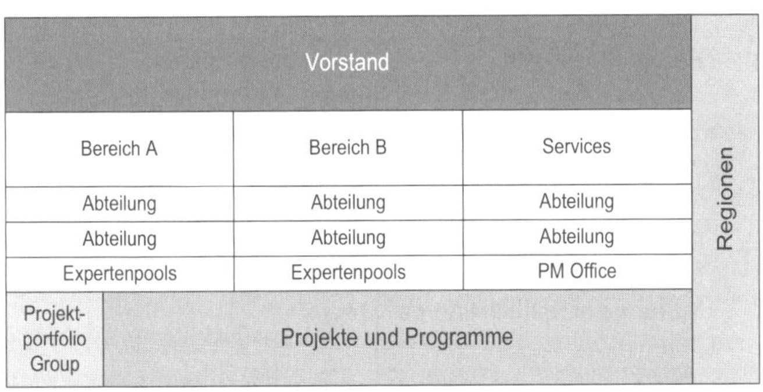

Abb. H2.6: Organigramm zur Darstellung der Projektorientierung (Alternative B)

H 2.5 Kommunikationsstrukturen zur Umsetzung der Projektorientierung

Spezifische Kommunikationsstrukturen zur Umsetzung der Projektorientierung sind einerseits Sitzungen und Workshops in Projekten und Programmen und andererseits die Koordinationssitzung der Projektportfolio Group.

Workshops werden in Projekten und Programmen vor allem im Startprozess und im durchgeführt. Teilnehmer sind die Projektteammitglieder, am Ende der Workshops oft auch das Projekt- bzw. Programmauftraggeberteam. Auch zur Bewältigung von Diskontinuitäten in Projekten und Programmen empfiehlt sich die Durchführung von Workshops. Die Inhalte, Teilnehmer und Häufigkeiten typischer Projektsitzungen und Workshops sind in der Abbildung H2.7 dargestellt.

Sitzung	Inhalte	Teilnehmer	Häufigkeit
Projektstart-Workshop	Schaffung des Big Project Picture, Entwicklung detaillierter Projektpläne, Etablierung des sozialen Systems, Vereinbarungen	Projektteam, kurz das Projektauftraggeberteam	1 x zum Projektstart
Projektauftraggeberteamsitzung	Projektstatus und Projektvorschau, Kontextinformationen, aktuelle Probleme, strategische Entscheidungen	Projektauftraggeberteam, Projektmanager, ausgewählte Projektteammitglieder	Alle 2–3 Wochen
Projektteamsitzung	Projektstatus und Projektvorschau, Abstimmungen, Vermittlung von Projektstrategien, operative Entscheidungen	Alle Projektteammitglieder, eventuell ausgewählte Vertreter externer Umwelten	Alle 2–3 Wochen
Subteamsitzung	Problemlösungen	Subteammitglieder, eventuell Projektleiter und ausgewählte Vertreter externer Umwelten	1 x je Woche
Projektabschluss-Workshop	Reflexion, Feedback, Auflösen des sozialen Systems, Klärung der restliche Aufgaben	Projektteam, kurz das Projektauftraggeberteam	1 x zum Projektabschluss
Version:	Datum:	Ersteller:	

Abb. H2.7: Projektkommunikationsstrukturen

Die Koordinationssitzung der Projektportfolio-Group hat das Ziel, das Projektportfolio zu optimieren. Teilnehmer einer Projektportfolio-Koordinationssitzung sind einerseits die Mitglieder der Projektportfolio Group und andererseits Gäste, wie z. B. Projektmanager von Krisenprojekten. In Abhängigkeit der Größe und der Dynamik des von einer Projektportfolio Group zu koordinierenden Projektportfolios kann es notwendig sein, jede Woche oder jede zweite Woche eine etwa 2–4 stündige Koordinationssitzung abzuhalten.

H 3 Integration prozess- und projektorientierter Organisationstrukturen

Prozess- und projektorientierte Organisationsstrukturen werden in Unternehmen oft unabhängig voneinander implementiert und danach auch relativ unabhängig voneinander genutzt. Dadurch entstehen Redundanzen, Missverständnisse und Machtkämpfe. Das Risiko ist dadurch hoch, dass die Umsetzungen der Prozess- und Projektorientierung in Unternehmen ineffizient sind oder sogar scheitern.

Zur Steigerung der organisatorischen Effizienz sind Synergien zwischen Prozessorientierung und Projektorientierung zu schaffen. Deren Rollen, Kommunikationsstrukturen, Methoden und Hilfsmittel sind aufeinander abzustimmen bzw. wenn möglich zu integrieren.

H 3.1 Integration von Rollen

Alle in den Kapiteln H1 und H2 beschriebenen Rollen werden im prozess- und projektorientierten Unternehmen benötigt. Dadurch entsteht eine relativ hohe Komplexität des prozess- und projektorientierten Unternehmens. Entsprechend „Ashby's Law" (siehe Kapitel A1) ist diese Eigenkomplexität aber notwendig, um mit der Komplexität der relevanten Umwelt umgehen zu können.

Es gibt aber auch aufbauorganisatorische Möglichkeiten zur Integration, und zwar bezüglich PzM Office und PM Office sowie der Projektportfolio Group.

PzM/PM Office

Durch eine Integration des PzM Office und des PM Office in eine gemeinsame Organisationseinheit PzM/PM Office können die Aufgaben und Kompetenzen für das Prozessmanagement und das Projekt-, Programm- sowie Projektportfolio-Management zusammengefasst werden. Dadurch werden Redundanzen abgebaut und es wird die Betrachtung der Zusammenhänge zwischen dem Prozessmanagement und Projektmanagement institutionalisiert.

Die aufbauorganisatorischen Konsequenzen dieses Integrationsschritts werden aus dem Auszug des Organigramms des IT-Bereichs der Austria Airlines (siehe Abbildung H3.1) ersichtlich. Die Aufgaben und Rollen des ehemaligen PzM Office und PM Office wurden in einem Corporate Project and Process Management Office zusammengefasst.

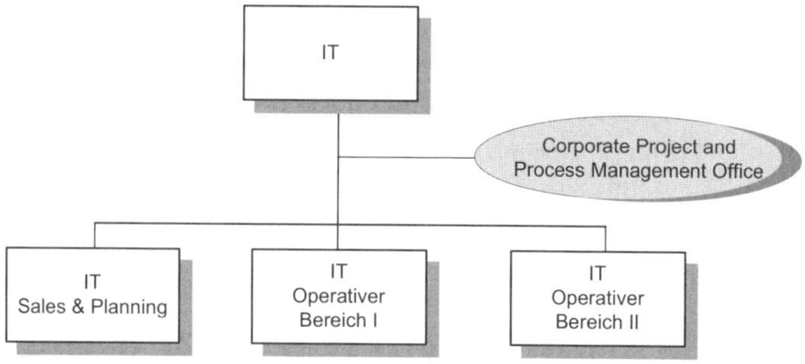

Abb. H3.1: Corporate Project and Process Management Office der AUA

Portfolio Group

Prozess- und projektorientierte Unternehmen führen einerseits umfangreiche temporäre Prozesse in Projekten oder Programmen durch, andererseits erfüllen sie auch temporäre Prozesse, die nicht projektwürdig sind. Diesbezügliche Beispiele sind die Abwicklung eines Wartungsauftrags, die Organisation einer Kundenpräsentation, etc.

Zur Erfüllung dieser temporären Prozesse werden Ressourcen benötigt, die in der Budgetierung der Routinetätigkeiten des Unternehmens nicht berücksichtigt werden. Die Disposition dieser Ressourcen und die Betrachtung der Zusammenhänge zwischen der Erfüllung der temporären Prozesse und der laufenden Projekte und Programme ist notwendig. Diese Ziele können durch die Projektportfolio Group verfolgt werden.

Durch die Berücksichtigung temporärer Prozesse in der Projektportfolio Group, die nicht „projektwürdig" sind, werden dseren Betrachtungsobjekte erweitert. Dieser Adaption ist durch eine Veränderung der Rollenbezeichnung zu entsprechen. Es bietet sich diesbezüglich der Name „Portfolio Group" an.

Diese Erweiterung der Betrachtungsobjekte hat z. B. Oracle Austria durch eine Portfolio Group realisiert. In einer Portfolio Group Sitzung, die jeden Montag stattfindet, werden sowohl Projekte und Programme aber auch temporäre Prozesse betrachtet. Teilnehmer dieser Portfolio Group Sitzung sind die Geschäftsführung und die Bereichsleiter von Oracle Austria.

H 3.2 Organigramm des prozess- und projektorientierten Unternehmens

Im Organigramm des prozess- und projektorientierten Unternehmens können dessen Rollen und deren Beziehungen symbolisch dargestellt werden. In den Abbildung H3.2 und H3.3 werden einerseits ein generelles Organigramm und andererseits ein konkretes Beispiel, nämlich das Organigramm einer Landesorganisation von Ericsson, gezeigt. Durch diese Organigramme erfolgt eine integrierte Darstellung der Prozess- und Projektorientierung.

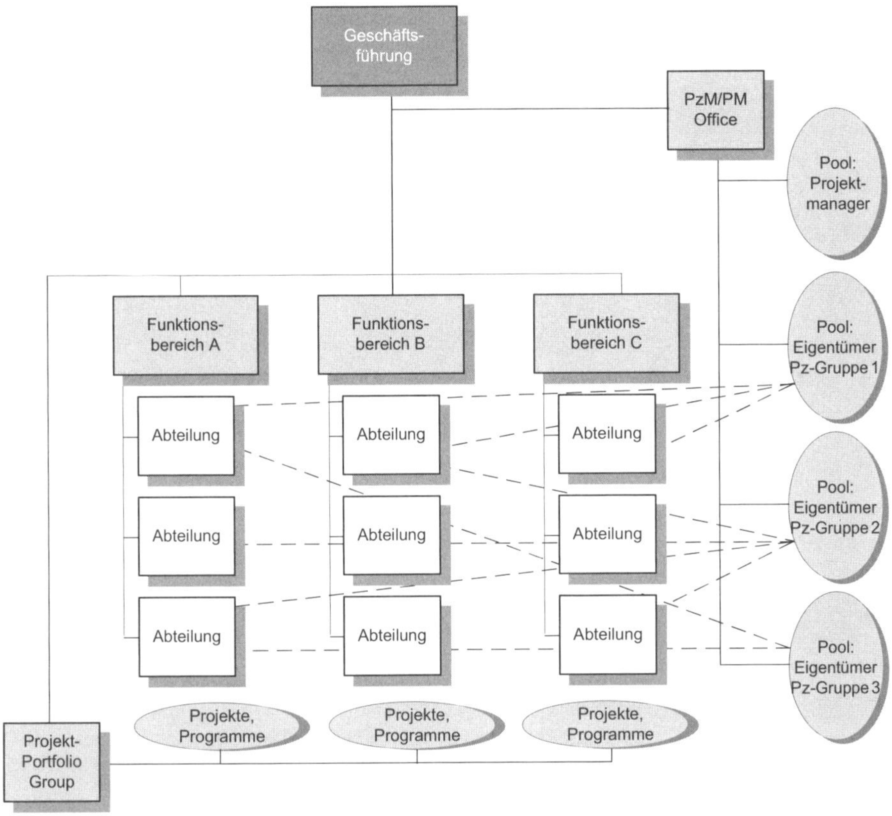

Abb. H3.2: Generelles Organigramm des prozess- und projektorientierten Unternehmens

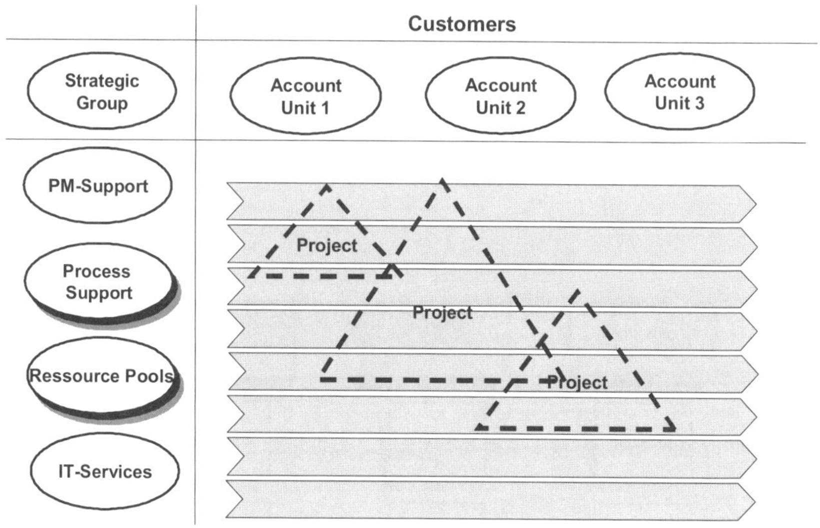

Interpretations:
•„Accounts" are „Project Owners" and responsible for the business cases
•All ressources are organized in pools
•Project managers are assigned from the PM-Support Pool

Abb. H3.3: Organigramm einer Landesorganisation von Ericsson

H 3.3 Integration von Kommunikationsstrukturen

Eine Integration von Kommunikationsstrukturen kann entsprechend der Rollenintegration erfolgen. Einerseits können Sitzungen des PzM Office und PM Office zu PzM/PM Office-Sitzungen zusammengefasst werden. Andererseits ist die Koordinationssitzung der Portfolio Group um den Inhalt „Betrachtung temporärer Prozesse" zu erweitern und sind eventuell auch weitere Sitzungsteilnehmer zu definieren.

H 3.4 Integration von Methoden und Hilfsmitteln

Zur Integration der Methoden des Prozessmanagement und Projektmanagement gibt es viele Möglichkeiten. Es können die Prozessmanagement-Methoden zur Beschreibung der Prozesse „Projektmanagement", „Programmmanagement", „Beauftragung eines Projekts bzw. Programms", „Projektportfolio-Koordination" und „Projekte Netzwerken" angewendet werden (siehe Kapitel F).

Weiters können die im Prozessmanagement und im Projektmanagement eingesetzten Methoden vereinheitlicht werden (siehe Kapitel G). Vereinheitlicht können die Abgrenzung, der Strukturplan, der Ablaufplan und das Funktionendiagramm werden. Für diese Methoden können gemeinsame Formulare und einheitliche Begriffe verwendet werden.

Methoden des Prozess- und des Projektmanagement können auch kombiniert werden, um sie als Hilfsmittel zur Kommunikation einzusetzen. Ein diesbezügliches Beispiel stellt eine erweiterte Project Score Card dar (siehe Abbildung H3.4). Die Dimensionen der traditionellen Project Score Card[6)] „Projektziele und Kontext", „Projektorganisation", „Planung und Controlling" und „Projektumweltbeziehungen" werden um die Dimension „Prozesse" ergänzt.

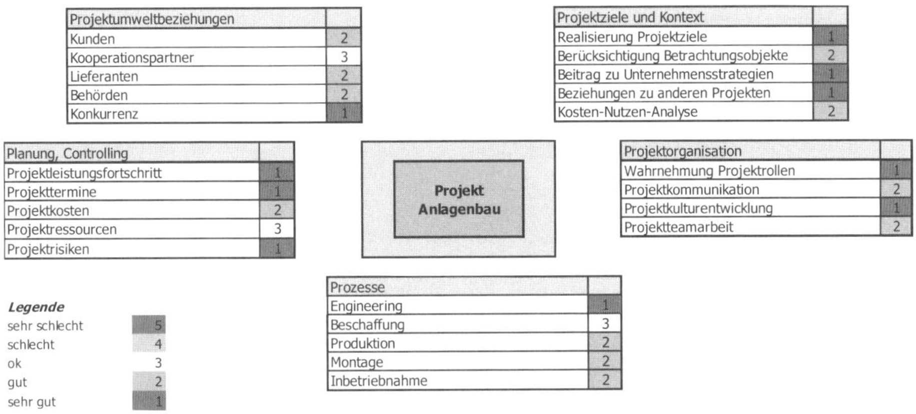

Abb. H3.4: Erweiterte Project Score Card

Literatur

Gareis, R., (Happy Projects) Happy Projects!, 2. Auflage, Manz, Wien, 2005

Osterloh, M., Frost, J., (Prozessmanagement als Kernkompetenz) Prozessmanagement als Kernkompetenz, 4. Auflage, Gabler, Wiesbaden, 2004

Schmelzer, H. J., Sesselmann, W., (Geschäftsprozessmanagement in der Praxis) Geschäftsprozessmanagement in der Praxis, 4. Auflage, Carl Hanser Verlage, München/Wien, 2004

6) Siehe: Gareis, Happy Projects, Manz, Wien, 2005, Kapitel F 3.4

I

Personalmanagement im prozess- und projektorientierten Unternehmen

Das Personalmanagement im prozess- und projektorientierten Unternehmen hat sich an den spezifischen Rollen des Unternehmens zu orientieren. „Prozessmanagementpersonal" sind Prozesseigentümer und Mitglieder von Prozessmanagement-Teams. „Projektpersonal" sind Projekt- bzw. Programmauftraggeber, Projekt- bzw. Programmmanager, Projektteammitglied und Projektmitarbeiter. Prozess- und Projektmanagement-Aufgaben nehmen Manager des PzM/PM Office und Mitglieder der Portfolio Group wahr.

Karrierepfade und Berufsbilder im prozess- und projektorientierten Unternehmen können definiert werden. Die Kompetenzen des Prozessmanagement- und des Projektpersonals sind periodisch zu analysieren, Weiterentwicklungsmaßnahmen sind zu planen und umzusetzen.

I Personalmanagement im prozess- und projektorientierten Unternehmen

Inhalt

I 1 Karriere im prozess- und projektorientierten Unternehmen

Das Personalmanagement hat sich an den Rollen des prozess- und projektorientierten Unternehmens zu orientieren. Im Prozessmanagement und im Projektmanagement können Karrierepfade definiert werden. Die eventuelle Schaffung spezifischer Berufsbilder kann durch Zertifizierungen unterstützt werden.

I 1.1 Rollen im prozess- und projektorientierten Unternehmen

„Prozessmanagementpersonal“ im prozess- und projektorientierten Unternehmen sind Prozesseigentümer und Mitglieder von Prozessmanagement-Teams. „Projektpersonal“ sind Projekt- bzw. Programmauftraggeber, Projekt- bzw. Programmmanager, Projektteammitglieder und Projektmitarbeiter. Aufgaben des Prozessmanagement und des Projektmanagement nehmen Manager des PzM/PM Office und Mitglieder der Portfolio Group wahr.

Alle Rollen des Prozessmanagement sowie die Rollen des PzM/PM Office und der Portfolio Group sind permanente Rollen. Die Projekt- und Programmrollen sind temporäre Rollen.

I 1.2 Karrierepfade im prozess- und projektorientierten Unternehmen

Unter „Karriere“ wird ein hierarchischer Aufstieg einer Person, sowohl innerhalb einer Organisation als auch über mehrere Organisationen hinweg, verstanden.[1] Im prozess- und projektorientierten Unternehmen sind Karrierebewegungen auf Grund der flachen Organisationsstruktur nicht unbedingt mit dem Erreichen einer hierarchisch höheren Position verbunden. *Schein*[2] unterscheidet vertikale, horizontale und zentripetale Karrierebewegungen. Bei vertikalen Karrierebewegungen ist die Beförderung mit einem hierarchischen Aufstieg verbunden, bei horizontalen Karrierebewegungen findet kein hierarchischer Aufstieg statt. Zentripetale Karrierebewegungen bezeichnen Veränderungen in Richtung des inneren Kerns der Organisation. Ein Beispiel einer zentripetalen Karrierebewegung im prozess- und projektorientierten Unternehmen ist z. B. die Übernahme der Rolle „Mitglied der Portfolio Group“.

---

1) Vgl. Spiesshofer, Ingenieure, VDI-Verlag, Düsseldorf, 1991
2) Vgl. Schein, Career, Addison-Wesley, Reading Massachusetts, 1978

Im prozess- und projektorientierten Unternehmen wird Karriere nicht als Steigerung der Anzahl der einer Führungskraft unterstellten Mitarbeiter, sondern als persönlicher Weiterentwicklungsprozess und Kompetenzerwerb verstanden.

Als Karrierepfad bezeichnet man standardisierte Schritte der individuellen beruflichen Entwicklung.[3] Karrierepfade geben den Mitarbeitern eines Unternehmens Orientierung bei der Planung ihrer beruflichen Entwicklung.

Im prozess- und projektorientierten Unternehmen können eine Managementkarriere, eine Expertenklarriere und eine Projektmanagementkarriere unterschieden werden. Eine Prozessmanagement-Karriere existiert nur informell.

Managementkarriere

Unter Managementkarriere wird die Wahrnehmung unterschiedlicher permanenter Rollen mit Personal- und Führungsverantwortung verstanden.[4] Die Realisierung einer Managementkarriere setzt voraus, dass das Unternehmen hierarchisch strukturiert ist.

Karriere im prozess- und projektorientierten Unternehmen wird durch eine Kombination aus horizontalen und vertikalen Karrierebewegungen möglich.

Expertenkarriere

Da das Fachwissen von Experten ein wichtiger Wettbewerbsfaktor ist, müssen Experten persönliche Entwicklungsmöglichkeiten geboten werden. Die Expertenkarriere kann durch die Stufen Junior-Experte, Experte, Senior-Experte und eventuell Executive-Experte strukturiert werden (siehe Abbildung I1.3).

Es ist zu vermeiden, dass im prozess- und projektorientierten Unternehmen eine Abwertung von Experten durch einseitige Förderungen der Management- und Projektmanagementkarrieren erfolgt.

Ein interessantes „Job-Enlargement" für Experten prozess- und projektorientierter Unternehmen kann die Übernahme der Rolle eines Prozesseigentümers darstellen. Die damit verbunden Managementaufgaben sind übersehbar, die inhaltlichen Kompetenzen bezüglich der Erfüllung des jeweiligen Prozesses stehen im Vordergrund.

Prozessmanagementkarriere

Die Definition eines formalen Karrierepfads im Prozessmanagement ist nicht üblich, da es sich bei den Rollen Prozesseigentümer oder Mitglied eines Prozessmanagement-Teams immer um Rollen handelt, die zwar „relativ permanent" übertragen werden aber nur „part-time" wahrzunehmen sind. Die Rolle „Prozesseigentümer" stellt daher auch kein eigenständiges Berufsbild im prozess- und projektorientierten Unternehmen dar.

Informell ist jedoch ein Karrierepfad-ähnliches „Hineinwachsen" in Prozessmanagement-Rollen nach dem in Abbildung I1.1 dargestellten Muster vorstellbar.

---

3) Vgl. Lehnert, Karriereplanung, Dt. Univ.-Verlag, Wiesbaden, 1996

4) Vgl. Walker, Human Resource Strategy, McGraw-Hill, New York, 1992

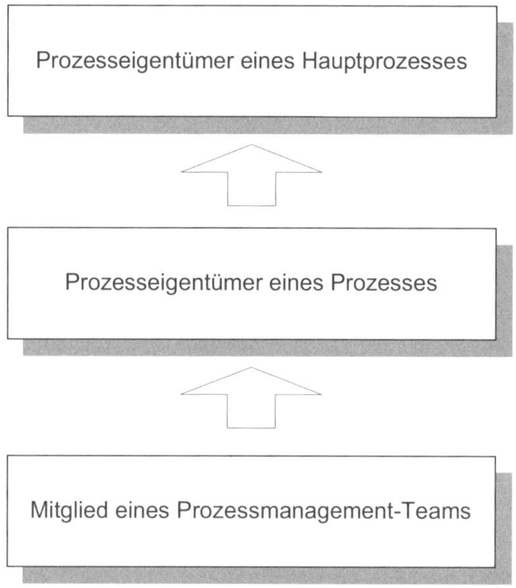

Abb. I1.1: Informeller Karrierepfad im Prozessmanagement

Projektmanagementkarriere

Die Abbildung I1.2 zeigt den Projektmanagement-Karrierepfad mit den formalen Karrierestufen „Junior Projektmanager, „Projektmanager“, „Senior Projektmanager“ und „Projektmanagement-Executive“.

Die Möglichkeiten im Projektmanagement tatsächlich Karriere zu machen, sind von der jeweiligen „Maturity“ des prozess- und projektorientierten Unternehmens abhängig. Die Durchführung von Projekten unterschiedlicher Komplexitäten, die Definition von Programmen, das Angebot von Leistungen des Management-Consulting und Management-Auditing von Projekten und Programmen, die Existenz eines PzM/PM Office und einer Portfolio Group bestimmen die Möglichkeiten, unterschiedliche Rollen wahrzunehmen.

„Projektmanager“ kann ein eigenes Berufsbild im Unternehmen darstellen. Nicht nur Unternehmen, die Kundenauftragsprojekte durchführen (z. B. Bau-, Anlagenbau- und IT-Unternehmen), sondern auch Banken, Versicherungen oder Krankenhäuser beschäftigen Mitarbeiter, die ausschließlich als Projektmanager tätig sind und daher diesem Berufsbild entsprechen.

Es ist zwischen der Stufe, auf der sich eine Person am Karrierepfad befindet, und den unterschiedlichen Rollen, die eine Person ausüben kann, zu unterscheiden. Die Abbildung I1.2 stellt den Zusammenhang zwischen den Projektmanagement-Karrierestufen und möglichen Rollen im prozess- und projektorientierten Unternehmen dar.

Projektmanagement-Karrierestufe	Rolle
Projektmanagement-Executive	• Programmmanager • Manager des PzM/PM Office • Mitglied der Portfolio Group
Senior Projektmanager	• Projektmanager • Projektmanagement-Coach • Management-Consultant von Projekten und Programmen • Management-Auditor von Projekten und Programmen
Projektmanager	• Projektmanager • Mitarbeiter des PzM/PM Office
Junior Projektmanager	• Projektmanager von Kleinprojekten • Projektcontroller • PM-Assistent

Abb. I1.2: Projektmanagement-Karrierestufen und Rollen im prozess- und projektorientierten Unternehmen

Der Management-, der Experten- und der Projektmanagement-Karrierepfad stehen nebeneinander und ergänzen sich. *Turner* und *Keegan*[5] prägen die Bezeichnung „staircase career" für das projektorientierte Unternehmen. Karrierebewegungen können die Karrierestufen hinauf, aber sie können auch zur Seite erfolgen. Der Weg zu einer höheren Karrierestufe kann auch mit einem Wechsel zu einem anderen Unternehmen verbunden sein.[6]

Um die Flexibilität im Personalmanagement zu gewährleisten, ist die Durchlässigkeit zwischen den einzelnen Karrierepfaden zu sichern. Die Abbildung I1.3 stellt idealtypisch die Wechselmöglichkeiten und Restriktionen zwischen den Karrierepfaden dar.

5) Vgl. Keegan, Turner, Managing Human Resources, Gower, Aldershot, 2003
6) Vgl. Kessler, Hönle, Karriere, Springer-Verlag Berlin, Heidelberg, 2002

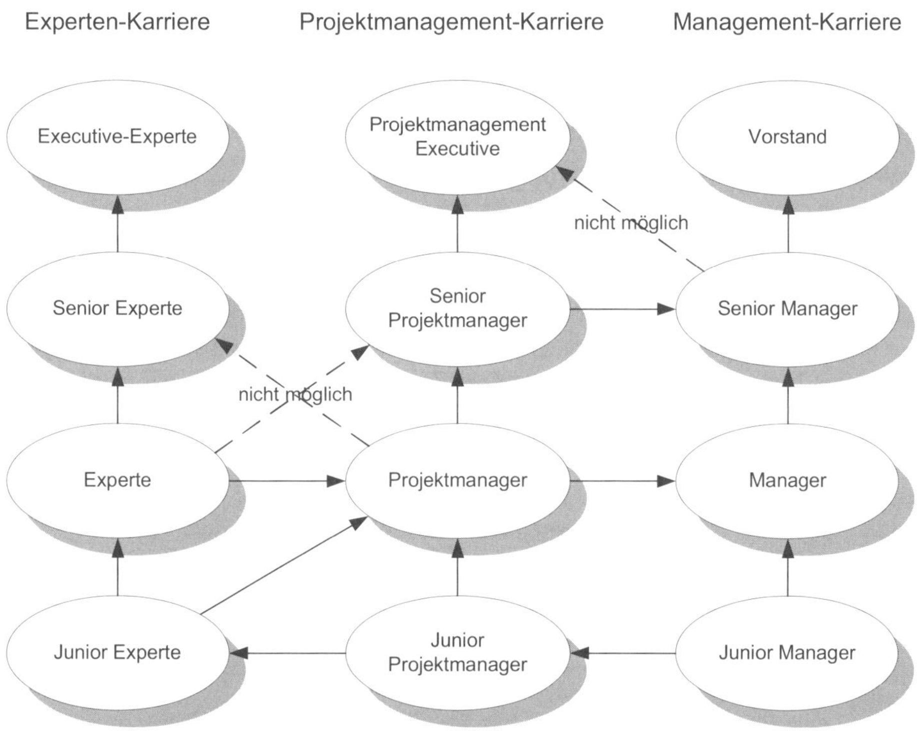

Abb. I1.3: Beziehungen zwischen den Karrierepfaden des prozess- und projektorientierten Unternehmens

I 1.3 Prozessmanagement- und Projektmanagement-Zertifizierungen

Zertifizierungen von Personen dienen zum formalen Nachweis individueller Kompetenzen. Weiters sollen Zertifizierungen einen einheitlichen Standard, dem das Personal eines prozess- und projektorientierten Unternehmens folgt, gewährleisten. Es kann zwischen Prozessmanagement- und Projektmanagement-Zertifizierungen unterschieden werden.

Prozessmanagement-Zertifizierung

Es gibt nur wenig formale Angebote zur Zertifizierung von Individuen im Prozessmanagement. Dies ist wahrscheinlich darauf zurückzuführen, dass es keine Bestrebungen von nationalen oder internationalen Prozessmanagement-Vereinigungen gibt, das Berufsbild „Prozessmanager" zu etablieren.

Die von Ausbildungsinstitutionen, wie z. B. dem TÜV – Technischer Überwachungsverein oder dem ÖVQ – Österreichische Vereinigung für Qualitätssicherung, angebotenen Zertifizierungen sind an den Besuch von Lehrgängen dieser Institutionen gebunden. Die Bezeichnungen dieser Zertifikate lauten „Zertifizierter Prozessmanager nach

TÜV"[7] und „Zertifizierter Prozessmanager nach ÖVQ". Ein von der Ausbildungsinstitution unabhängiger Kompetenznachweis ist nicht gewährleistet. „Die Absolventen der ÖVQ-Lehrgänge erhalten nach jeder positiv abgeschlossenen Prüfung das ÖVQ-Zertifikat nach EN 45013, das wegen der Akkreditierung der ÖVQ als Personalzertifizierungsstelle einem staatlich anerkannten Zeugnis entspricht".[8]

Projektmanagement-Zertifizierung

Die global tätigen Projektmanagement-Vereinigungen IPMA-International Project Management Association und PMI-Project Management Institute bieten die Durchführung von Projektmanagement-Zertifizierungen entsprechend der Standards der Vereinigungen an. IPMA bietet vier Ebenen der Projektmanagement-Zertifizierung an, nämlich Junior Projektmanager, Projektmanager, Senior Projektmanager und PM Executive. PMI bietet zwei Ebenen zur Projektmanagement-Zertifizierung an, nämlich CAPM – Certified Associate in Project Management und PMP – Project Management Professional.

Der Vorteil von Projektmanagement-Zertifizierungen durch diese Vereinigungen liegt in der nationalen bzw. internationalen Gültigkeit der Zertifikate. Sie stellen unabhängige Bestätigungen der Projektmanagement-Kompetenzen von Individuen dar.

Prozess- und projektorientierte Unternehmen können den Projektmanagement-Karrierepfad nach Projektmanagement-Zertifizierungsebenen strukturieren. In manchen Unternehmen ist die Entlohnung des Projektmanagement-Personals an die Zertifizierungsstufen gebunden.

I 1.4 Personaldisposition im prozess- und projektorientierten Unternehmen

Die Wahrnehmung einer Management-Rolle im prozess- und projektorientierten Unternehmen (z. B. Profit-Zentrumsleiter oder Abteilungsleiter) setzt meist eine gleichzeitige Wahrnehmung einer oder mehrere temporären Rollen in Projekten und Programmen (z. B. Projekt- oder Programmmanager bzw. Projekt- und Programmauftraggeber) voraus. Weiters kann es auch sinnvoll sein, mit Managementrollen oder mit Expertenrollen auch Prozessmanagementrollen zu kombinieren. So kann z. B. ein Abteilungsleiter „Beschaffung" oder ein Executive Experte „Beschaffung" gleichzeitig Prozesseigentümer mehrerer Beschaffungsprozesse sein.

Die Personaldisposition im prozess- und projektorientierten Unternehmen ist auf Grund der unterschiedlichen Rollen, die zu besetzen sind, anspruchsvoll. Die Kombination von permanenten und temporären Rollen wird oft nur intuitiv erfolgen können. Andererseits sind bezüglich der Personaldisposition Strategien bzw. Regeln zu definieren, wie z. B.:

- Definition von Multi-Rollenträgern zur Schaffung von Redundanzen und zur Sicherung der informellen Informationsweitergabe im Unternehmen,

7) Vgl. www.tuev-akademie.at
8) Vgl. www.oevq.at

- Schaffung von Synergien durch Zuordnung von komplementären Rollen an Personen,
- Entwicklung der fachlichen und sozialen Kompetenzen der Mitarbeiter zur gleichzeitigen Wahrnehmung mehrerer Rollen und
- Bereitstellung von Anreizen, um mit den spezifischen Herausforderungen des prozess- und projektorientierten Unternehmens umzugehen.

I 2 Kompetenzen zur Erfüllung von Rollen des prozess- und projektorientierten Unternehmens

Die individuelle Kompetenz kann als ein auf Wissen und Erfahrung beruhendes Potenzial zur Erfüllung einer Rolle definiert werden.[9)] Wissen und Erfahrung sind nicht unabhängig voneinander, sondern beeinflussen einander gegenseitig. Wissen stellt die Grundlage dar, auf der Erfahrung gesammelt werden kann, diese erweitert wiederum das Wissen.[10)]

Zur Erfüllung der Rollen des Prozessmanagementpersonals und des Projektpersonals werden sowohl Kompetenzen im Prozessmanagement als auch im Projektmanagement benötigt. Prozesseigentümer und Mitglieder von Prozessmanagement-Teams benötigen Projektmanagement-Kompetenz, da die Arbeit zum Prozessmanagement oftmalig in Projekten erfolgt. Projektmanager und Projektteammitglieder benötigen Prozessmanagement-Kompetenzen, da Prozesse immer öfter Betrachtungsobjekte in Projekten sind (siehe Kapitel G1.6).

Die vom Prozessmanagementpersonal und vom Projektpersonal benötigten Prozessmanagement- und Projektmanagement-Kompetenzen sind folgend beschrieben.

I 2.1 Prozessmanagement-Kompetenzen

Zur Erfüllung von Prozessmanagement-Aufgaben brauchen Mitarbeiter diesbezügliche Kompetenzen. In der Abbildung I1.4 sind Anforderungsprofile für Mitglieder von Prozessmanagement-Teams und für Prozesseigentümer dargestellt. Dabei sind die jeweiligen Mindestanforderungen bezüglich Prozessmanagement-Wissen und Erfahrungen differenziert. Es wird ersichtlich, dass zur Erfüllung der Rolle „Mitglied eines Prozessmanagement-Teams" weniger Kompetenzen als für die Erfüllung der Rolle „Prozesseigentümer" notwendig sind und dass für beide Rollen mehr Wissen als Erfahrung erwartet wird.

---

9) Huemann, Individuelle Projektmanagement-Kompetenzen, Peter Lang Europäischer Verlag der Wissenschaften, Frankfurt am Main, 2002

10) So ist es z. B. notwendig, die Methode der Prozesslandkarte theoretisch zu kennen, um mit dieser Methode Erfahrung sammeln zu können.

Elemente		Prozessmanagement-Wissen					Prozessmanagement-Erfahrung				
		5	4	3	2	1	1	2	3	4	5
		sehr viel	viel	durchschnittlich	gering	kein	keine	geringe	durchschnittlich	viel	sehr viel
1	Prozessdefinition										
2	Makro-Prozessmgt.: Liste, Landkarte										
3	Makro-Prozessmgt.: Netzwerk, Kette										
4	Mikro-Prozessmgt.: Abgrenzung, etc.										
5	Mikro-Prozessmgt.: Organisation, etc.										
6	Mikro-Prozessmgt.: Optimierung										
7	Gestaltung des Prozessmanagement										

Legende:

Mitglied Prozessmanagement-Team

Prozesseigentümer

Abb. I1.4: Prozessmanagement-Kompetenzen von Mitgliedern von Prozessmanagement-Teams und von Prozesseigentümern

I 2.2 Projektmanagement-Kompetenzen

Auch die Mindestanforderungen an Projektmanagement-Wissen und -Erfahrungen für die unterschiedlichen Stufen der Projektmanagement-Karriere können festgelegt werden. In Abbildung I1.5 sind exemplarisch die Anforderungsprofile für die Karrierestufen „Projektmanager“ und „Senior Projektmanager“ definiert. Die zur Beschreibung der Anforderungen verwendeten Wissens- und Erfahrungselemente sind nach den Teilprozessen des Projektmanagement strukturiert.

	Elemente	Prozessmanagement-Wissen					Prozessmanagement-Erfahrung				
			4	3	2	1	1	2	3	4	5
		sehr viel	viel	durchschnittlich	gering	kein	keine	geringe	durchschnittlich	viel	sehr viel
1	Projektdefinition, Projektmanagement-Prozess										
2	Methoden zum Projektstart: Projektkontext										
3	Methoden zum Projektstart: Design Projektorganisation										
4	Methoden zum Projektstart: Projektplanung										
5	Methoden zur Projektkoordination										
6	Methoden zum Projektcontrolling										
7	Methoden zum Projektabschluss										
8	Methoden zur Bewältigung einer Projektdiskontinuität										
9	Programmdefinition und Programmmanagement										

Legende:

Projektmanager

Senior Projektmanager

Abb. I1.5: Mindestausprägung der Projektmanagement-Kompetenzen von Projektmanagern und von Senior Projektmanagern

Ein Projektmanager benötigt zur Erfüllung seiner Rolle aber nicht nur die in Abbildung I1.15 beschriebenen Projektmanagement-Kompetenzen, sondern auch Fachkompetenzen, d. h. Wissen und Erfahrung bezüglich der im Projekt eingesetzten Produkte oder Technologien, Organisationskompetenzen, d. h. Wissen und Erfahrung mit den das Projekt durchführenden Organisationen, und kulturelle Kompetenzen, d. h. Wissen und Erfahrung bezüglich der unterschiedlichen Kulturen, der eventuell im Projekt kooperierenden Partner.

I 2.3 Methoden zur Beurteilung der Kompetenzen

Basis für die Planung und Umsetzung von Maßnahmen zur Personalentwicklung stellt die Beurteilung der Kompetenzen dar. Diesbezügliche Methoden sind Tests, Fremd- und Selbst-Analysen und Assessment Center.

Zur Überprüfung des Prozess- und Projektmanagement-Wissens kann z. B. der *pm test*[11] eingesetzt werden. Die Fragen des *pm test* zum Prozessmanagement sind nach Makro- und Mikro-Prozessmanagement unterschieden, die Fragen zum Projektmanagement sind entsprechend der Projektmanagement-Teilprozesse strukturiert. Es sind auch Fragen zum Programmmanagement und Projektportfolio-Management beinhaltet. Für jede Frage werden jeweils vier Antwortmöglichkeiten angeboten. Es können eine, mehrere, alle oder keine Antwortmöglichkeiten richtig sein. Die Abbildung I1.6 zeigt eine Frage des *pm test* und deren Antwortmöglichkeiten.

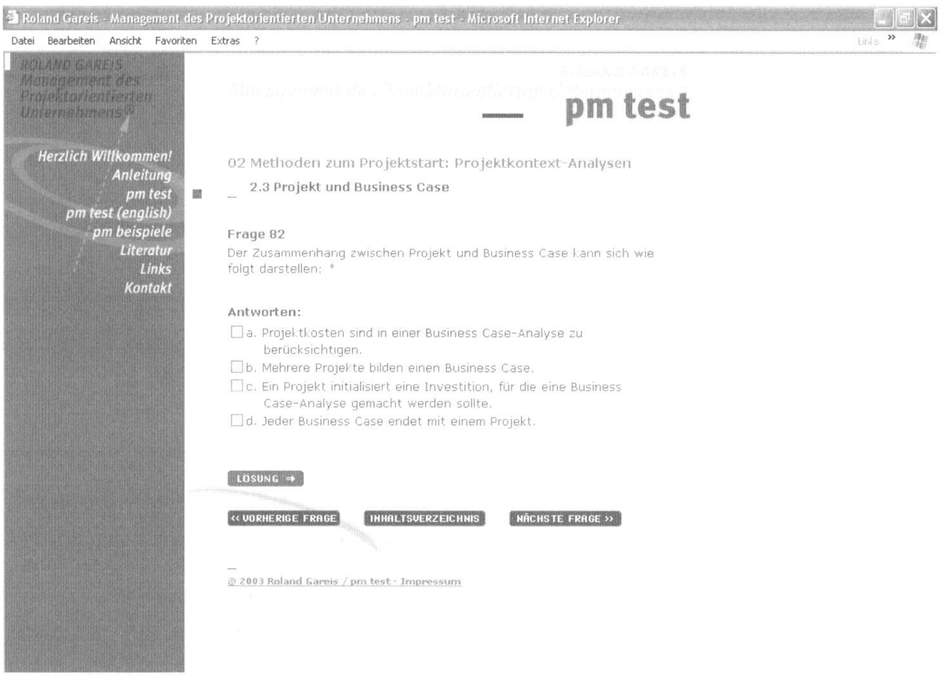

Abb. I1.6: *pm test* zur Beurteilung des Prozess- und Projektmanagement-Wissens

Ziel der Kompetenzenanalyse ist die Beurteilung des Prozess- und Projektmanagement-Wissens und der Erfahrung einer Person. Die Analyse kann entweder als Selbst-Analyse oder durch einen Experten als Fremd-Analyse durchgeführt werden. In der Abbildung I1.7 ist ein Ausschnitt eines Fragebogens für die Selbst-Analyse dargestellt.

11) *pm test* ist eine Multiple Response Test-CD von Roland Gareis mit über 500 Fragen zum Prozess- und Projektmanagement in deutscher und in englischer Sprache.

1. Bisherige Ausbildung im Prozess- und Projektmanagement	
1=keine Ausbildung, 2= wenig Ausbildung, 3= durchschnittliche Ausbildung, 4= viel Ausbildung, 5= sehr viel Ausbildung	**Ausprägung**
Bisherige Ausbildung im Prozessmanagement	
Bisherige Ausbildung im Projektmanagement	

2. Bisherige Erfahrungen im Prozess- und Projektmanagement und Selbstverständnis	
1=nicht vorhanden, 2=wenig vorhanden, 3=durchschnittlich vorhanden, 4=stark vorhanden, 5=sehr stark vorhanden	**Ausprägung**
Erfahrungen als ProjektauftraggeberIn	
Erfahrungen als ProjektmanagerIn	
Erfahrung als Projektteammitglied	
Erfahrung als ProzesseigentümerIn	
Selbstverständnis als ProjektauftraggeberIn: Mitwirkung im Projektmanagement, Mitverantwortung für Projekterfolg, Führung des/der ProjektmanagerIn	
Selbstverständnis als ProjektmanagerIn: Einsatz professioneller Methoden, ganzheitliche Projektverantwortung, Sicherung Projektfortschritt, Vereinbarungen im Projektteam	
Selbstverständnis als Projektteammitglied: Mitwirkung im Projektmanagement, Mitverantwortung für Projekterfolg, Vereinbarungen im Projektteam	
Selbstverständnis als ProzesseigentümerIn: Vorgabe von Prozessmanagementstandards, Mitarbeit bei Prozessgestaltung, Mitverantwortung für Prozessergebnisse)	

3. Prozessmanagement-Methodenkompetenz		
1=kein/e, 2=geringe/s, 3=durchschnittlich, 4=viel, 5=sehr viel	**Wissen**	**Erfahrung**
Gestaltung des Prozessmanagement-Prozesses (Methodeneinsatz, Kommunikationsstrukturen, Software-Einsatz)		
Methoden zum Makro-Prozessmanagement (Prozessliste, Prozesslandkarte, Prozesse-Netzwerk, Prozesse-Kette)		
Methoden zum Mikro-Prozessmanagement (Prozessabgrenzung, Prozessstrukturplan, Prozessablaufplan, Prozessorganisation, Prozesskennzahlen)		
...		

4. Projektmanagement-Methodenkompetenz		
1=kein/e, 2=geringe/s, 3=durchschnittlich, 4=viel, 5=sehr viel	Wissen	Erfahrung
Gestaltung des Projektmanagement-Prozesses (Methodeneinsatz, Kommunikationsstrukturen, Infrastruktur)		
Methoden zur Projektplanung (Projektziele, Projektleistungen, Projekttermine, Projektressourcen, Projektbudgets, etc.)		
Methoden zur Gestaltung der Projekt-Kontext-Beziehungen (Projekt-Umwelt-Analyse, Business Case Analyse, etc.)		
Methoden zum Design der Projektorganisation (Projektorganigramm, Projektkommunikationsplan, Projektrollen, etc.)		
Methoden zur Projektkulturentwicklung (Projektname, Projektlogo, Projektleitbild)		
Methoden zum Projektmarketing (z. B. Projektpräsentationen, Projektnewsletter, etc.)		
Methoden zur Projektkoordination (Sitzungsprotokolle von Subteamsitzungen, TO DO-Liste, Arbeitspaketabnahme, etc.)		
Methoden zum Projektcontrolling (Adaption der Projektpläne, Projektfortschrittsberichte, Project Score Card, etc.)		
...		

5. Soziale Kompetenz		
1=kein/e, 2=geringe/s, 3=durchschnittlich, 4=viel, 5=sehr viel	Wissen	Erfahrung
Präsentations- und Moderationsmethoden		
Methoden zur Teambildung und Teamauflösung		
Methoden zur Konfliktlösung		
Feedbackmethoden und Reflexionsmethoden		
...		

Abb. I1.7: Fragebogen zur Selbst-Analyse der Kompetenzen als Projektmanager

In einem Assessment Center werden Kandidaten für eine Managementrolle in simulierte Arbeitssituationen versetzt, um beurteilen zu können, wie kompetent sie zur Wahrnehmung der jeweiligen Rolle sind. In prozess- und projektorientierten Unternehmen können Assessment Centers z. B. zur Beurteilung der Kompetenzen von Projekt- und Programmmanagern oder von Managern von PzM/PM Office eingesetzt werden. Assessment Center ermöglichen den Assessoren auch die sozialen Kompetenzen der Kandidaten zu beobachten.

I 2.4 Methoden zur Personalentwicklung

Personalentwicklung kann durch eine Kombination von On the Job-Training, Aus- und Weiterbildung, Job Rotation, Coaching und Mentoring erfolgen.

On the Job-Training

Wesentliche Maßnahmen zur Personalentwicklung erfolgen „On the Job". Beim „On the Job-Training" informieren Vorgesetzte und Kollegen Mitarbeiter bezüglich der zu erfüllenden Aufgaben, der einzusetzenden Methoden, den Bedarf zur Zusammenarbeit mit anderen, etc.

Ein Hilfsmittel zum diesbezüglichen individuellen Lernen sind Prozessbeschreibungen. Diese können verwendet werden, um die Aufgaben in ihrem Zusammenhang darzustellen, Zuständigkeiten zu erklären und Hilfsmittel zu zeigen.

Aus- und Weiterbildung

Möglichkeiten zur Aus- und Weiterbildung „Off the Job" sind das Literaturstudium, e-Learning-Programme und Besuche von Vorträgen, von Seminaren und von Lehrgängen.

Zielgruppen für die Aus- und Weiterbildung im Projektmanagement sind nicht nur Projekt- und Programmmanager, sondern auch Teammitglieder und Mitglieder von Auftraggeberteams. Die Inhalte und die Dauern der Aus- und Weiterbildungsmaßnahmen zum Projekt- und Programmmanagement sind für diese unterschiedlichen Zielgruppen jeweils zu gestalten.

Zielgruppen für die Aus- und Weiterbildung im Prozessmanagement sind nicht nur das Prozessmanagement-Personal, sondern auch die Projekt- und Programmmanager sowie Teammitglieder und Mitglieder von Projekt- und Programmauftraggeberteams.

Coaching und Mentoring

Die Personalentwicklung „On the Job" kann durch Job Rotation, Coaching und Mentoring unterstützt werden.

Durch eine Job Rotation soll dem Mitarbeiter ein Verständnis für die jeweiligen Aufgaben der in einem Prozess involvierten Rollen vermittelt werden. Eine ganzheitliche Sicht der Abläufe wird dadurch geschaffen.

Ein Coach leistet Hilfe zur Selbsthilfe, indem er dem Coachee Ratschläge zur Bewältigung konkreter Arbeitssituationen gibt. Das Coaching ist im Gegensatz zum Consulting personen- und nicht organisationsbezogen. Es wird in Arbeitssituationen, in denen eine Person Bedarf nach einer Problemlösung hat, eingesetzt.

Ein Coaching eines Projektmanagers kann z. B. nach einem Projektmanagement-Training eingesetzt werden, um den Projektmanager bei der Umsetzung der gelernten Inhalte in ein aktuelles Projekt zu unterstützen. Ebenso können Prozesseigentümer in der Anwendung der Methoden des Prozessmanagement gecoacht werden. Die Rolle des Coach kann durch Senior-Experten oder durch Mitarbeiter des PzM/PM Office wahrgenommen werden.

Ein Mentoring dient zur längerfristigen Beratung junger Mitarbeiter durch regelmäßige Gespräche mit einem Mentor. In der Organisation erfahrene Kollegen können als Mentoren fungieren. Die Unterstützung kann durch die Vermittlung grundlegender Informationen zum besseren Verständnis der Strukturen und Kulturen des Unternehmens bestehen. Dabei schlüpft der Mentor in die Rolle des Ratgebers, Freundes und Vorbildes[12]. In projektorientierten Organisationen werden „jungen" Projektmanagern oft Senior Projektmanager als Mentoren zur Seite gestellt.

Literatur

Huemann, M., (Individuelle Projektmanagement-Kompetenzen) Individuelle Projektmanagement-Kompetenzen im projektorientierten Unternehmen, Peter Lang Europäischer Verlag der Wissenschaften, Frankfurt am Main, 2002

Keegan, A. E., Turner, J. R., (Managing Human Resources) Managing Human Resources in the project-based organization, in: Turner, J. R. (ed), People in Project Management, Gower, Aldershot, 2003

Kessler, H., Hönle, C., (Karriere) Karriere im Projektmanagement, Springer-Verlag Berlin, Heidelberg, 2002

Lehnert, C., (Karriereplanung) Neuorientierung der betrieblichen Karriereplanung, Dt. Univ.-Verlag, Wiesbaden, 1996

Olfert, K., Steinbuch, P., (Personalwirtschaft) Personalwirtschaft, Kiehl-Verlag, Ludwigshafen, 1995

Österreichische Vereinigung für Qualitätssicherung (ÖVQ), www.oevq.at

Spiesshofer, U., (Ingenieure) Ingenieure im europäischen Management: Karrieren von Ingenieuren im Topmanagement von europäischen Industrieunternehmen, VDI-Verlag, Düsseldorf, 1991

Schein, E., (Career) Career Dynamics: Matching individual and organizational needs, Addison- Wesley, Reading Massachusetts, 1978

TÜV Akademie, www.tuev-akademie.at

Walker, J. W., (Human Resource Strategy) Human Resource Strategy, McGraw-Hill, New York, 1992

12) Vgl. Olfert, Steinbuch, Personalwirtschaft, Kiehl Verlag, Ludwigshafen, 1995

J

Maturity des prozess- und projektorientierten Unternehmens

Unter dem Begriff „Maturity" wird die Reife bzw. Fähigkeit einer Organisation zur Erfüllung von Prozessen verstanden. Auf Grundlage des Modells des prozess- und projektorientierten Unternehmens wurde ein neues Maturity Modell entwickelt, das auf dem Maturity Modell: Management des projektorientierten Unternehmens aufbaut.

Das Maturity Modell: Management des prozess- und projektorientierten Unternehmens beinhaltet zusätzlich zu den Dimensionen Projektmanagement, Programmmanagement, Sicherung der Managementqualität in Projekten und Programmen, Beauftragung eines Projekts bzw. Programms, Projektportfolio-Koordination, organisatorisches Design und Personalmanagement als zusätzliche Dimensionen Makro-Prozessmanagement, Mikro-Prozessmanagement und Qualität der Prozesse.

J Maturity des prozess- und projektorientierten Unternehmens

Inhalt

J 1 Maturity Modelle in der Literatur

Im organisationstheoretischen Zusammenhang wird unter dem Begriff „Maturity" die Reife bzw. Fähigkeit einer Organisation zur Erfüllung von Prozessen verstanden.

Maturity Modelle haben ihren Ursprung im Qualitätsmanagement. Crosby beschreibt in seinem Maturity Grid Modell einen Entwicklungspfad eines Unternehmens mit dem Ziel der „Null-Fehler"-Qualität.[1] Er unterscheidet 5 Stufen des Reifegrads, nämlich Unsicherheit, Erwachen, Erkenntnis, Verständnis und Sicherheit.

Ein wesentlicher Beitrag in der Entwicklung von Maturity Modellen wurde durch das Capability Maturity Model (CMM) geleistet, das zwischen 1986 und 1993 vom Verteidigungsministerium der USA in Zusammenarbeit mit dem Software Engineering Institute (SEI) entwickelt wurde. Ursprüngliches Ziel des CMM war die standardisierte Beurteilung der Qualität von Software-Zulieferern. Das CMM beschreibt die Capability Maturity (den „Reifegrad der Fertigkeit") in fünf Stufen. Jede Stufe beschreibt eine Maturity eines Entwicklungsprozesses, wobei die Stufen aufeinander aufbauen (siehe Abbildung J1.1).[2]

KAPITEL
J

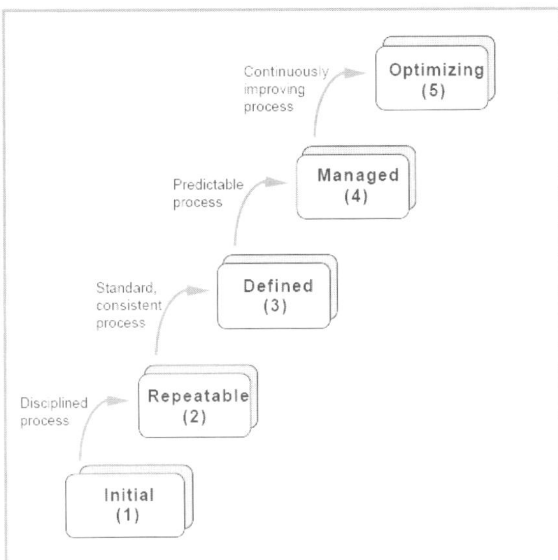

Abb. J1.1: Stufen des Capabilty Maturity Model[3]

Ziel der Anwendung von Maturity Modellen ist es, die Qualität der Erfüllung von Prozessen zu stabilisieren, sie planbar, kontrollierbar und steuerbar zu machen. Erfolge sol-

1) Vgl. Crosby, Quality is free, New American Library, McGraw-Hill, New York, 1979
2) Vgl. Glossar Projektmagazin: www.projektmagazin.de/glossar/gl-0842.html, 13. 05. 2005
3) Vgl. Paulk, Curtis, Capability Maturity Model for Software, Technical Report, Software Engineering Institute, Carnegie Mellon University, Pittsburgh, 1983

len nicht nur von Ad-Hoc-Entscheidungen, vom Zufall oder der Kreativität und Leistungsbereitschaft einzelner Mitarbeiter abhängig sein. Sie sollen vielmehr das Ergebnis eines stabilen, vorhersehbaren und effizienten Prozesses werden, und Mitarbeiter in unterschiedlichen Projekten oder Unternehmensbereichen sollen „das Rad nicht immer neu erfinden müssen".[4)]

Auf Basis des Maturity Grid Modells und des CMM wurden Maturity Modelle für unterschiedliche Anwendungsbereiche entwickelt. Breite Relevanz haben Maturity Modelle auch für das Projekt- und Programmmanagement bzw. das Management des projektorientierten Unternehmens. In der Abbildung J1.2 ist z. B. das Maturity Modell: Programmmanagement von EDS dargestellt.

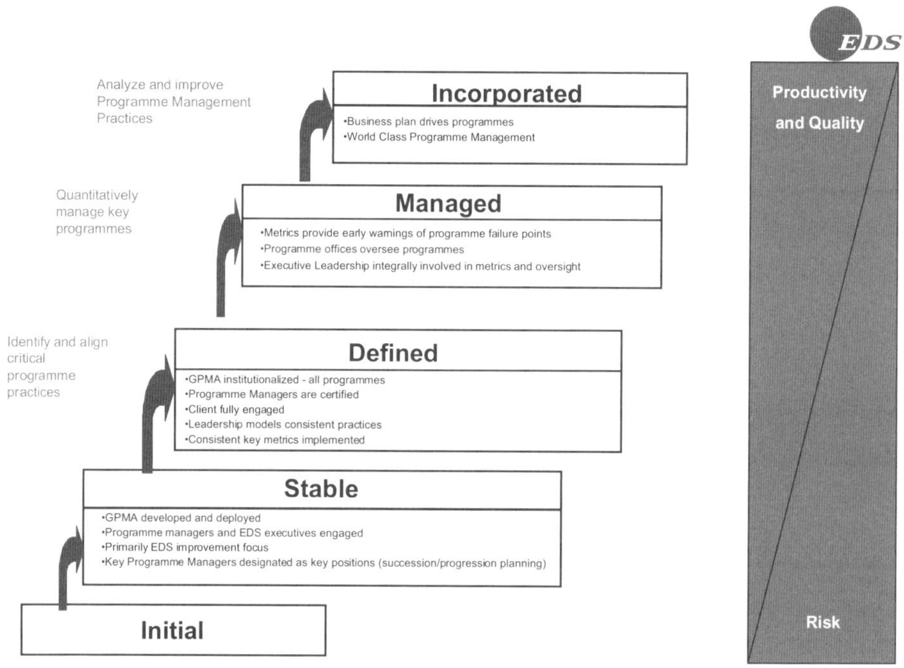

Abb. J1.2: Maturity Modell: Programmmanagement von EDS

Eines der ersten Maturity Modelle zum Projektmanagement war das Project Management Maturity Modell (PMMM) von Fincher und Levin[5)]. Ein relativ neues Modell ist das Organizational Project Management Maturity Model (OPM3) von PMI (Project Management Institute[6)]).

4) Vgl. Mellis, Projektmanagement der SW-Entwicklung, Friedrich Vieweg & Sohn Verlag, Wiesbaden, 2004
5) Vgl. Fincher, Levin, Project Management Maturity Model, PMI28th Annual Seminars & Symposiums, Chicago, 1997
6) Vgl. Fahrenkrog, Abrams, Haeck, Whelbourn, OPM3, PMI North American Congress, USA, 2003

J 2 Maturity Modelle von Gareis

Das in Kapitel J3 beschriebene Maturity Modell: Management des prozess- und projektorientierten Unternehmens basiert auf Maturity Modellen zum Projektmanagement und zum Management des projektorientierten Unternehmens von Gareis. Der diesbezügliche Entwicklungsprozess ist folgend dargestellt.

J 2.1 Maturity Modell: Projektmanagement

Ausgangspunkt der Entwicklungen von Gareis stellte das Projektmanagement-Kompetenzmodell aus dem Jahr 1998 dar.[7)] Basierend auf der Definition von Projektmanagement als Prozess[8)] wurde ein Modell zur Beurteilung der Maturity von Unternehmen zum Projektmanagement entwickelt. Betrachtungsobjekte des Maturity Modells: Projektmanagement waren einerseits die Projektmanagement-Teilprozesse Projektstart, Projektcontrolling, Projektabschluss, Projektphasenübergang und Projektkrisenbewältigung, andererseits die Gestaltung des Projektmanagement-Prozesses und dessen Weiterentwicklung (siehe Abbildung J2.1). Zur Darstellung der Multi-Dimensionalität des Maturity Modells: Projektmanagement wurde die Spinnennetz-Graphik verwendet. Zur operativen Beurteilung der Maturity zum Projektmanagement von Unternehmen wurde ein Fragebogen entwickelt.

KAPITEL J

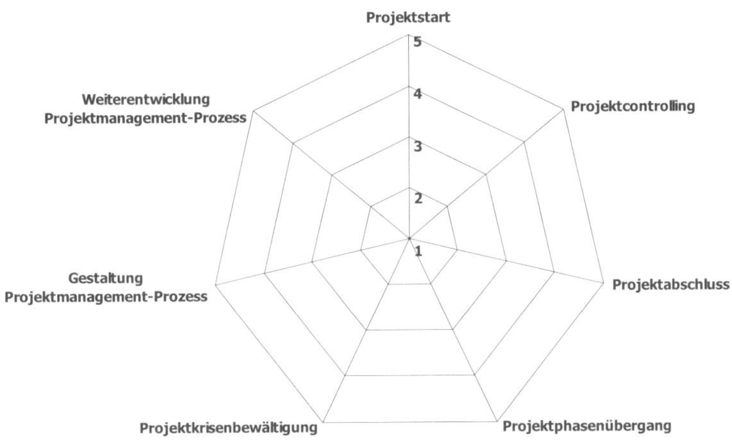

Abb. J2.1: Maturity Modell: Projektmanagement[9)]

7) Vgl. Stummer, Projektmanagement-Kompetenzmodell für projektorientierte Unternehmen, Diplomarbeit, WU Wien, Wien, 1998

8) Vgl. Gareis, Prozessorientiertes Projektmanagement, Vortragsunterlage WU Wien, Wien, 1997

9) Vgl. Stummer, Projektmanagement-Kompetenzmodell für projektorientierte Unternehmen, Diplomarbeit, WU Wien, Wien, 1998

J 2.2 Maturity Modell: Management des projektorientierten Unternehmens

Die Weiterentwicklung des Maturity Modells: Projektmanagement war mit der Entwicklung des Modells des projektorientierten Unternehmens verbunden. Das projektorientierte Unternehmen benötigt nicht nur eine entsprechende Maturity zum Projektmanagement, sondern auch Maturities zum Programmmanagement, der Sicherung der Managementqualität von Projekten und Programmen, etc.

Zusätzlich zum Projektmanagement war das Maturity Modell: Management des projektorientierten Unternehmens daher durch folgende Dimensionen charakterisiert:

- Programmmanagement
- Sicherung der Managementqualität in Projekten und Programmen
- Beauftragung eines Projekts bzw. Programms
- Projekte-Netzwerken
- Projektportfolio-Koordination
- Personalmanagement im projektorientierten Unternehmen
- Organisatorisches Design des projektorientierten Unternehmens.

Die Stärke des Modells lag unter anderem in der Betrachtung der Zusammenhänge zwischen den einzelnen Dimensionen. So ist z. B. Projektmanagement die Grundlage für das Projektportfolio-Management. Auch das Maturity Modell: Management des projektorientierten Unternehmens wurde als Spinnennetz dargestellt (siehe Abbildung J2.2).

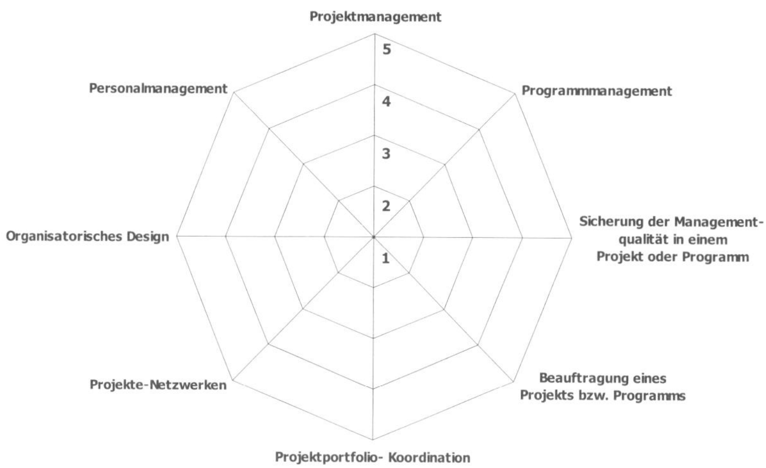

Abb. J2.2: Maturity Modell: Management des projektorientierten Unternehmens

Die detaillierte Beschreibung des Maturity Modells: Management des projektorientierten Unternehmens erfolgte mit einem nach den Maturity-Dimensionen strukturierten Fragebogen. Weiters wurde eine Software-Lösung für die Auswertung entwickelt.

Im Fragebogen wird z. B. nach der Anwendung von Projektmanagement-Methoden im Projektstartprozess gefragt. Die Abbildung J2.3 zeigt ein Beispiel einer diesbezüglichen

Frage. Der Software-Lösung liegt ein Algorithmus zu Grunde, der die Darstellung einer „Maturity-Fläche" im Spinnennetz und die Berechnung einer „Maturity-Kennzahl" ermöglicht.

Projektmanagement-Methoden im Projektstartprozess	
Projektzieleplan	
Betrachtungsobjekteplan	
Projektstrukturplan	
Arbeitspaketspezifikationen	
Projektbalkenplan	
Projektnetzplan	
Projektengpassressourcenplan	
Projektfinanzmittelplan	
Projektkostenplan	
Projektrisikoanalyse	
Projektszenarioanalyse	

Abb. J2.3: Frage aus dem Fragebogen des Maturity Modells: Management des projektorientierten Unternehmens

Im Jahr 2004 wurde das Maturity Modell: Management des projektorientierten Unternehmens weiterentwickelt, indem „Prozessmanagement" als eine zusätzliche Dimension berücksichtigt wurde. Abbildung J2.4 zeigt die adaptierten Dimensionen des Maturity Modells. Der Fragebogen des Maturity Modells hatte nach dieser Ergänzung 74 Fragen.

Diese Maßnahme zur Weiterentwicklung des Modells wurde vorgenommen, da die Erfolge von Projekten und Programmen neben einem professionellen Projekt- bzw. Programmmanagement qualitativ gute inhaltliche Prozesse voraussetzen (siehe Kapitel G1.1). Eine hohe Maturity zum Prozessmanagement ist daher ein wichtiger Erfolgsfaktor projektorientierter Unternehmen.

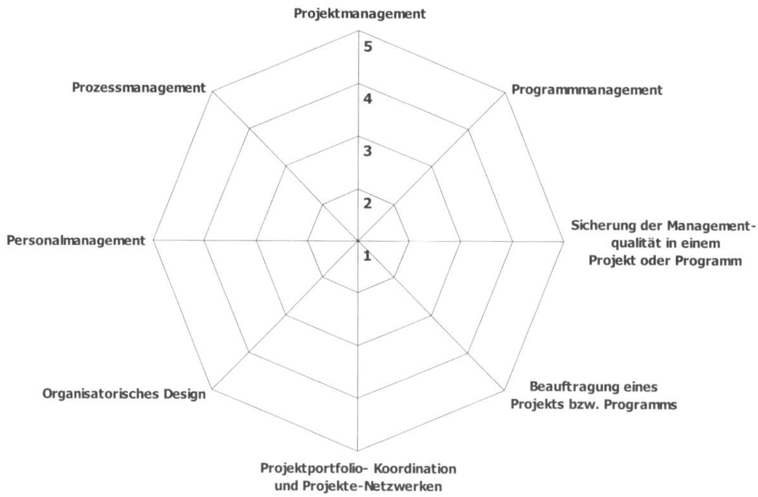

Abb. J2.4: Adaptiertes Maturity Modell: Management des projektorientierten Unternehmens

J 2.3 Anwendung des Maturity Modells: Management des projektorientierten Unternehmens

Das Maturity Modell: Management des projektorientierten Unternehmens als Instrument zur Organisationsentwicklung. Das Modell wird zur Analyse des Ist-Zustands und zur Planung von Maßnahmen zur Weiterentwicklung als projektorientiertes Unternehmen wurde in den letzten Jahren in der Praxis und Forschung angewendet. Es dient Unternehmen eingesetzt.

Das Forschungsprojekt *project orientation [austria]*, das die PROJEKTMANAGEMENT **GROUP** der Wirtschaftsuniversität Wien in Kooperation mit 60 Unternehmen im Zeitraum Jänner 2004 bis Juli 2005 durchgeführt hat, basierte auf dem Maturity Modell. Ziel des Projekts war es, die „Maturities" von Unternehmen, von projektorientierten Branchen und von Österreich als projektorientierte Nation mit Hilfe des Maturity Modells zu analysieren und zu benchmarken. Aus den gewonnenen Ergebnissen sollten Strategien und Maßnahmen für die Weiterentwicklung dieser Maturities abgeleitet werden.[10)]

Die Analyse je Unternehmen erfolgten einerseits in einer Fragebogen-gestützten Selbst-Analyse, andererseits durch eine Fremd-Analyse durch das Forscherteam zur Qualitätssicherung. Ausgewählte Ergebnisse des Forschungsprojekts sind in den Abbildungen J2.5 bis J2.7 dargestellt.

10) Vgl. Gareis, Gruber, Abschlussbericht: Bewertung Österreichs als projektorientierte Gesellschaft anhand eines Maturity-Modells, Wien, 2005

Die in Abb. J2.5 dargestellte Maturity von 49% entspricht dem Durchschnitt der 60 analysierten Unternehmen. Es wird ersichtlich, dass die 60 Unternehmen die höchsten Maturities in den Dimensionen Projektmanagement, Beauftragung eines Projekts oder Programms und Organisatorisches Design haben. Die niedrigsten Maturities weisen sie in den Dimensionen Sicherung der Managementqualität von Projekten und Programmen und Programmmanagement auf.

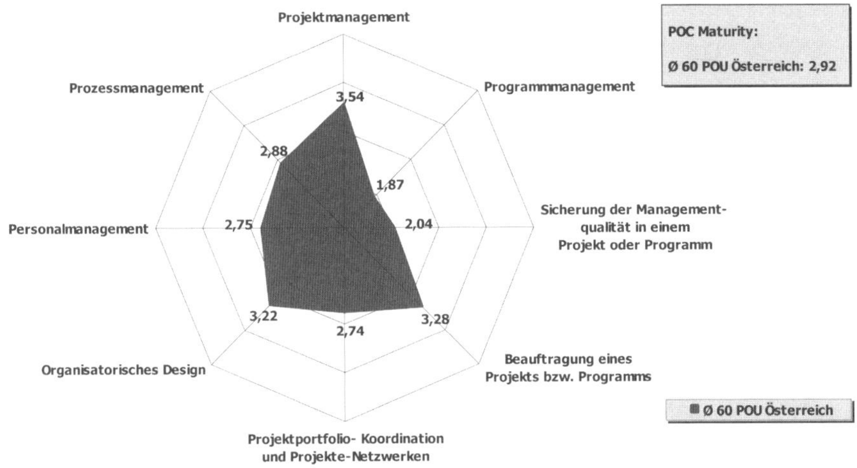

Maturity Kennzahl	2,92%
Projektmanagement	3,54%
Programmmanagement	1,87%
Sicherung der Managementqualität von Projekten und Programmen	2,04%
Beauftragung eines Projekts oder Programms	3,28%
Projektportfolio-Koordination und Projekte-Netzwerken	2,74%
Organisatorisches Design	3,22%
Personalmanagement	2,75%
Prozessmanagement	2,88%

Abb. J2.5: Durchschnittliche Maturity der 60 POO

Für das Benchmarking wurden die Durchschnittsergebnisse der Unternehmen der Branchen: Information- und Kommunikationstechnologie (IKT), Forschung, Maschinen-

KAPITEL J

und Anlagenbau, Consulting, Bau und NPO/ Öffentlicher Bereich ermittelt (siehe Abbildung J2.6).

	Ø 6 POU NPO/ Öffentlicher Bereich	Ø 7 POU Bau	Ø 5 POU Consulting	Ø 11 POU Maschinen- und Anlagenbau	Ø 60 POU Österreich	Ø 5 POU Forschung	Ø 11 POU IKT
Maturity Kennzahl	2,49	2,50	2,77	2,88	2,92	3,33	3,62
Projektmanagement	3,27	3,54	3,67	3,35	3,54	3,80	4,04
Programmmanagement	1,51	1,53	1,57	1,07	1,87	2,71	3,05
Sicherung der Managementqualität in einem Projekte oder Programm	1,80	1,37	1,55	2,07	2,04	2,15	2,99
Beauftragung eines Projekts oder Programms	3,40	2,70	2,52	3,14	3,28	3,60	3,91
Projektportfolio- Koordination und Projekte-Netzwerken	1,88	1,79	2,87	2,88	2,74	3,67	3,49
Organisatorisches Design	2,54	2,84	3,61	3,25	3,22	3,56	3,85
Personalmanagement	2,10	2,50	2,98	2,94	2,75	3,24	3,45
Prozessmanagement	1,65	2,43	2,22	3,58	2,88	3,20	3,50

Abb. J2.6: Durchschnittliche Maturities von Unternehmen unterschiedlicher Branchen

Es wird ersichtlich, dass traditionelle projektorientierte Branchen (wie z. B. die Baubranche) vor allem klassische Projektmanagement-Methoden einsetzen. Die Marktsituation beeinflusst die Maturities projektorientierter Branchen. So führen z. B. der Wettbewerb in der IKT-Branche oder die formalen Vorgaben für die Forschungsbranche zu relativ hohen Maturities. Branchen, die vor allem Kundenaufträge in Projekten durchführen, wie z. B. die Bau- und Anlagenbaubranche, haben niedrige Maturities im Programmmanagement. Im öffentlichen Bereich, in Non-Profit-Organisationen und in der Forschung gewinnt die Projektorientierung an Bedeutung.

In der Abbildung J2.7 ist die durchschnittliche Maturity der 60 Unternehmen mit den Werten des schlechtesten und des besten österreichischen Unternehmens verglichen.

	Worst POU Österreich	Best POU Österreich	Ø 60 POU Österreich
A 1. Projektstartprozess	2,13	4,58	3,51
A 1.1. Methoden der Projektplanung im Projektstartprozess I	2,42	5,00	3,89
A 1.2. Methoden der Projektplanung im Projektstartprozess II	1,92	4,67	3,73
A 1.3. Methoden zur Gestaltung der Projekt-Kontext-Beziehungen im Projektstartprozess	2,00	4,67	3,16
A 1.4. Methoden der Projektorganisation im Projektstartprozess	1,08	4,83	3,55
A 1.5. Berücksichtigung von Vertretern ‚externer Unternehmen' als Projektteammitglieder	2,50	3,40	3,42
A 1.6. Methoden der Projektkulturentwicklung im Projektstartprozess	2,00	4,50	3,28
A 1.7. Methoden des Projektmarketings im Projektstartprozess	3,00	5,00	3,54

nie	1	selten	2	manchmal	3	oft	4	immer	5

Abb. J2.7: Projektmanagement-Methoden im Projektstartprozess

Basierend auf den Erfahrungen des Forschungsprojekts *project orientation [austria]* führt die PROJEKTMANAGEMENT **GROUP** der Wirtschaftsuniversität Wien derzeit das Forschungsprogramm *project orientation [international]* durch, in dem das Maturity Modell: Management des projektorientierten Unternehmens für etwa 350 Unternehmen in etwa 10 Ländern angewandt wird.

J 3 Maturity Modell: Management des prozess- und projektorientierten Unternehmens

Die in den Kapiteln A bis I beschriebenen Strukturen des prozess- und projektorientierten Unternehmens stellten die Grundlage zur Weiterentwicklung des Maturity Modells: Management des projektorientierten Unternehmens zum Maturity Modell: Management des prozess- und projektorientierten Unternehmens dar.

J 3.1 Struktur des Maturity Modells

Zur Weiterentwicklung des Maturity Modells waren mehrere Maßnahmen notwendig. Um der Prozessorientierung von Unternehmen entsprechende Aufmerksamkeit zu geben, wurde die Dimension „Prozessmanagement" zu drei Dimensionen, nämlich Makro-Prozessmanagement, Mikro-Prozessmanagement und Qualität der Prozesse, erweitert.

Fragen zu den Methoden des Makro- und des Mikro-Prozessmanagement sowie zu deren Gestaltung waren zu ergänzen. Fragen zur Qualität der Prozesse für unterschiedliche Prozessarten waren zu entwickeln.

Da sich die Dimensionen „Organisatorisches Design" und „Personalmanagement" sowohl auf die Projektorientierung als auch auf die Prozessorientierung des Unternehmens beziehen, wurden bezüglich dieser beiden Dimensionen Ergänzungen im Fragebogen des Maturity Modells vorgenommen.

Die Strukturen des erweiterten Maturity Modells: Management des prozess- und projektorientierten Unternehmens sind als Spinnennetz in der Abbildung J3.1 dargestellt.

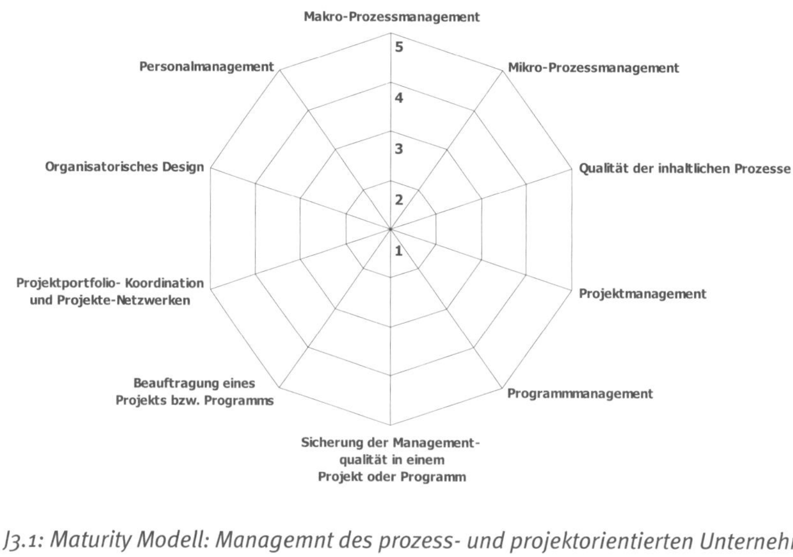

Abb. J3.1: Maturity Modell: Managemnt des prozess- und projektorientierten Unternehmens

J 3.2 Beschreibung der Dimensionen des Maturity Modells

Die einzelnen Dimensionen des Maturity Modells: Management des prozess- und projektorientierten Unternehmens werden folgend beschrieben. Exemplarisch werden je Dimension auch Fragen des Fragebogens zur Analyse der Maturity dargestellt.

Makro-Prozessmanagement

Das Makro-Prozessmanagement umfasst die Identifikation von Prozessen, die Gestaltung der Beziehungen zwischen Prozessen, die Definition von Prozesseigentümern, das Controlling der Prozessportfolios und die Definition von Standards zum Mikro-Prozessmanagement.

Zur Beurteilung der Maturity zum Makro-Prozessmanagement werden die betrachteten Prozessarten, die Methoden zum Makro-Prozessmanagement (z. B. Prozessliste, Prozesslandkarte) sowie die Gestaltung des Makro-Prozessmanagement analysiert. Abbildung J3.2 zeigt eine Frage zu den betrachteten Prozessarten, Abbildung J3.3 zeigt eine Frage zur Beurteilung des Methodeneinsatzes im Makro-Prozessmanagement.

Prozessarten	
Differenzierung unterschiedlicher Prozessarten (z. B. Primär-, Sekundär-, Tertiärprozesse)	
Betrachtung abteilungsübergreifender Prozesse	
Betrachtung unternehmensübergreifender Prozesse	
Gezielter Einsatz unterschiedlicher Organisationsformen für unterschiedliche Prozesse (Abteilung, Arbeitsgruppe, Projekt, Programm)	

Abb. J3.2: Fragen zu den betrachteten Prozessarten

Methoden zum Makro-Prozessmanagement	
Prozessliste zur Prozessidentifikation	
Prozesslandkarte	
Prozesse-Netzwerk	
Prozesseigentümer-Liste	
Prozessportfolio-Berichte	
Standards zum Mikro-Prozessmanagement	

Abb. J3.3: Frage zu Methoden zum Makro-Prozessmanagement

Mikro-Prozessmanagement

Aufgaben des Mikro-Prozessmanagement sind die Abgrenzung, die Strukturplanung, die Ablaufplanung, die Organisationsplanung und die Kennzahlenplanung, sowie das Controlling einzelner Prozesse.

Zur Beurteilung der Maturity zum Mikro-Prozessmanagement werden die Prozessabgrenzung, die Berücksichtigung von Zusammenhängen zu anderen Prozessen sowie der

Einsatz von Methoden zur Strukturierung, Ablaufplanung, Organisationsplanung und Kennzahlenplanung herangezogen (siehe Abbildungen J3.4 und J3.5).

Prozessabgrenzung	
Definition von Start- und Endereignis	
Definition von Zielen und Nicht-Zielen	
Definition von Ergebnissen	

Abb. J3.4: Frage zur Prozessabgrenzung und zu Zusammenhängen zu anderen Prozessen

Methoden zum Mikro-Prozessmanagement	
Prozessstrukturplan	
Prozessablaufplan	
Planung der organisatorischen Zuständigkeiten	
Planung von Prozesskennzahlen	

Abb. J3.5: Frage zu Methoden zum Mikro-Prozessmanagement

Qualität der Prozesse

Die Qualität von Prozessen kann auf Grund von Prozesskennzahlen, wie z. B. Kundenbeziehung, Prozessqualität, Prozesskosten, Prozessdauer, etc. gemessen werden. Die Messung der Qualität kann je Prozess, je Prozessgruppe oder nach Prozessarten erfolgen. In der Abbildung J3.6 ist eine Frage zur Beurteilung der Qualität der Primärprozesse dargestellt. Es wird ersichtlich, dass die Qualitäten je Prozessgruppe beurteilt werden können.

Qualität der Primärprozesse	Prozessgruppe 1	Prozessgruppe 2	Prozessgruppe 3	Prozessgruppe 4	Prozessgruppe 5
Qualität der Kundenzufriedenheit					
Qualität der Prozessqualität					
Qualität der Prozesskosten					
Qualität der Prozessdauer					
Qualität Gesamt					

Abb. J3.6: Frage zur Qualität der Primärprozesse

Projektmanagement

Der Prozess „Projektmanagement" besteht aus den Teilprozessen Projektstart, Projektkoordination, Projektcontrolling, Bewältigung einer Projektdiskontinuität und Projektabschluss.

Im Maturity Modell wird je Teilprozess der Einsatz von Projektmanagement-Methoden und die Gestaltung des Prozesses (z. B. Einbezug von Vertretern des Kunden oder von Partnern in die Projektorganisation) analysiert. Auch die Qualität des Projektmanagement-Prozesses und die Qualität der Projektergebnisse werden gemessen. Eine Frage zur Qualität der Projektergebnisse ist in Abbildung J3.7 dargestellt.

Qualität der Projektergebnisse[a]	Interne Projekte	Externe Projekte
Qualität der realisierten Projektziele		
Qualität der Einhaltung der Projekttermine		
Qualität der Einhaltung der Projektkosten		
Qualität der realisierten Projekterträge (bei Bedarf)		
Qualität der Ergebnisse des Business Case (bei Bedarf)		
Qualität der Projektteamarbeit		

(a) Qualität der Projektergebnisse wird definiert als die Erfüllung von Erwartungen zum Projektende, d. h. dass sich die Erwartungen im Zuge der Projektdurchführung verändern können.

Abb. J3.7: Frage zur Qualität der Projektergebnisse

Programmmanagement

Der Prozess „Programmmanagement" beinhaltet die Teilprozesse Programmstart, Programmkoordination, Programmcontrolling, Bewältigung einer Programmdiskontinuität, Programmabschluss und Programmmarketing. Die Fragen des Maturity Modells sind entsprechend dieser Teilprozesse strukturiert. Exemplarisch ist in Abbildung J3.8 eine Frage zum Programmcontrolling dargestellt.

Programmcontrolling	
Adaptierte Programmpläne (des Programmstartprozesses)	
Earned Value Analyse	
Programm Score Card	
Programmfortschrittsbericht	
Sitzungsprotokolle Programmteamsitzung	
Sitzungsprotokolle Programmauftraggebersitzung	
Adaption TO DO-Liste	

Abb. J3.8: Frage zum Programmcontrolling

Sicherung der Managementqualität in Projekten und Programmen

Zur Sicherung der Managementqualität in Projekten und Programmen können die Prozesse „Management-Consulting“ und „Management-Auditing“ durchgeführt werden.

Zur Beurteilung der Maturities zur Erfüllung dieser Prozesse werden die Betrachtungsobjekte des Consulting bzw. Auditing (z. B. Projektstartprozess oder Bewältigung einer Projektkrise), der Methodeneinsatz (z. B. Dokumentenanalyse, Interviews) sowie die Gestaltung des Consulting- bzw. Auditing-Prozesses analysiert. Eine Frage zur Gestaltung des Management-Auditing für Projekte und Programme zeigt die Abbildung J3.9.

Gestaltung des Management-Auditing für Projekte oder Programme	
Beauftragung des Management-Audits durch den Projekt- oder Programmauftraggeber	
Durchführung des Management-Audits durch einen Auditor oder ein Auditingteam	
Information der Projektportfolio Group über das Management-Audit	

Abb. J3.9: Frage zur Gestaltung des Management-Auditing für Projekte und Programme

Beauftragung eines Projekts bzw. Programms

Im Prozess „Beauftragung eines Projekts bzw. Programms“ wird zuerst bezüglich der Realisierung einer Investition entschieden. Im Fall einer positiven Entscheidung ist eine Organisationsentscheidung zu treffen. Diese ist die Grundlage für die Beauftragung eines Projekt- bzw. Programmmanagers ein Projekt bzw. Programm durchzuführen.

Die Analyse der Maturity zur Beauftragung eines Projekts bzw. Programms erfolgt anhand des Methodeneinsatzes (z. B. Investitionsantrag, Business Case Analyse, Projektantrag, Projektauftrag) sowie der Gestaltung des Prozesses. Eine Frage zur Gestaltung der Beauftragung eines Projekts bzw. Programms ist in Abbildung J3.10 dargestellt.

Gestaltung der Beauftragung eines Projekts bzw. Programms	
Entscheidung über die adäquate Organisationsform zur Realisierung des Prozesses durch die Projektportfolio Group	
Nominierung des Projekt- bzw. Programmauftraggebers durch die Projektportfolio Group	
Beauftragung Projektmanager bzw. Programmmanager durch Projekt- bzw. Programmauftraggeber	

Abb. J3.10: Frage zur Gestaltung der Beauftragung eines Projekts oder Programms

Projektportfolio-Koordination und Projekte-Netzwerken

Im Prozess „Projektportfolio-Koordination“ werden Prioritäten zwischen Projekten gesetzt und es erfolgt die Koordination der eingesetzten internen und externen Ressourcen. Der Prozess „Projekte-Netzwerken“ soll Synergien im Projekte-Netzwerk schaffen.

Zur Beurteilung der Maturity werden der Methodeneinsatz (siehe Abbildung J3.11), die Gestaltung der Prozesse Projektportfolio-Koordination und Projekte-Netzwerken sowie die Vorgangsweisen zum Management von Projekte-Ketten herangezogen.

Methoden zur Projektportfolio-Koordination und zum Projekte-Netzwerken	
Projektportfolio-Datenbank	
Projektportfolio-Berichte	
Projektportfolio Score Card	
Projekt- bzw. Programmfortschrittsberichte	
Projekte-Netzwerk-Grafik und Interpretationen	
TO DO-Listen zur Sicherung von Synergien zwischen Projekten	

Abb. J3.11: Frage zu Methoden zur Projektportfolio-Koordination und zum Projekte-Netzwerken

Organisatorisches Design

Aufbauorganisatorische Maßnahmen von prozess- und projektorientierten Organisationen umfassen das Etablieren unterschiedlicher Experten Pools, einer Portfolio Group, von Prozessmanagement Teams und eines PzM/PM Office. Ablauforganisatorisch sind Prozessbeschreibungen und Formulare zum Projekt-, Programm und Projektportfolio-Management zu entwickeln. Aber auch Standard-Projektpläne, etc. sind zu erstellen.

Für die Beurteilung der Maturity zum organisatorischen Design wird die Existenz und Relevanz der (integrierten) organisatorischen Strukturen zur Umsetzung der Prozess- und Projektorientierung beurteilt. Beispiele für diesbezügliche Fragen sind in den Abbildungen J3.12 und J3.13 dargestellt.

Aufbauorganisation	
Pools inhaltlicher Experten	
Pool: Projektmanager	
Pool: Prozesseigentümer	
Pool: Trainer/Coaches zum Prozess- und Projektmanagement	
Portfolio Group	
Prozessmanagement-Teams	
PzM/PM Office	

J3.12: Frage zur Aufbauorganisation

Ablauforganisation	
Hinweis auf die Prozess- und Projektorientierung im Leitbild	
Beschreibung der Prozesse: Projekt- und Programmmanagement	
Beschreibung der Prozesse des Projektportfolio-Management	
Formulare zum Projekt- und Programmmanagement	
Formulare zum Projektportfolio-Management	

Abb. J3.13: Frage zur Ablauforganisation

Personalmanagement

Das Personalmanagement im prozess- und projektorientierten Unternehmen umfasst die Einstellung, die Disposition und die (Weiter-) Entwicklung von Projekt- sowie Prozessmanagementpersonal. Als Projektpersonal sind alle Mitarbeiter zu verstehen, die die Rollen Projekt- bzw. Programmauftraggeber, Projekt- bzw. Programmmanager, Projektteammitglied, Projektmitarbeiter oder PzM/PM Office-Manager wahrnehmen. Unter Prozessmanagementpersonal sind Prozesseigentümer, Mitglieder von Prozessmanagement-Teams aber auch Führungskräfte mit Aufgaben im Prozessmanagement zu verstehen.

Zur Beurteilung der Maturity zum Personalmanagement ist z. B. die Existenz von Berufsbildern und von Karrierepfaden zu analysieren. Es sind die Gestaltung der Prozesse Rekrutierung, Führung, Weiterentwicklung und Freisetzung von Personal zu betrachten und es sind die zum Management des Projekt- und Prozessmanagement-Personals eingesetzten Methoden zu beurteilen. Beispiele diesbezüglicher Fragen sind in den Abbildungen J3.14 und J3.15 dargestellt.

Entwickung Projektpersonal	
Analyse der Kompetenzen des Projektpersonals	
Planung der Entwicklung des Projektpersonals	
Projektmanagement-Ausbildung Projektauftraggeber	
Projektmanagement-Ausbildung Projektmanager	
Projektmanagement-Ausbildung Projektteammitglieder	
Coaching des ausgebildeten Projektpersonals	
Erfahrungsaustausch des Projektpersonals	

Abb. J3.14: Fragen zur Entwicklung von Projektpersonal

Entwickung Prozessmanagementpersonal	
Analyse der Kompetenzen des Prozessmanagementpersonals	
Planung der Entwicklung des Prozessmanagementpersonals	
Prozessmanagement-Ausbildung Prozesseigentümer	
Prozessmanagement-Ausbildung Mitglieder Prozessmanagement-Teams	
Prozessmanagement-Ausbildung Führungskräfte	
Coaching des ausgebildeten Prozessmanagementpersonals	
Erfahrungsaustausch des Prozessmanagementpersonals	

Abb. J3.15: Fragen zur Entwicklung von Prozessmanagementpersonal

J 3.3 Anwendung des Maturity Modells

Das Maturity Modell: Management des prozess- und projektorientierten Unternehmens kann für die Analyse der Maturity eines prozess- und projektorientierten Unternehmens angewendet werden. Auf Basis der Analyse können mit dem Modell Ziele und Maßnahmen zur Weiterentwicklung definiert werden. Abbildung J3.16 zeigt die Planung von Weiterentwicklungszielen auf Basis der Ergebnisse der Ist-Analyse.

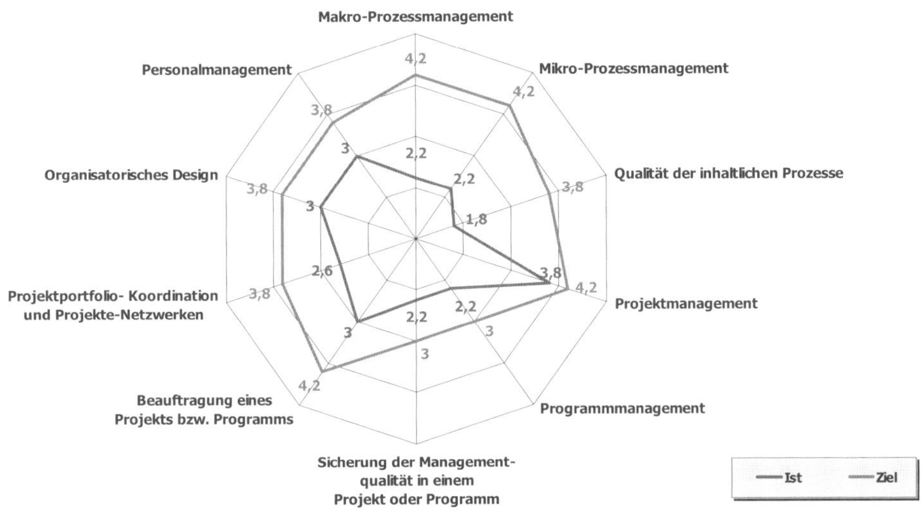

Abb. J3.16: Weiterentwicklung der Maturity als prozess- und projektorientiertes Unternehmen

Literatur

Crosby, Ph. B., (Quality is free) Quality is free, McGraw-Hill, New York, 1979

Fahrenkrog, S., Abrams, F., Haeck, W. P., Whelbourn D., (OPM3) OPM3 – The Project Management Institute's Organizational Project Management Maturity Model, Paper, PMI North American Congress, USA, 2003

Fincher, A., Levin, G., (Project Management Maturity Model) Project Management Maturity Model, Paper, PMI28th Annual Seminars & Symposiums, Chicago, 1997

Gareis, R., (Prozessorientiertes Projektmanagement) Prozessorientiertes Projektmanagement, Vortragsunterlage WU Wien, Wien, 1997

Gareis, R., Gruber, C., (Abschlussbericht) Abschlussbericht: Bewertung Österreichs als projektorientierte Gesellschaft anhand eines Maturity-Modells, Wien, 2005

Mellis, W., (Projektmanagement der SW-Entwicklung) Projektmanagement der SW-Entwicklung, Friedrich Vieweg & Sohn Verlage, Wiesbaden, 2004

Paulk, M. C., Curtis, B., et al., (Capability Maturity Model for Software) Capability Maturity Model for Software, Technical Report, Version 1.1,. Pittsburgh, Pennsylvania, Software Engineering Institute, Carnegie Mellon University, 1983

Projektmagazin, http://www.projektmagazin.de/glossar/gl–0842.html

Stummer, M., (Projektmanagement-Kompetenzmodell) Projektmanagement-Kompetenzmodell für projektorientierte Unternehmen, Diplomarbeit, WU Wien, Wien, 1998

K

Fallstudien prozess- und projektorientierter Unternehmen

Ausgewählte Schwerpunkte der Umsetzung der Prozess- und Projektorientierung in Unternehmen werden in Fallstudien behandelt.

In der ersten Fallstudie wird die Einführung des Prozessmanagement bei der One GmbH beschrieben. Es werden Ergebnisse des Makro-Prozessmanagement sowie die Verankerung des Prozessmanagement im Unternehmen durch spezifische Rollen und Kommunikationsstrukturen gezeigt.

In der zweiten Fallstudie wird das Prozesscontrolling der Linz AG exemplarisch am strategisch bedeutenden Prozess „Beschwerdemanagement" beschrieben. Der Prozessablauf, die Prozesskennzahlen, deren Messung und die Ableitung von Maßnahmen zur Prozessoptimierung werden dargestellt.

In der dritten Fallstudie wird die Einführung des Prozessmanagement in einem Produktionsunternehmen beschrieben. Die Rolle des PM Office als Eigentümer des Projektmanagement-Prozesses und der Prozesse des Projektportfolio-Management in der Umsetzung der Prozess- und Projektorientierung im Unternehmen wird dargestellt.

K Fallstudien prozess- und projektorientierter Unternehmen

Inhalt

K 1 Fallstudie: Prozessmanagement bei One (von Mag. Dr. Stefan Fiedler, Corporate Development bei One GmbH)

Folgend werden wesentliche Aspekte des Prozessmanagement in einem Mobilfunk-Dienstleistungsunternehmen beschrieben. Besonderheiten liegen zum einen in den spezifischen Anforderungen des Mobilfunkmarkts bzw. der Mobilfunkprodukte und zum anderen in der Tatsache, dass es sich bei One um ein junges Unternehmen handelt, in dem das Prozessmanagement-Gedankengut in unterschiedlicher Intensität vom Start weg aufgenommen wurde. Der Schwerpunkt der Ausführungen liegt auf den organisatorischen Aspekten des Prozessmanagements.

K 1.1 Das Unternehmen One GmbH

Marktposition

Das Kommunikationsunternehmen One GmbH ist seit seinem Markeintritt 1998 der drittgrößte Mobilfunkbetreiber in Österreich. Ende 2005 liegt One bei einem Marktanteil von ca. 20% und erzielt einen Umsatz von über € 700 Mio. Eigentümer von One sind der Energiekonzern E.ON (D) und die Mobilfunkbetreiber Telenor (N), Orange (F) und TDC (DK).

Produkte und Dienstleistungen

Das Leistungsangebot von One umfasst ein vollständiges Angebot an mobilen Sprach- und Datendiensten für Privat- und Geschäftskunden. Neben den „klassischen" Produkten wie Voice, SMS, MMS, Info-Dienste über Mehrwert-SMS etc. gehören dazu auch innovative Angebote im Music Download-Bereich sowie Mobile Office- und mobile Nebenstellen-Anwendungen. Mobile Payment-Dienste werden über das Tochterunternehmen One Bank GmbH abgewickelt. Ein spezifisches Angebot im Diskont-Bereich wird seit 2005 von der 100%-Tochter Yesss! GmbH erbracht. Die GSM-Netzabdeckung beträgt 98%, das UMTS-Mobilfunknetz wird entsprechend den Lizenzbedingungen ausgebaut.

Seit 2005 positioniert sich One im wettbewerbsintensiven österreichischen Mobilfunkmarkt verstärkt über Kundenservice und Kundennutzen und setzt auf innovative und individuelle Serviceleistungen.

Organisation und Kultur

Ende 2005 beschäftigt One rund 900 Mitarbeiter am Hauptsitz in Wien und in rund 45 eigenen Einzelhandelsfilialen in Österreich. Das Durchschnittsalter der Mitarbeiter liegt vergleichsweise niedrig, wodurch sich – in Verbindung mit der jungen Geschichte des Unternehmens – eine spezifische Organisationskultur entwickelt hat. Sie ist gekennzeichnet durch eine hohe Identifikation der Mitarbeiter mit dem Unternehmen, das diese durch Kreativität und Einsatz erfolgreich mitgestalten wollen.

Die Aufbauorganisation von One ist seit Beginn im Wesentlichen funktional, in Teilbereichen nach Kundensegmenten gegliedert (siehe Abbildung K1.1).

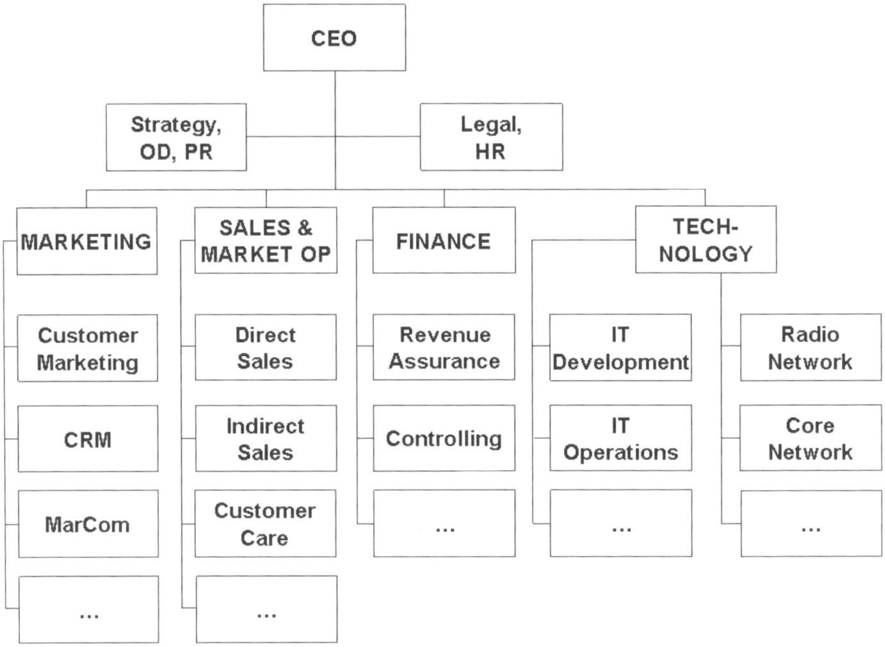

Abb. K1.1: Schematisches Organigramm von One

Zur Erfüllung unterschiedlicher Prozesse, von innovativen Prozessen bis zu wiederkehrenden Routinetätigkeiten, wurde bei One neben der Linienorganisation bereits frühzeitig Prozessmanagement und Projektmanagement etabliert.

K 1.2 Überblick: Prozessmanagement bei One

Entwicklung des Prozessmanagement

Die Implementierung des Prozessmanagement bei One hat sich in drei Phasen vollzogen (siehe Abbildung K1.2).

Phase	Implementierungsziele, Inhalte
„Startphase" (etwa 1998 bis 2000)	Ziel: Kontrolle erlangen Inhalte: Entwicklung abteilungsbezogener (Primär)Prozesse
„Reviewphase" (etwa 2000 bis 2001)	Ziel: Kundenorientierung durchgängig etablieren Inhalt: Etablierung einer Prozesslandkarte mit Primär-, Sekundär- und Tertiärprozessen, Review und Integration der abteilungsbezogenen Prozesse
„Improvementphase" (etwa 2001 bis 2005)	Ziel: Wertschöpfung erhöhen Inhalt: Etablierung von Prozessmanagement-Rollen und Kennzahlen zum Prozesscontrolling als Basis für kontinuierliche Optimierung, verstärkte Ausrichtung an der Unternehmensstrategie

Abb. K1.2: Phasen der Implementierung des Prozessmanagement

Ziele des Prozessmanagement

One verfolgt mit dem Einsatz und der Weiterentwicklung von Prozessmanagement folgende Zielsetzungen:

- Sicherstellung der Kundenorientierung in der gesamten Organisation
- Optimierung der Effizienz
- Sicherstellung von Transparenz und Nachvollziehbarkeit
- Förderung einer kontinuierlicher Weiterentwicklung

Umsetzungsstatus des Prozessmanagement

Die Umsetzung des Prozessmanagement bei One stellt sich derzeit folgendermaßen dar:

- Die Primärprozesse und ausgewählte Sekundär- und Tertiärprozesse sind dokumentiert und allen Mitarbeitern zugänglich.
- Prozessmanagement-Rollen (Prozesseigentümer, Prozessmanager, Prozessteam) sind etabliert und werden in den Primärprozessen und ausgewählten Sekundärprozessen wahrgenommen.
- Ziele für die Primär- und Sekundärprozesse werden aus den strategischen Unternehmenszielen abgeleitet.
- Kennzahlen zum Prozesscontrolling sind definiert, werden regelmäßig erhoben und zur Definition von Steuerungsmaßnahmen verwendet.
- Strukturen zur kontinuierlichen Weiterentwicklung der Primärprozesse sind etabliert
- Prozessmanagement ist auf Management-Ebene (u. a.) durch ein Management-Gremium als übergeordnete Prozessmanagement-Steuerungsinstanz verankert.
- Regelmäßige Abstimmung zwischen Prozessmanagern finden statt.
- Schnittstellen zur Projektorganisation sind implementiert.

Zur Dokumentation der Prozessfähigkeit hat One in den letzten Jahren mehrere formale Nachweise erlangt:

- ISO 9001:2000-Zertifizierung des Rechnungslegungs-Prozesses (2003)
- Process Award (GPard) der Gesellschaft für Prozessmanagement für Prozessfähigkeit nach ISO 15504 für die Customer Core-(Teil-)Prozesse „Consult, Contract and Activate Customers" und „Collect Customer Debits" (2004)

Relevanz der Prozess- und Projektorientierung

Sowohl dem Prozessmanagement als auch dem Projektmanagement kommt für unterschiedliche Aufgabenstellungen entsprechende Bedeutung zu. In der frühen Aufbauphase des Unternehmens wurden die damit verbundenen neuartigen, z. T. einmaligen Aufgaben durch eine rasche Entwicklung von Projektmanagement-Standards unterstützt. Mit der Verlagerung des Schwerpunktes auf die professionellen Erbringung der Leistungserbringung an eine zunehmende Kundenzahl gewann das Prozessmanagement einen höheren Stellenwert.

In der Abbildung K1.3 sind Kennzahlen zur Relevanz der Prozess- und Projektorientierung dokumentiert.

Prozessorientierung	Projektorientierung
• Einige 100.000 Neukunden, Upgrade-Kunden • Einige 100.000 Servicekontakte in den eigenen Einzelhandelsfilialen • 2,5 Mio. Servicekontakte Hotline • 10 Mio. Self Service-Kontakte • 7 Prozessmanager der Primärprozesse	• Über 40 parallel laufende Projekte • Projektlaufzeit 6 bis 10 Monate • 40 parallel laufende Kleinprojekte • 50 Projektmanager in den projektdurchführenden Abteilungen

Abb. K1.3: Kennzahlen der Prozess- und Projektorientierung

K 1.3 Kundenorientierung im Prozessmanagement

Ausgehend von der Zielsetzung „Kundenzufriedenheit mit Produkten und Serviceleistungen" stehen Prozesse mit unmittelbarem Kundenbezug bei One im Fokus des Prozessmanagement. In der Prozesslandkarte werden Primärprozesse (Customer Core-Prozesse), Sekundärprozesse (Enabling-Prozesse) und Tertiärprozesse (Performance Management-Prozesse) unterschieden und die ersteren in den Mittelpunkt des Prozessmanagements gestellt. Dies wird aus der Prozesslandkarte von One (siehe Abbildung K1.4) ersichtlich.

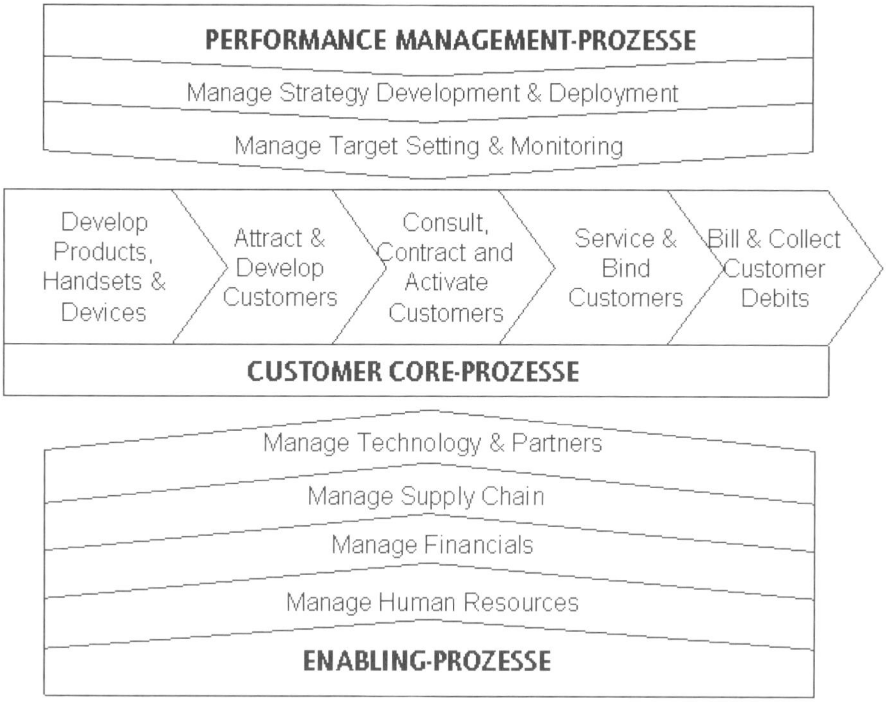

Abb. K1.4: One-Prozesslandkarte

Primärprozesse (Customer Core-Prozesse)

Die Primärprozesse umfassen alle Prozesse mit unmittelbarem Kundenbezug, sie sind in Anlehnung an ein One-Kundenlebenszyklus-Modell strukturiert. Zu den Primärprozessen gehören

- Entwicklung von Mobilfunk-Dienstleistungen („Produkten") sowie Auswahl und Adaptierung von Endgeräten,
- Angebotsgestaltung zur Kundengewinnung und Kundenentwicklung,
- Verkaufsberatung, Vertragsabschluß und Aktivierung,
- Serviceleistungen und Kundenbindungsmaßnahmen,
- Verrechnung und Gebühreneinhebung.

Bezugspunkt der Primärprozesse sind Erwartungen und Anforderungen der Kunden; als Prozesskennzahlen dienen z. B. unterschiedliche Ausprägungen von Kundenzufriedenheit und direkte Einflussfaktoren auf diese. Zwischen den einzelnen Primär-Prozessen besteht ein hohes Ausmaß an Vernetzung, z. B. erfordern bestimmte Produkte besondere Serviceleistungen oder besondere Formen der Verrechnung.

Sekundärprozesse (Enabling-Prozesse)

Um die Erwartungen und Anforderungen der Kunden in den Primärprozessen erfüllen zu können, bedarf es unterstützender Tätigkeiten. Diese finden sich in den Sekundärprozessen. Die Sekundärprozesse stellen z. B. die Verfügbarkeit der technischen Systeme sicher oder sorgen für die adäquate Ausbildung von Mitarbeitern der Service-Abteilungen. Die Unterstützungsleistung der Sekundärprozesse für die Primärprozesse wird unter anderem durch Service Level Agreements definiert.

Tertiärprozesse (Performance Management-Prozesse)

Die Performance Management-Prozesse betreffen die Steuerung des Unternehmens. Sie umfassen im Wesentlichen strategische Planung, Maßnahmenplanung und Budgetierung, Steuerungselemente der Strategieumsetzung (z. B. Projektportfolio-Management), sowie strategisches und operatives Controlling einschließlich der Vereinbarung und Messung persönlicher Ziele. Die Performance Management-Prozesse als Tertiärprozesse liefern die Vorgaben für Primär- und Sekundär-Prozesse.

Auf Grund der Fokussierung auf die kundenrelevanten Primärprozesse weist das Prozessmanagement in den unterschiedlichen Prozessarten unterschiedliche Maturities auf. So wurde zwei Customer Core-Prozessen in einem externen Audit nach ISO 15504 der Höchstwert zuerkannt, während Enabler-Prozesse z. T. auf der Stufe der Prozessdefinition stehen. Diese Differenzierung ist bewusst, Ziel ist es aber Sekundärprozesse mit kundenrelevanten Auswirkungen ebenfalls zu einer hohen Maturity zu entwickeln. Die folgenden Ausführungen beziehen sich vor allem auf die Primärprozesse.

Dabei bestehen aber auch innerhalb der Primärprozesse unterschiedliche Anforderungen an das Prozessmanagement. Es ist z. B. die Anzahl der Prozessdurchläufe in der Produktentwicklung oder in der Entwicklung von Kampagnen wesentlich niedriger als etwa beim Neukunden-Aktivierungsprozess. Dadurch ergeben sich z. B. Unterschiede in der Performance-Messung und in der kontinuierlichen Prozessoptimierung.

Die starke Vernetzung zwischen den Primärprozessen wird durch integrative Kommunikationsstrukturen zwischen den Prozessen berücksichtigt.

K 1.4 Verankerung des Prozessmanagement durch Rollen

Die aktive Wahrnehmung der Verantwortung für das Prozessmanagement wurde als kritischer Erfolgsfaktor für den Einsatz und letztlich auch der Nutzen des Prozessmanagement im Unternehmen erkannt. Daher wurden folgende zentrale Rollen der prozessorientierten Organisation definiert:[1)]

- Prozesseigentümer
- Prozessmanager
- Prozessteam
- Management-Steuerungskreis Prozesse
- Prozessmanagement-Office.

1) Hinweis: Die Aufgaben der im Kapitel H1 beschriebene Rolle „Prozesseigenümer" sind bei One auf die Rollen „Prozesseigentümer" und „Prozessmanager" aufgeteilt.

Diese Rollen werden folgend kurz beschrieben:

Prozesseigentümer (Process Owner)

Der Prozesseigentümer ist verantwortlich für den Beitrag der Prozessergebnisse zu den Unternehmenszielen. Er hat folgende Aufgaben:

- Etablierung von Prozessmanager und Prozessteam
- Vorgabe von Prozesszielen und Entwicklungszielen auf Basis der Strategie
- Treffen strategischer Entscheidungen für den Prozess
- Übergeordnetes Prozesscontrolling, Vereinbarung von Steuerungsmaßnahmen
- Sicherstellung und Überprüfung der Prozessoptimierung
- Unterstützung des Prozessteams bei übergeordneten Konflikten
- Internes Prozess- und Prozessmanagement-Marketing.

Prozesseigentümer sind immer Abteilungsleiter. Ihre Nominierung erfolgt durch die Geschäftsführung. Kriterium für die Nominierung ist das Ausmaß der Prozessdurchführung in der jeweiligen Abteilung. So ist der Abteilungsleiter des Vertriebes über die eigenen Einzelhandelsfilialen Prozesseigentümer des vertriebsbezogenen Primärprozesses „Consult, Contract & Activate Customers“, obwohl auch in anderen Abteilungen (z. B. im indirekten Vertrieb) gleichartige Leistungen erbracht werden.

Prozessmanager (Process Manager)

Der Prozessmanager ist verantwortlich für die Erreichung der Prozessziele und die Weiterentwicklung des Prozesses. Er hat im Wesentlichen folgende Aufgaben:

- Definition und Dokumentation des Prozesses
- Implementierung von Prozesskennzahlen auf Basis der Strategie
- Prozesscontrolling und Ableitung von Steuerungsmaßnahmen
- Ausrichtung der Prozess-Optimierung an der Strategie
- Beauftragung und Tracking von Steuerungs- und Optimierungsmaßnahmen
- Reporting der Prozess-Ergebnisse.

Prozessteam (Process Team)

Die Prozessteams setzen sich aus Vertretern der im Prozess involvierten Abteilungen zusammen, einschließlich der Abteilungen, die unterstützende oder ermöglichende Leistungen in einem Prozess erbringen. Das Prozessteam wird vom Prozessmanager geleitet und hat folgende Aufgaben:

- Identifikation von Optimierungspotenzialen und Definition von Maßnahmen
- Umsetzung von Steuerungs- und Optimierungsmaßnahen
- Vereinbarung von Service Level Agreements
- Umsetzung von Prozessanpassungen bzw. Prozessergänzungen, z. B. bei geänderten oder neuen Produkten.

Die Prozessteams sind durch die übergreifende Zusammensetzung z. T. relativ groß. Durch das involvierte Expertenwissen sind aber rasche Entscheidungen möglich, z. B. hinsichtlich IT-Änderungserfordernisse bei Prozess-Optimierungen.

Die unterschiedlichen Prozessrollen sind im Organigramm: Prozessorganisation (siehe Abbildung K1.5) zusammengefasst.

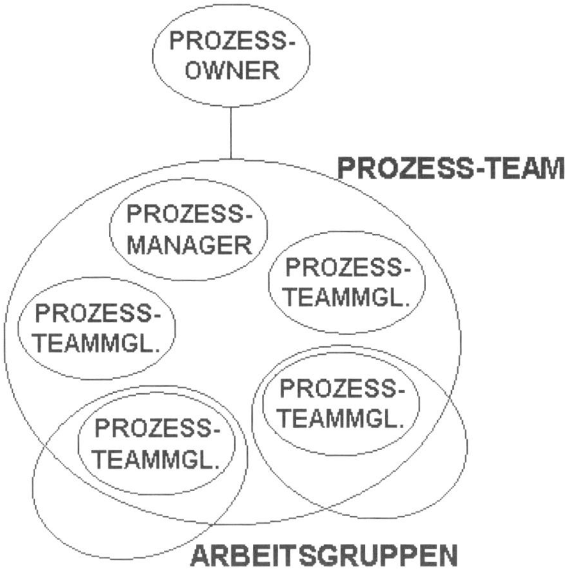

Abb. K1.5: Prozessorganisation

Der Management-Steuerkreis Prozesse und das Prozessmanagement Office haben für die einzelnen Prozessorganisationen unterstützende Funktionen.

Management-Steuerungskreis Prozesse

Der Steuerungskreis umfasst u. a. die Prozesseigentümer der (kundenbezogenen) Primärprozesse. Er nimmt die strategische Steuerung der Primärprozesse und kundenrelevanter Sekundärprozesse auf Unternehmensebene wahr.

Prozessmanagement Office

Das Prozessmanagement Office ist im Stabsstellenbereich Organisational Development angesiedelt. Es hat die Aufgaben der Weiterentwicklung der Prozessmanagement-Strukturen und der Unterstützung der Prozessmanager.

K 1.5 Verankerung des Prozessmanagement durch Kommunikationsstrukturen

Ein weiteres Element der Verankerung des Prozessmanagement bei One stellen standardisierte, formale Kommunikationsstrukturen dar. Wesentliche Kommunikationsstrukturen sind das Prozessteam-Meeting, das Customer Core-Prozessmanager-Meeting und das Management-Meeting Prozesse. Die Zusammenhänge zwischen diesen Meetings sind in der Abbildung K1.6 dargestellt. Die einzelnen Kommunikationsstrukturen sind folgend kurz beschrieben.

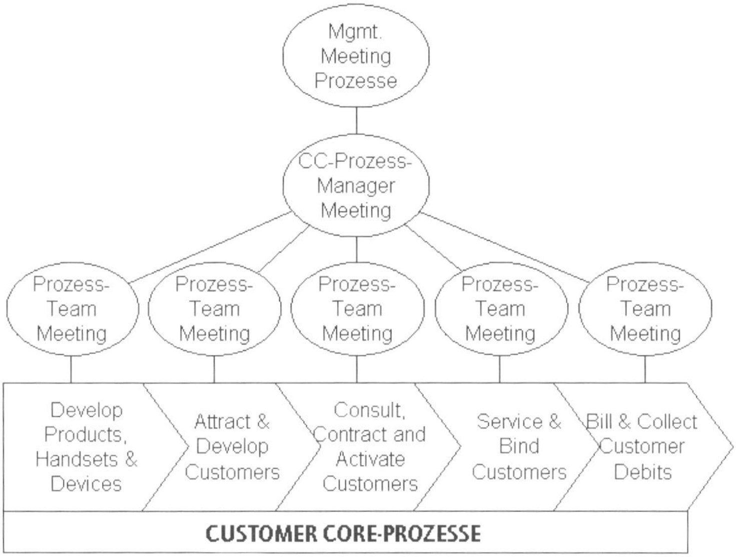

Abb. K1.6: Zusammenhänge zwischen den Kommunikationsstrukturen

Prozessteam-Meeting

Die Prozessteam-Meetings dienen der operativen Steuerung und kontinuierlichen Weiterentwicklung des jeweiligen Prozesses. Teilnehmer sind die Prozessteammitglieder unter dem Vorsitz des Prozessmanagers. Einzelne Prozesseigentümer nehmen selbst an ihren Prozessteam-Meetings teil, um in konzentrierter Form detaillierte Informationen über den Prozessstatus zu erhalten. Die Prozessteam-Meetings finden zweiwöchentlich statt.

Wesentliche im Meeting zu erfüllende Aufgaben sind:

- Prozesscontrolling und Ableitung von Steuerungsmaßnahmen,
- Behandlung von Problemen und Störungen, besonders auch anhand von Einzelfällen, aus denen strukturelle Optimierungsmaßnahmen abgeleitet werden können,
- inhaltliche Abstimmung und abteilungsübergreifende Priorisierung von Steuerungs-, Optimierungs- und Anpassungsmaßnahmen, und
- Durchführung periodischer Prozessoptimierungs-Workshops.

Customer Core-Prozessmanager-Meeting

Das Customer Core-Prozessmanager-Meeting dient als Abstimmungs-, Erfahrungsaustausch- und Koordinationsplattform, speziell für die Prozessmanager der (kundenbezogenen) Primärprozesse. Teilnehmer sind die entsprechenden Prozessmanager unter dem Vorsitz des Prozessmanagement Office-Verantwortlichen. Das Meeting findet wöchentlich statt. Es fördert die Vernetzung der Primärprozesse.

Wesentliche im Meeting zu erfüllende Aufgaben sind:

- Abstimmung und Entscheidungen prozessübergreifender Themen,
- Abstimmung des Reportings an den Management-Steuerungskreis Prozesse,
- Eskalation und Lösung von Schnittstellenkonflikten,
- Erfahrungsaustausch der Prozessmanager, und
- Weiterentwicklung der Prozessmanagement-Strukturen.

Management-Meeting Prozesse

Im Management-Meeting Prozesse tritt der Management-Steuerungskreis Prozesse periodisch zusammen und nimmt dabei die strategische Steuerung der Primärprozesse und ausgewählter Sekundärprozesse auf Basis ausgewählter (strategischer) Prozesskennzahlen und des Portfolios von Prozessoptimierungsmaßnahmen wahr.

K 1.6 Zusammenhänge zwischen Prozessmanagement und Projektmanagement

Zur Vereinfachung und Akzeptanzsteigerung wurden im Prozessmanagement und im Projektmanagement bewusst ähnliche Strukturelemente verwendet:

- Prozesse, Prozessschritte und Aktivitäten bzw. Projekt, Phasen, Arbeitspakete
- Wesentliche Rollen Prozesseigentümer bzw. Projektauftraggeber, Prozess- bzw. Projektmanager und Prozess- bzw. Projektteam
- Steuerungskreise (Management-Meeting Prozesse) und unterstützende Funktionen (Prozess- bzw-. Projektmanagement-Office)
- Standardisierung in Form von Richtlinien
- Ausrichtung an der Unternehmensstrategie, aus der Strategie abgeleitete Beurteilungs- bzw. Messgrößen (Prozessziele, Projektbeauftragung).
- Wesentliche operative Zusammenhänge zwischen Prozessen und Projekten lassen sich wie folgt analysieren:
- Prozessoptimierungen erfolgen in Projekten und Kleinprojekten
- Bearbeitung von Arbeitspaketen in Prozessteams: Arbeitspakete mit hohem Einfluss auf bestehende Prozesse bzw. Prozessanpassungen an Projektergebnisse können durch Mitglieder von Prozessteams bearbeitet werden, da dort erforderliches Prozesswissen vorhanden ist.
- Abnahme von Projektergebnissen erfolgt durch ein Prozessteam.
- Projektergebnisse beeinflussen Prozesse: Customer Core-Prozesse können durch Projektergebnisse beeinflusst werden. Um dies zu berücksichtigen, auch wenn die Anpassungsmaßnahmen nicht als Teil des Projekts definiert wurden, werden Projektanträge mit potentiellen Auswirkungen auf Primärprozesse im „Customer Core-Prozessmanager-Meeting“ evaluiert. Eventuell werden Anpassungsmaßnahmen für den Prozess definiert und veranlasst.

K 1.7 Prozessmanagement Office und Standardisierung des Prozessmanagement

Das im Stabsstellenbereich „Strategy, OD, PR" angesiedelte Prozessmanagement Office dient zur Weiterentwicklung der Prozessmanagement-Strukturen und Unterstützung der Prozessmanager. Durch konzeptionelle Gestaltung und operative Unterstützung (z. B. Begleitung von Prozessteam-Workshops zur Erarbeitung von Prozesskennzahlen) wurde ein großer Beitrag zur Entwicklung und Etablierung des Prozessmanagement erbracht und eine klare Verantwortung für den Prozessmanagement-Ansatz definiert.

Dieser ist in Form von Prozessmanagement-Richtlinien definiert und über das Unternehmens-Intranet allen Mitarbeitern verfügbar. Darin sind Prozesslandkarte, Prozessarten, Prozessmanagement-Strukturen und -Rollen definiert. Weiters sind Prozess-Maturities festgelegt, die einerseits die Einordnung der Prozesse ermöglichen, andererseits vorgeben, bis zu welcher Maturity und den damit verbundenen Ausprägungen des Prozessmanagement ein Prozess zu entwickeln ist.

K 1.8 Resumée

Als junges Unternehmen hat One von Beginn an Prozessmanagement-Gedankengut in der organisatorischen Gestaltung berücksichtigt. In der Erbringung der kundenbezogenen Leistungen wurde damit ein hohes Niveau erreicht. Wesentliche Erfolgsfaktoren hierfür waren

- die Fokussierung der Prozessmanagement-Anstrengungen auf die Primärprozesse,
- die Verankerung des Prozessmanagement durch praktikable Rollen und Kommunikationsstrukturen,
- die Etablierung „lokaler" und übergeordneter Steuerungsstrukturen für die Prozesse,
- die Etablierung unterschiedlicher Strukturen zur Prozessoptimierung,
- die synergetische Berücksichtigung von Zusammenhängen zwischen Prozessmanagement und Projektmanagement, und
- die Unterstützung durch ein Prozessmanagement Office und eine Standardisierung des Prozessmanagement.

Das Vorantreiben des Prozessmanagement ist auch weiterhin ein Schwerpunkt der organisatorischen Weiterentwicklung von One.

K 2 Fallstudie: Prozesscontrolling bei der LINZ AG

(von Mag. Dr. Dagmar Zuchi, Beraterin der ROLAND GAREIS CONSULTING)

Die Beschreibung des Prozesscontrolling bei der LINZ AG erfolgt anhand des Prozesses „Beschwerdemanagement". Es werden die Herausforderungen, die bei der Vereinheitlichung eines Prozesses für mehrere Geschäftsbereiche und der Schaffung eines übergreifenden Prozesscontrolling zu bewältigen sind, dargestellt. Es werden Prozesskennzahlen und Prozessberichte gezeigt.

K 2.1 Das Unternehmen LINZ AG

Marktposition

Die LINZ AG für Energie, Telekommunikation, Verkehr und Kommunale Dienste wird als aktive Managementholding mit vier operativen Tochtergesellschaften und einer dienstleistenden Servicegesellschaft geführt.

Die Gründung der LINZ AG erfolgte vor allem in Hinblick auf die Liberalisierung der Energiemärkte. Es wurde ein zeitgemäßer, marktorientierter Konzern geschaffen, um durch die Ausschöpfung von Synergiepotenzialen Kosten zu senken und Erträge zu sichern. Zusätzlich wurde damit die Grundlage für die Ausrichtung als Multi-Utility-Anbieter geschaffen.

Die LINZ AG betreut 105 Gemeinden in Oberösterreich und deckt eine Fläche von 2.258,7 km^2 ab.

Dienstleistungen und Produkte

Die vier operativen Tochtergesellschaften und die dienstleistende Servicegesellschaft werden als GmbHs geführt. Sie bieten Energie-, Telekommunikation-, Verkehr- und kommunale Dienstleistungen an.

Die LINZ STROM GmbH für Energieerzeugung, -verteilung und Telekommunikation ist zuständig für die Geschäftsbereiche der Stromerzeugung und -verteilung, den Vertrieb sowie die Telekommunikation.

Die LINZ GAS/WÄRME GmbH für Erdgas- und Fernwärmeversorgung ist verantwortlich für die Fernwärme- und Gasversorgung sowie für Installationen.

Die LINZ SERVICE GmbH für Infrastruktur und Kommunale Dienste ist zuständig für die Infrastrukturversorgung mit Wasser, die Entsorgung von Abwasser und Abfall sowie die kommunalen Dienste wie Hafen, Bäder, Bestattung & Friedhöfe und Baumanagement.

Die LINZ LINIEN GmbH für öffentlichen Personennahverkehr betreibt den öffentlichen Nahverkehr.

Die LINZ MANAGEMENTSERVICE GmbH erbringt konzerninterne Dienstleistungen.

Organisation und Kultur

Im Konzern arbeiten etwa 2.660 Mitarbeiter. Die Aufbauorganisation der LINZ AG ist im Wesentlichen nach Produkten gegliedert (siehe Abbildung K2.1).

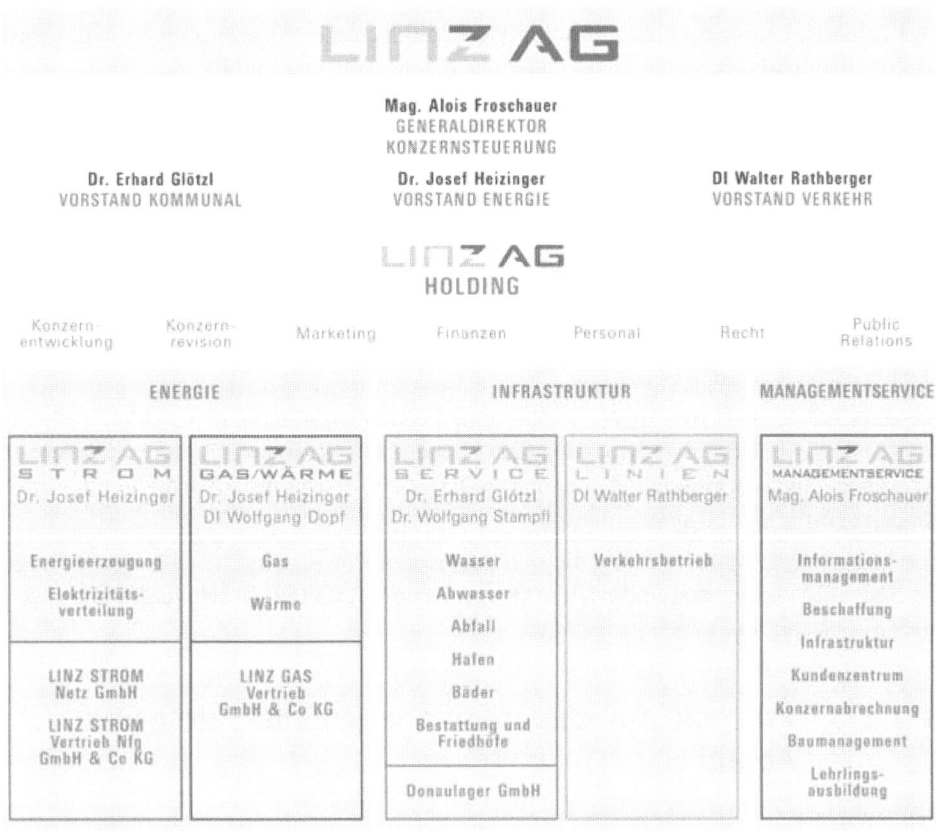

Abb. K2.1: Aufbauorganisation LINZ AG

K 2.2 Prozess „Beschwerdemanagement“: Ausgangssituation und Entstehung

Der Vorstand der LINZ AG entschied ein Beschwerdemanagement für alle Geschäftsbereiche des Konzerns (Strom, Erdgas, Wärme, Linien, Abfall, Wasser, Abwasser, Bäder, Bestattung & Friedhöfe, Hafen, Wasserdienstleistung, Institut für Wasseraufbereitung, Kundendienst) einzuführen. Diese Vereinheitlichung hatte das Ziel, die kundenorientierte Unternehmenspolitik der LINZ AG zu unterstützen und der LINZ AG eine Schlüsselposition im Kundenbeziehungs- und Qualitätsmanagement zu verschaffen.

Einerseits wurden Beschwerden in einigen Geschäftsbereichen des Konzerns bereits sehr detailliert erfasst sowie bereichsintern ausgewertet, andererseits gab es in manchen Bereichen laut Aussage einiger Mitarbeiter „keine Beschwerden", demzufolge auch keine Erfassung. Mit dem neuen, konzernübergreifenden Beschwerdemanagement wurde beabsichtigt, Stärken und Schwächen der Produkte und Dienstleistungen des Konzerns sichtbar zu machen, und bei den Mitarbeitern die Dienstleistungsorientierung, die vor allem durch die Marktliberalisierung in einigen Bereichen des Konzerns erforderlich wurde, zu unterstützen.

Das gerade im Konzern eingeführte SAP CRM (Customer Relationship Management) System diente als technische Unterstützung für die Wartung und Pflege aller Kundenkontakte, so auch Beschwerden, und unterstützte das Ziel, diese einheitlich und detailliert zu erfassen und auszuwerten. Dadurch wurde mehr Transparenz für das gesamte Unternehmen ermöglicht.

Die Erarbeitung des Prozesses „Beschwerdemanagement" erfolgte in Form einer Arbeitsgruppe, die vom Konzernmarketing (dem zukünftigen Eigentümer des Prozesses „Beschwerdemanagement") beauftragt wurde. Das Team wurde durch eine Vertreterin des Konzernmarketings geleitet, und von externen Beratern sowie von Vertretern aus den einzelnen Geschäftsbereichen gebildet.

Nach einer Analysephase der bestehenden Beschwerdemanagement-Systeme wurde ein Konzept mit Kategorisierungen, Rollen und Leistungsstandards (Prozesskennzahlen) für den Prozess „Beschwerdemanagement" erstellt. Das Konzept wurde für Kundenbeschwerden aus allen Geschäftsbereichen der LINZ AG erarbeitet und in mehreren Workshops abgestimmt und standardisiert.

Die technischen Anforderungen, die sich aus diesem Konzept ergaben, wurden in Folge im SAP CRM umgesetzt und nach umfangreichen CRM- und Beschwerdeschulungen aller Mitarbeiter in Betrieb genommen.

K 2.3 Prozess „Beschwerdemanagement": Ziele und Ablauf

Prozessziele

Der Prozess „Beschwerdemanagement" standardisiert die Erfassung und Administration von mündlichen wie schriftlichen Beschwerden und gibt bei Bedarf den Mitarbeitern vor, an welche Verantwortlichen innerhalb des Konzerns Beschwerden zur weiteren Bearbeitung weitergeleitet werden. Die geschäftsbereichsinternen Vorgehensweisen sind nicht im Prozess abgebildet, um den jeweiligen Prozessdurchführenden weitgehend Autonomie zu geben. So sind Beschwerden im Bestattungsbereich in völlig anderem Umfang und Ausmaß zu bearbeiten als „Routinebeschwerden" zur Höhe einer Stromrechnung oder zur Verspätung einer Straßenbahnlinie.

Prozessablauf

In der Abbildung K2.2 sind Ausschnitte der Phasen „Beschwerdeannahme" und „Beschwerdebearbeitung" des Prozesses „Beschwerdemanagement" dargestellt.

Start des Prozesses ist die Kontaktaufnahme eines Beschwerdeführers mit einem LINZ AG Mitarbeiter. Zur Annahme der Beschwerde sucht der erfassende Mitarbeiter die Daten des Beschwerdeführers im CRM System. Ist die betreffende Person nicht im CRM System gewartet, da sie z. B. kein aktiver Kunde ist, werden, falls die Person ihre Daten bekannt gibt, die Kontaktdaten aufgenommen und ein Eintrag als „Interessent“ angelegt. Damit können alle Daten zur Beschwerde aufgenommen werden. In Folge können Entschuldigungsschreiben oder gegebenenfalls auch finanzielle Gutschriften sowie materielle Wiedergutmachungen (z. B. Geschenke) geleistet werden.

Will der Beschwerdeführer anonym bleiben, wird die Beschwerde einem sogenannten „Dummy Kunden“ zugeordnet, um auch diese Daten für Auswertungen aufzunehmen.

Zur Erhebung von Daten und Informationen für die Beschwerdebearbeitung dienen dem Mitarbeiter unter anderem die Wissensdatenbank, das Verrechnungssystem und das CRM System. Wenn der LINZ AG Mitarbeiter die Beschwerde zur Zufriedenheit löst, ist der Prozess abgeschlossen. Andernfalls ist eine weiterführende Recherche oder die Weiterleitung an den betroffenen Geschäftsbereich vorgesehen.

Verzweigungsalternativen sind daher bei Beschwerdeannahme und nach (Erst-) Bearbeitung definiert. Abgeschlossen ist der Prozess, sobald der Kundenkontakt Beschwerde nach erfolgter Recherche oder weiteren Bearbeitung im CRM System auf „erledigt“ gesetzt wird.

Der Prozess wurde mit der Prozessmanagement-Software ARIS abgebildet. Im ARIS werden Symbole der ereignisgesteuerten Prozesskette (ePK) verwendet. Es wurden für die LINZ AG Standards bezüglich der im ARIS zu erfassenden Inhalte festgelegt. So sind z. B. die betroffene Organisationseinheit und das eingesetzte IT-Tool (CRM, Wissensdatenbank, etc.) je Vorgang anzuführen. Ereignisse, Beziehungen und Verknüpfungen „steuern“ den Ablauf. Folgend findet sich ein Ausschnitt aus der Ablaufplanung des Prozesses „Beschwerdemanagement“.

KAPITEL
K

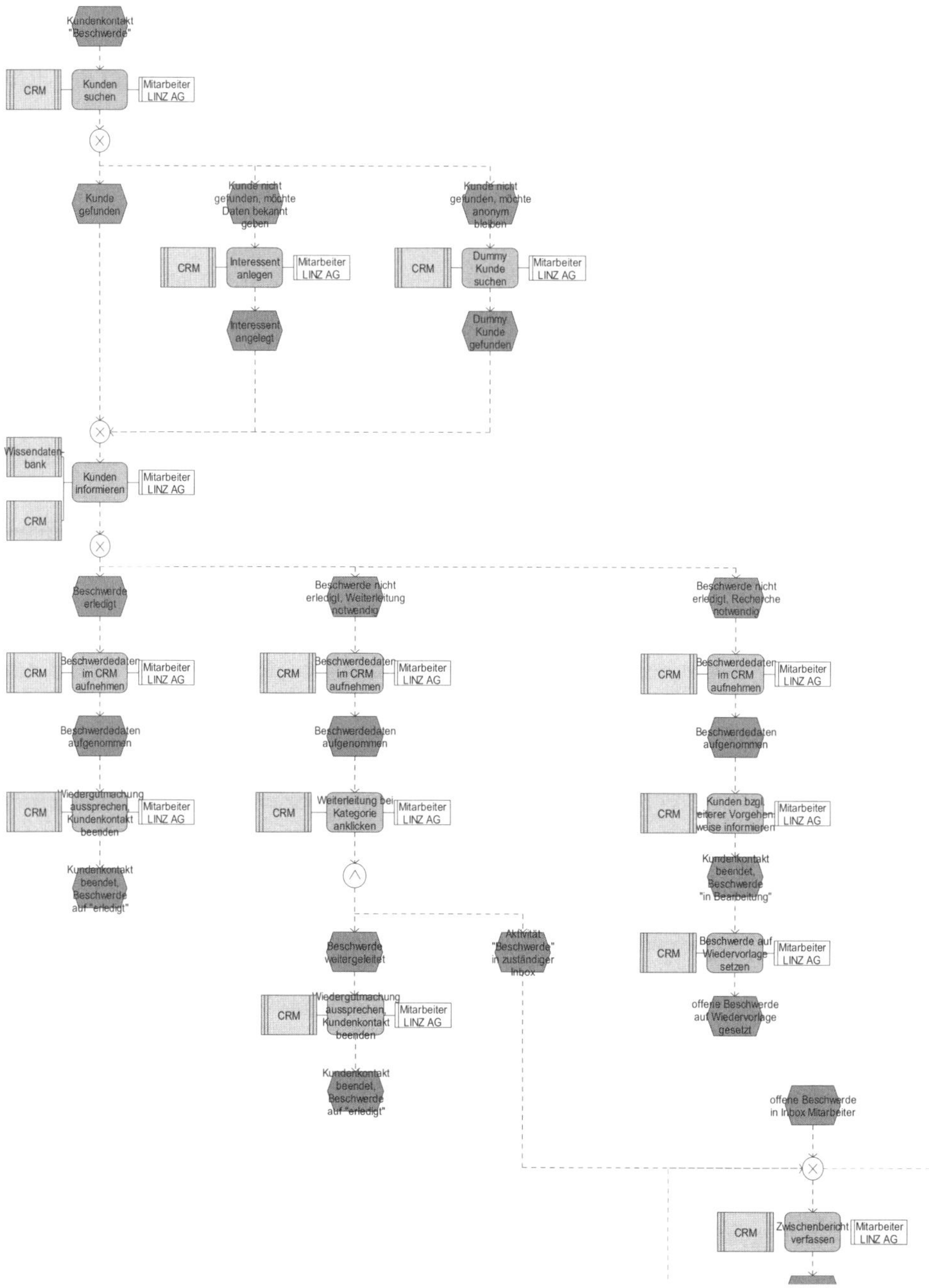

Abb. K2.2: Ablaufplanung des Prozesses „Beschwerdemanagement“ (Ausschnitt)

Das CRM System dient jenen Bereichen, in denen IT Unterstützung vorhanden ist, zur Beschwerdeaufnahme und Datenerfassung, bietet die Möglichkeit der automatisierten Beschwerdefall-Weiterleitung an definierte Mitarbeiter, vereinheitlicht Druckvorlagen (Eingangsbestätigung, Zwischenbericht, Abschlussantwort) und sichert die Pflege einer konzernweiten Kundenkontakt-Historie.

Die Beschwerden wurden kategorisiert, um den Mitarbeitern bei der Erfassung Orientierung zu geben und konzernweite Auswertungen je Beschwerdeart zu ermöglichen. Die Kategorien sind wie folgt aufgebaut:

- 1. Ebene: Geschäftsbereich (Strom, Erdgas, Wärme, Linien, etc.)
- 2. Ebene: Produkte/Tarife, Personal, Rechnung, Zahlungsverkehr, Marketing, etc.
- 3. Ebene: individuelle Ausprägung des Geschäftsbereiches
- 4. Ebene: standardisierte Details (Leistungsumfang, Kosten/Preis, etc.)

Für all jene Mitarbeiter, die kein CRM System zur Verfügung haben (Straßenbahnfahrer, Mitarbeiter in Bädern, an Seen, etc.), stehen Formulare zur manuellen Erfassung über Intranet und/oder als Hard Copy zur Verfügung. Es sind weiters jene Verantwortlichen definiert, die die ausgefüllten Formulare in das CRM System einpflegen.

K 2.4 Prozess „Beschwerdemanagement“: Rollen

Für den Prozess „Beschwerdemanagement“ sind einerseits Prozessdurchführende und andererseits Prozesseigentümer definiert.

Prozessdurchführende sind die jeweiligen Beschwerdefall-Verantwortlichen und die Eskalations-Verantwortlichen im Kundenzentrum und in den einzelnen Geschäftsbereichen. Ihre Aufgaben umfassen:

- Bearbeitung/Lösung von Beschwerdefällen bei inhaltlicher Zuständigkeit
- Erst-Erfassung jeder Beschwerde im CRM, für welche immer der entgegennehmende Mitarbeiter verantwortlich ist. Falls dieser Mitarbeiter kein CRM-User ist, sind die Daten an definierte CRM-User innerhalb der Abteilung zu übergeben.
- Weitere Beschwerdebearbeitung und Administration im CRM-System.

Die Autonomie der Geschäftsbereiche wird durch eine „duale“ Organisation des Beschwerdemanagement unterstützt. Zentral ist das Konzernmarketing für Beschwerden verantwortlich sowie für die Koordination des konzernweiten Beschwerdemanagement. Dezentral sind in den jeweiligen Bereichen Beschwerdemanagement-Verantwortliche definiert, welche die Bearbeitung und Lösung von Beschwerdefällen übernehmen.

Der Leiter des Konzernmarketing und die jeweiligen Beschwerdemanagement-Verantwortlichen aus den Geschäftsbereichen nehmen gemeinsam die Prozesseigentümerrollen wahr. Sie repräsentieren eine Kombination aus einem zentralen und mehreren dezentralen Prozesseigentümern. Die in der Linie verantwortlichen Bereichsleiter haben die Beschwerdemanagement-Verantwortung gegenüber dem Vorstand.

In der Abbildung K2.3 sind der zentrale und einige dezentrale Prozesseigentümer gelistet.

5: AUFLISTUNG MITARBEITERINNEN MIT BESCHWERDEMANAGEMENT – VERANTWORTUNG	
a. Verantwortung als Beschwerdemanagement-Verantwortlicher (siehe 4a.)	
Zentrale LINZ AG Beschwerdemanagement-Stelle	Heller
	Assistenz Kepplinger S./Beutl M.
Dezentral STROM-Netz:	Schlager
Dezentral Energie Service – Strom:	Buchegger S.
Dezentral STROM-Kraftwerke:	Hinterstoisser
Dezentral ERDGAS-Netz:	Buchegger
Dezentral Energie Service – Gas:	Buchegger S.
Dezentral WÄRME:	Höllerer

Abb. K2.3: Liste der Prozesseigentümer (Ausschnitt)

KAPITEL K

K 2.5 Prozess „Beschwerdemanagement": Prozesskennzahlen

Zur Planung und zum Controlling des Beschwerdemanagement wurden Prozesskennzahlen für die die Beschwerdestimulierung, die Beschwerdeannahme, die Beschwerdebearbeitung und die Beschwerdereaktion entwickelt. In der Abbildung K2.4 werden einige Prozesskennzahlen und diesbezügliche Zielsetzungen beispielhaft vorgestellt.

Phase	Qualitätsdimension	Kennzahl	Ausprägung Kennzahl
Beschwerde-stimulierung	• Anzahl der Beschwerden • Richtige Wahl des Kommunikationskanals • ...	Kommunikationskanal	80 % aller Beschwerden sollen direkt im Kundendienst eingehen
		Telefonische Erreichbarkeit	Annahme von 80 % aller Anrufe innerhalb 20 Sekunden (80/20)
		...	...
Beschwerde-bearbeitung	• Dauer der Beschwerdebearbeitung • Einhaltung von Vereinbarungen, wie z. B.: Termine • ...	Ersterledigung	60 % aller Beschwerden sind im Erstkontakt zu lösen und zu erledigen
		Bearbeitungs-dauer	95 % aller Beschwerden sind im Zeitraum von max. 5 Arbeitstagen zu erledigen
		...	...

Abb. K2.4: Kennzahlen des Prozesses „Beschwerdemanagement" und deren Ausprägungen

Die in der Abbildung K2.4 dargestellten Prozesskennzahlen können technisch ausgewertet werden. Darüber hinaus gibt es auch Kennzahlen und Zielsetzungen, die vor allem zur Bewusstseinsbildung dienen, wie z. B. „90% aller nicht anonymen Beschwerdeführer sollen mündlich oder schriftlich eine Dank-/Wiedergutmachungsaussage erhalten".

K 2.6 Prozess „Beschwerdemanagement": Prozesscontrolling

Das Prozesscontrolling erfolgt „dual". Durch das zentrale Konzernmarketing und die Mitarbeiter aus den Geschäftsbereichen werden Prozessmessungen durchgeführt und ausgewertet.

Vom Konzernmarketing werden viermal pro Jahr, vor den unternehmensinternen Quartalmeetings, standardisierte Beschwerdeauswertungen pro Geschäftsbereich und für die LINZ AG übergreifend aus dem CRM Beschwerdetool erstellt. Diese Auswertungen werden mit den definierten Prozesskennzahlen verglichen und bei Bedarf Maßnahmen abgeleitet. Ebenso werden auch Vergleiche zwischen den Geschäftsbereichen, vor allem hinsichtlich Bearbeitungsqualität, durchgeführt. Die Beschwerdeauswertungen und die Ergebnisse des Controlling in den Quartalsmeetings werden an die involvierten Mitarbeiter aus den Geschäftsbreichen weitergeleitet.

Das Prozesscontrolling findet viermal pro Jahr im Zusammenhang mit Quartalmeetings des Konzerns und einmal pro Jahr im Zusammenhang mit dem Beschwerde-Circle statt.

Im Beschwerde-Circle werden in einem 4-stündigen Workshop durch die Prozesseigentümer Verbesserungspotenziale identifiziert und Verbesserungsmaßnahmen für den Prozess „Beschwerdemanagement" abgeleitet. Umsetzungsentscheidungen erfolgen nach Mehrheitsbeschluss, wobei jede GmbH eine Stimme hat. Die Ergebnisse aus dem Beschwerde-Circle werden in einem Jahresreporting an den Vorstand berichtet.

Die Prozessberichte, die für die Controllingsitzungen vorbereitet werden, enthalten unterschiedliche Informationen. In den Abbildung K2.5 und K2.6 sind exemplarisch zwei Berichte dargestellt, die Auswertung „Beschwerdeführer" und die Auswertung „Verhaltenskonsequenzen".

Beschw. kat.: 1. Ebene	Vertrags-partner	VP%	Interessent	Interessent %	Anonyme (Anzahl der Kontakte)	Anonyme (Anzahl der Kontakte) %	Gesamt	Gesamt %
LINZ AG	80	87,91 %	4	4,40 %	7	7,69 %	91	100,00 %
STROM	573	98,62 %	4	0,69 %	4	0,69 %	581	100,00 %
ERDGAS	293	97,02 %	0	0,00 %	9	2,98 %	302	100,00 %
WÄRME	188	100,00 %	0	0,00 %			188	100,00 %
WASSER	107	99,07 %	0	0,00 %	1	0,93 %	108	100,00 %
ABWASSER	7	100,00 %	0	0,00 %			7	100,00 %
ABFALL	115	93,50 %	1	0,81 %	7	5,69 %	123	100,00 %
BÄDER	65	58,04 %	15	13,39 %	32	28,57 %	112	100,00 %
BESTAT-TUNG & FRIEDHÖFE	9	81,82 %	1	9,09 %	1	9,09 %	11	100,00 %
WDL	3	100,00 %	0	0,00 %			3	100,00 %
LINIEN	635	68,57 %	152	16,41 %	139	15,01 %	926	100,00 %
Gesamter-gebnis	2.075	84,54 %	177	7,06 %	200	8,40 %	2.452	100,00 %
Diese Daten beziehen sich auf das Geschäftsjahr 2004/2005 (Oktober 2004 – September 2005)								

Abb. K2.5: Auswertung „Beschwerdeführer“ (Ausschnitt)

Beschw. kat.: 1. Ebene	Kündi-gung	Kündi-gung %	Vor-stand	Vor-stand %	Zahlungsverweigerung	Zahlungsverweigerung %	Medien	Medien %	Anwalt	Anwalt %	Persönl. Bedrohung	Persönl. Bedrohung %
LINZ AG	1	0,95 %	1	0,95 %	2	1,90 %	3	2,86 %				
STROM	48	0,87 %	9	0,16 %	31	0,56 %	10	0,18 %	7	0,13 %	2	0,04 %
ERDGAS	6	0,65 %	1	0,11 %	7	0,76 %	3	0,32 %	1	0,11 %		
WÄRME	2	0,91 %	2	0,91 %	22	10,05 %	5	2,28 %	12	5,48 %		
WASSER			1	0,42 %	4	1,67 %	1	0,42 %				
ABWASSER			1	14,29 %								
ABFALL			2	1,57 %	2	1,57 %	2	1,57 %	1	0,79 %		
BÄDER							2	1,61 %				
BESTAT-TUNG & FRIEDHÖFE												
WDL												
LINIEN	13	1,18 %	8	0,73 %	10	0,91 %	28	2,55 %	13	1,18 %		
Gesamter-gebnis	70	0,83 %	25	0,30 %	78	0,93 %	54	0,64 %	34	0,41 %	2	0,02 %
Diese Daten beziehen sich auf das Geschäftsjahr 2004/2005 (Oktober 2004 – September 2005)												

Abb. K2.6: Auswertung „Verhaltenskonsequenzen“ (Ausschnitt)

Die Auswertung „Beschwerdeführer" zeigt einen Vergleich der anonymen zu den „identifizierten" Beschwerdeführern. Die „identifizierten" Beschwerdeführer sind jene Beschwerdeführer, die bereits im CRM System als Vertragspartner vorhanden sind oder als „Interessent" Daten bekannt gegeben haben. Diese Vergleiche zeigen die Auswertung pro Geschäftsbereich und für die gesamte LINZ AG.

Die Auswertungen „Verhaltenskonsequenzen" (Kündigung, Vorstand, Zahlungsverweigerung, Medien, etc.) zeigen, welche Verhaltenskonsequenzen seitens der Beschwerdeführer bei Kontaktaufnahme „angedroht" wurden.

K 2.7 Resumée

Der Prozess „Beschwerdemanagement" ist detailliert beschrieben und gibt den Mitarbeitern der LINZ AG einen Leitfaden für die Abwicklung von Beschwerden. Durch die im Einführungsprozess organisierten Abstimmungsworkshops mit den betroffenen Geschäftsbereichen ist von Beginn an das Bewusstsein für das Thema „Beschwerdemanagement" bei den Mitarbeitern geschärft worden. Konzernweite Schulungen unterstützten die Standardisierung und die Akzeptanzsicherung zur Beschwerdeaufnahme.

Noch ist die konzernweite Dokumentation aller Beschwerden nicht gesichert und dadurch die ursprünglich angestrebte Transparenz nicht durchgehend gegeben. Optimierungen und klare Vorgaben zur Erfassung und Bearbeitung, als auch die konsequente Verfolgung des Beschwerdemanagement-Gedankens durch die Unternehmensführung bieten allerdings auch zukünftig Basis für die Einhaltung des Prozesses „Beschwerdemanagement".

K 3 Fallstudie: Prozess- und Projektorientierung durch das PM Office

(von DI Wolfgang Vrzal, Berater der ROLAND GAREIS CONSULTING)

Die Erfahrungen des Autors bezüglich des Beitrags eines PM Office zur Schaffung einer Prozess- und Projektorientierung in einem Produktionsunternehmen werden in der vorliegenden Fallstudie reflektiert. Strukturen des PM Office, aus denen das prozessorientierte Handeln und Denken sichtbar wird, werden dargestellt. Es werden Stärken und Schwächen sowie der Zusammenhang zum Prozessmanagement des Unternehmens betrachtet.

K 3.1 Organisation des Unternehmens

Das Unternehmen umfasst Produktionsstandorte, Vertriebsbüros und Lizenznehmerstandorte in mehreren Ländern. Die Zentrale des Unternehmens ist in Österreich.

Neben der permanenten Linienorganisation sind Projekte und Programme als temporäre Organisationen sowie ein PM Office und eine Projektportfolio-Group als integrierende Strukturen im Unternehmensorganigramm verankert. Im Organigramm (siehe Abbildung K3.1) werden Beziehungen mit formalem Charakter (Projekte – Projektportfolio-Group, Projekportfolio-Group – Geschäftsführung) und koordinativem Charakter (Projekte – Linienorganisation, Projektportfolio-Group – Linienorganisation) abgebildet.

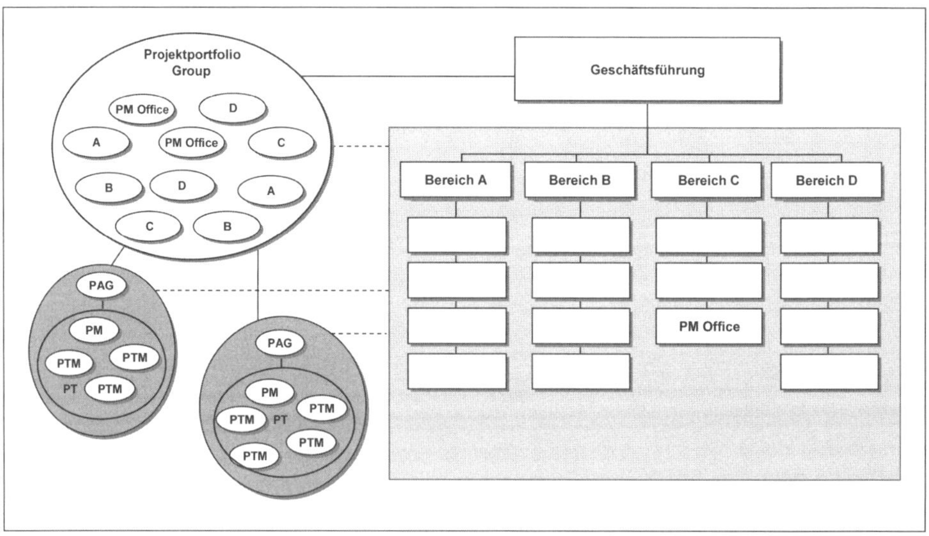

Abb. K3.1: Aufbauorganisation mit permanenten und temporären Strukturen

K 3.2 Etablierung des Projektmanagement

Im Jahr 2000 wurde die Entscheidung getroffen, das Unternehmen projektorientiert auszurichten. Die Entscheidung, „Management by Projects“ als Option zur strategischen Gestaltung des Unternehmens zu wählen, wurde im Wesentlichen durch drei Faktoren ausgelöst:

- durch den erfolgreichen Abschluss einer erstmals im Unternehmen in Programmform durchgeführten strategisch äußerst bedeutsamen Markteinführung einer gesamten neuen Produktgeneration,
- durch den Bedarf, Strukturen zum Projektmanagement als Konsequenz des oben genannten Programms zu etablieren und
- durch die Notwendigkeit, den Zusammenhang zwischen Unternehmensstrategien und Projekten zu managen.

In den beiden Folgejahren lag der Schwerpunkt auf der Etablierung der Projektmanagement-Strukturen, wie z. B. der Installation des PM Office und der Projektportfolio-Group. Erst in weiterer Folge wurden umfangreichere Projektmanagement-Ausbildungsmaßnahmen sowie die Erstellung von Projektmanagement-Hilfsmittel durchgeführt. Ab 2004 erfolgte durch die Einbindung der ausländischen Standorte eine Internationalisierung des Projektmanagement.

Die Inhalte der Projekte stellten ein wesentliches Merkmal zur Unterscheidung von Projektarten dar. Projekte gleichen Inhalts benötigen ähnliche Ressourcen. Durch das Aufzeigen des Bedarfs an jeweils spezifischen Ressourcen wurde ein Beitrag zur Ressourcenbereitstellung geleistet. Die Erstellung von Standardprojektplänen erfolgte ebenfalls je Projektart. Folgende inhaltliche Projektarten wurden unterschieden:

- Projekte der Produktbereitstellung (Produktion, Zukauf, Fertigung),
- Marktorientierte Projekte (Marktbearbeitung, Markteinführung),
- Projekte mit oder bei Lizenznehmern und
- Organisationsentwicklungsprojekte.

Die Betrachtung von Projekte-Ketten und die Definition von Projektarten unter Bezugnahme auf den Investitionslebenszyklus von Produkten spiegelten die Prozessorientierung wieder (siehe Abb. K3.2).

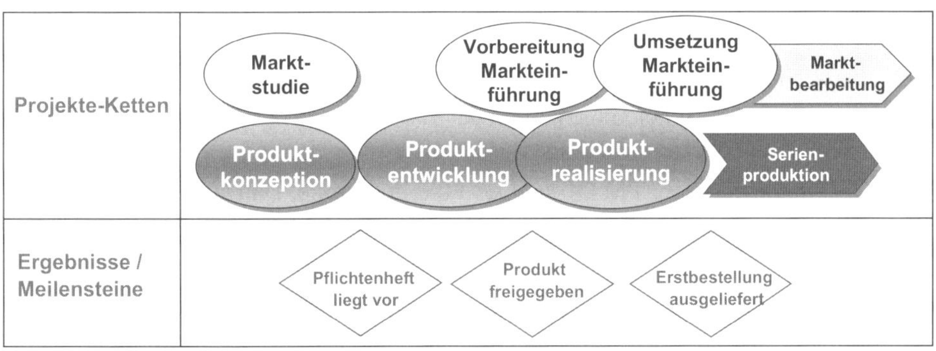

Abb. K3.2: Beispiel Projekte-Ketten im Investitionslebenszyklus

Das Projektportfolio wies im Durchschnitt 90–100 Projekte/Programme auf, wobei sich etwa 60 Projekte/Programme „in Durchführung" und etwa 25 „in Planung" befanden. Den Status „unterbrochen" bzw. „abgebrochen" hatten durchschnittlich 3–5 Projekte. Die Zahl der abgeschlossenen Projekte hing vom Zeitpunkt der Betrachtung während des Geschäftsjahres ab.

K 3.3 Das PM Office

Strategien und Ziele des PM Office

Die Strategien des PM Office bestanden

- im Leisten eines Beitrags zur Etablierung und Weiterentwicklung des Unternehmens als prozess- und projektorientiertes Unternehmen
- in der Bereitstellung eines den Kundenbedürfnissen entsprechenden Projektmanagement-Dienstleistungsangebots
- in der stufenweisen Internationalisierung von Projektmanagement im Unternehmen
- im Leisten eines Beitrags zur Weiterentwicklung der individuellen Kompetenzen der Mitarbeiter
- in der Wahrnehmung der Führungsrolle in Bezug auf Innovation, Qualität und Anwendbarkeit im Projektmanagement.

Im Jahr 2004 wurden die PM Office Strategien hinsichtlich Prozessmanagement durch die Ziele „Forcierung des Denkens in Prozessen und Investitionslebenszyklen" und „Kooperation mit Prozessmanagement" konkretisiert. Die Erreichung der Ziele sollte durch die definierten Leistungen des PM Office ermöglicht werden.

Dienstleistungen des PM Office

Der in Abbildung K3.3 dargestellte Prozessstrukturplan zeigt die Prozesse und Leistungen des PM Office. Er bildete die Grundlage für

- die operative Leitung des PM Office
- die Definition der Zuständigkeiten (Prozesseigentümer, Prozessdurchführende)
- detaillierte Prozessbeschreibungen
- laufende Weiterentwicklung der Strategie des PM Office
- strategische Entscheidungen durch das PM Office am Ende des Geschäftsjahres (Schwerpunktsetzungen, Anpassung der Leistungen, etc.)
- die Dokumentation (PM Office Jour Fixe Protokolle, Dateiablage, etc.) und
- eine durchgängige Arbeitszeiterfassung je PM Office Mitarbeiter auf Prozessebene.

Als zentrale Leistungen bildeten sich die Unterstützung der Projekte und die Gestaltung des Informationstransfers zwischen den Projekten und dem Projektportfolio heraus. So wurden Projektdaten vom PM Office in der Projektportfolio-Datenbank geführt.

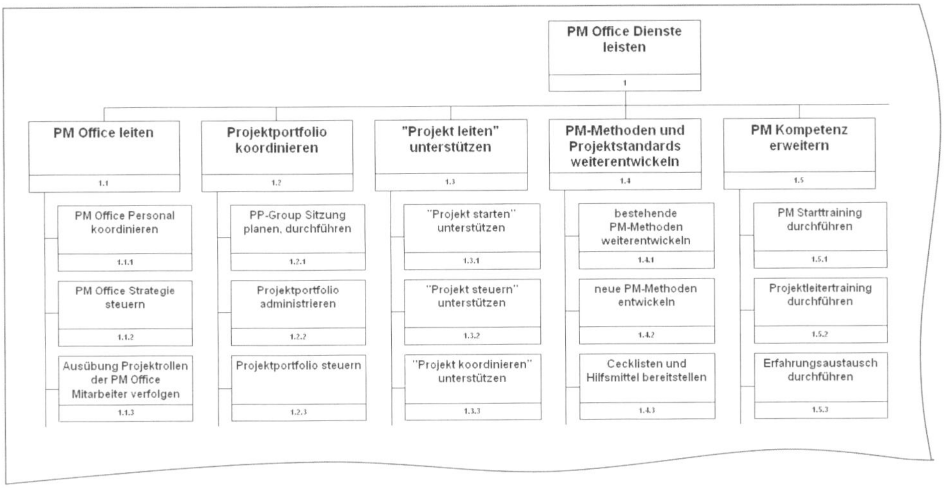

Abb. K3.3: Prozessstrukturplan des PM Office (Ausschnitt)

Kapitel
K

Organisation, Personal

Aufbauorganisatorisch war das PM Office in einem Bereich und nicht als Stabsstelle der Geschäftsleitung implementiert. Die PM Office Manager waren formal Mitglieder der Projektportfolio-Group.

Ausgewählte Prozesse wurden anhand von Prozessbeschreibungen einer einheitlichen Struktur folgend beschrieben. Durch die Formulierung von Messkriterien sollten die Prozesse bewertbar gemacht und die Steuerungsmöglichkeit gewährleistet werden. Beispielhaft sind hier Messkriterien für den Prozess „PM Office Dienste leisten" dargestellt:

- „Zufriedenheit" der Projekte (anonyme Befragung von 25% aller Projekte des Projektportfolios mittels Fragebogen)
- Anteil der Mitarbeiter des Unternehmens, die je betrachteter Periode an Projektmanagement-Weiterbildung teilgenommen haben (Ausbildung, Erfahrungsaustausch, Workshops zu Projektmanagement-Themen)
- Anteil der im Zuge der Unternehmensstrategie definierten Projekte, die im Projektportfolio im betrachteten Geschäftsjahr zur Umsetzung gekommen sind

Prozessbeschreibung		
1. Prozessbezeichnung	Code	Prozesseigentümer
Projekt starten unterstützen	**1.3.1**	XX
2. Prozessziele		
Projektauftrag abgestimmt und Projekt formal beauftragt Projektorganisation bei Erarbeitung "einheitliches Projektbild" unterstützt Projektteam bei Projektplanung unterstützt Projektmanager bei Vorbereitung und Durchführung Startprozess unterstützt Voraussetzungen für Datenzugriff auf Projektserver geschaffen Projektorganisation und relevante Umwelten über Ergebnisse Startprozess informiert		
3. Prozessabgrenzung		
Auslöser	Ende	
Auftrag zum Projektstarten durch Projektportfolio-Group	PM-Dokumentation abgelegt	
Input	Output	
Projektauftrag AUF Masterplan - wenn vorgesehen	PM-Dokumentation Projektverzeichnis am Server	
4. Lieferanten-Kunden Schnittstellen		
Lieferanten	Kunden	
Projektorganisation PM Office P.Portfolio-Group	Projektorganisation P.Portfolio-Group	

Abb. K3.4: Prozessbeschreibung „Projekt starten unterstützen“ (Ausschnitt)

KAPITEL K

Das PM Office bestand aus zwei PM Office Managern. Deren Zertifizierung als Projektmanager bei PMA stellte die inhaltliche Basis dar. Die zentrale Kommunikationsstruktur war das alle zwei Wochen stattfindende PM Office Jour Fixe.

K 3.4 Prozessmanagement durch das PM Office

Prozessmanagement erfolgte durch das PM Office in der Rolle des Prozesseigentümers des Projektmanagement-Prozesses und der Projektportfolio-Management-Prozesse. Im Folgenden wird die Anwendung des Prozessmanagement für jene Prozesse dargestellt, für die das PM Office Eigentümer ist.

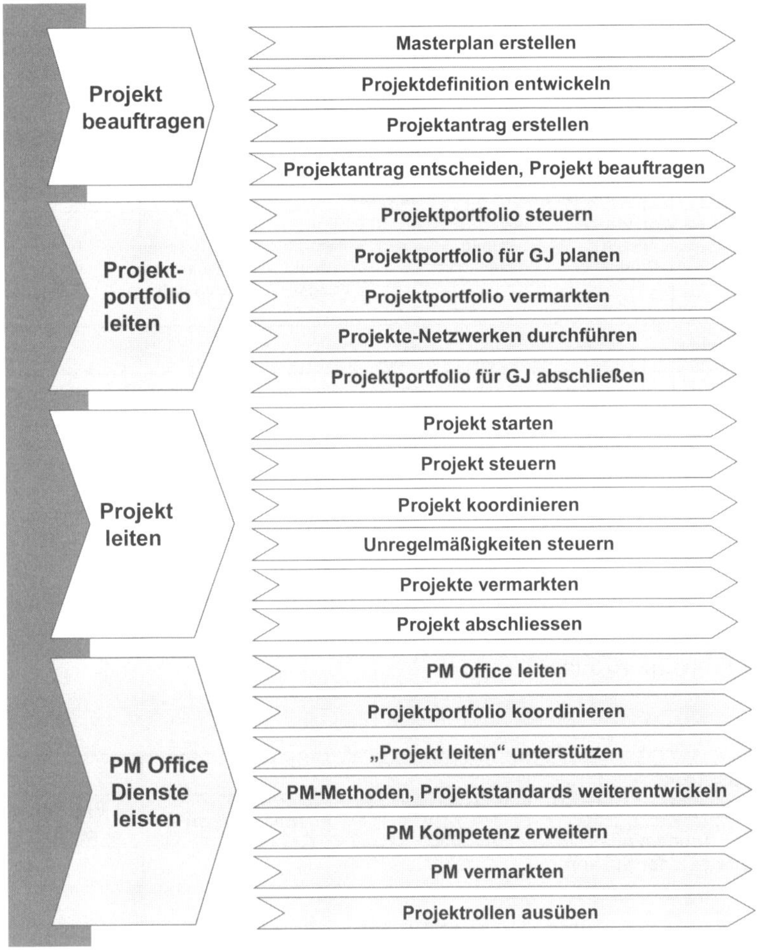

Abb. K3.5: Prozesslandkarte der Prozesse, für die das PM Office Eigentümer ist

Prozess „Masterplan erstellen"

Die Grundlage für die Erfüllung der Prozesse des Projektmanagement und Projektportfolio-Management waren die Ergebnisse des Prozesses „Masterplan erstellen". Der Masterplan (siehe Abbildung K3.6) sicherte ganzheitliche Betrachtungen und sinnvolle Abgrenzungen von Investitionen. Der Masterplan orientierte sich am Lebenszyklus von Produkten, er beinhaltete laufende und folgende Projekte sowie produktbezogene Prozesse. Der Betrachtungszeitraum für den Masterplan war 5 Jahre. Die Analyse der Prozesskosten war zum gegebenen Zeitpunkt nicht implementiert.

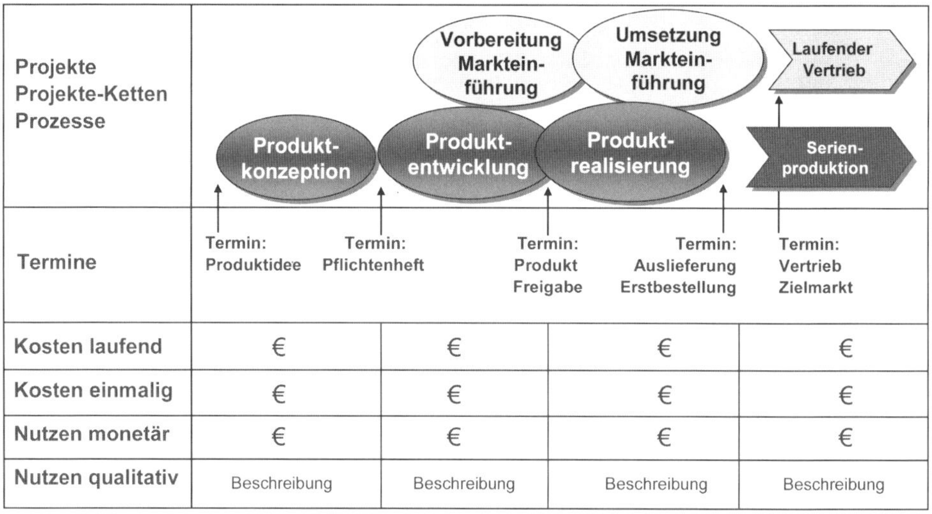

Abb. K3.6: Schema des Masterplans

Abbildung K3.7 zeigt die Prozesse von der Themenfindung im Rahmen der Planung der Unternehmensstrategien (einmalig je Geschäftsjahr) bis zur Koordination der einzelnen Projekte im Projektportfolio.

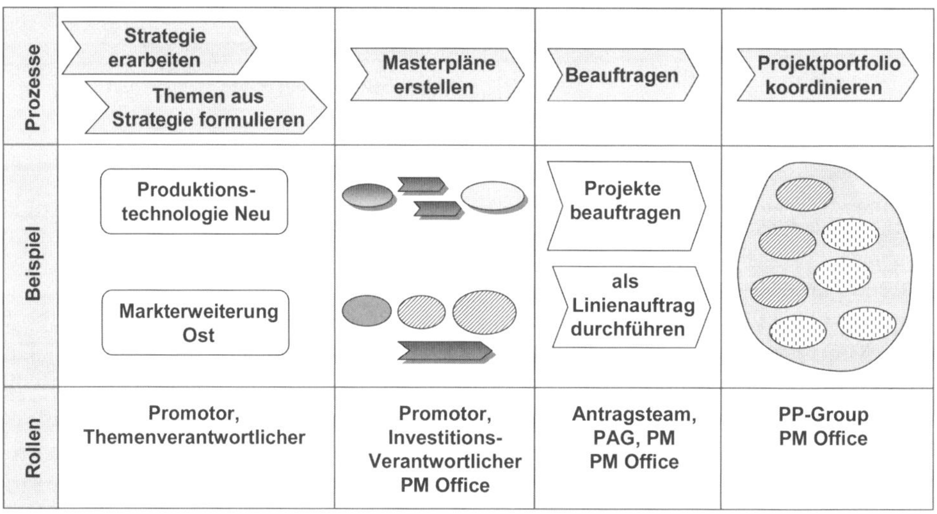

Abb. K3.7: Umsetzung von Unternehmensstrategien in Projekten

Die Zusammenhänge zwischen Masterplan, Projekten und dem Projektportfolio sind in Abbildung K3.8 dargestellt. Im Prozess „Masterplan erstellen" werden Ziele, Termine, Organisationsformen, Auftraggeber und Ressourcenaufwand der beabsichtigten Investition betrachtet, die Wirtschaftlichkeit der Investition berechnet und die Priorität der

Projekte definiert. Die Ergebnisse dieses Prozesses gehen als Input über den Projektbeauftragungsprozess (Projektantrag) in das Projektportfolio ein. Die zentrale Rolle ist in diesem Fall der Investitionsverantwortliche (Promotor), meist künftiger Projektauftraggeber. Die Projektportfolio-Group entscheidet über die Beauftragung eines Projektes und nominiert die Projektauftraggeberteams.

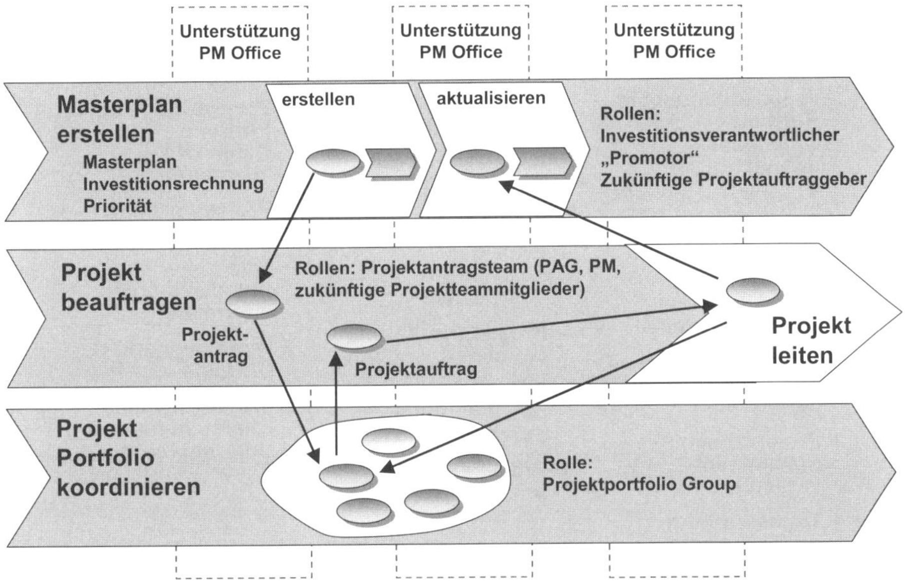

Abb. K3.8: Zusammenhang zwischen Investitionen, Projekten und Projektportfolio

Das PM Office ist an allen Prozessen beteiligt. Das PM Office spielt eine zentrale Rolle in der Erstellung der Masterpläne, unterstützt die Projektantragsteams, leitet die Projektportfolio-Group, administriert das Projektportfolio und unterstützt nach erfolgter Beauftragung die Projekte im Projektmanagement-Prozess.

Prozess „Projekt beauftragen“

Die Entscheidung, ob ein Prozess als Projekt, Kleinprojekt oder Programm abgewickelt werden sollte, wurde durch die Projektportfolio-Group auf Vorschlag des PM Office getroffen. Lag ein Projekt bzw. Programm vor, folgten die Definition von Projekt- bzw. Programmauftraggeber und Projekt- bzw. Programmmanager sowie die Erstellung des Projekt- bzw. Programmauftrags. Der Masterplan wurde als Orientierung und Hilfsmittel im Prozess „Projekt beauftragen“ eingesetzt. Er fand vorwiegend im Zusammenhang mit Produktentwicklungen, umfangreicheren Markteinführungen und bei der Umsetzung der Unternehmensstrategie Anwendung.

Prozess „Projektportfolio leiten“

Die Koordination und Steuerung des Projektportfolios erfolgte primär im Rahmen der monatlich stattfindenden Sitzung der Projektportfolio-Group. Diese Sitzung zählte damit zu den zentralen Kommunikationsstrukturen des Unternehmens. Die Prozesshaftigkeit der Koordination und Steuerung des Projektportfolios ist in Abbildung K3.9 dargestellt, es sind ausgewählte Aufgaben der Teilprozesse gelistet.

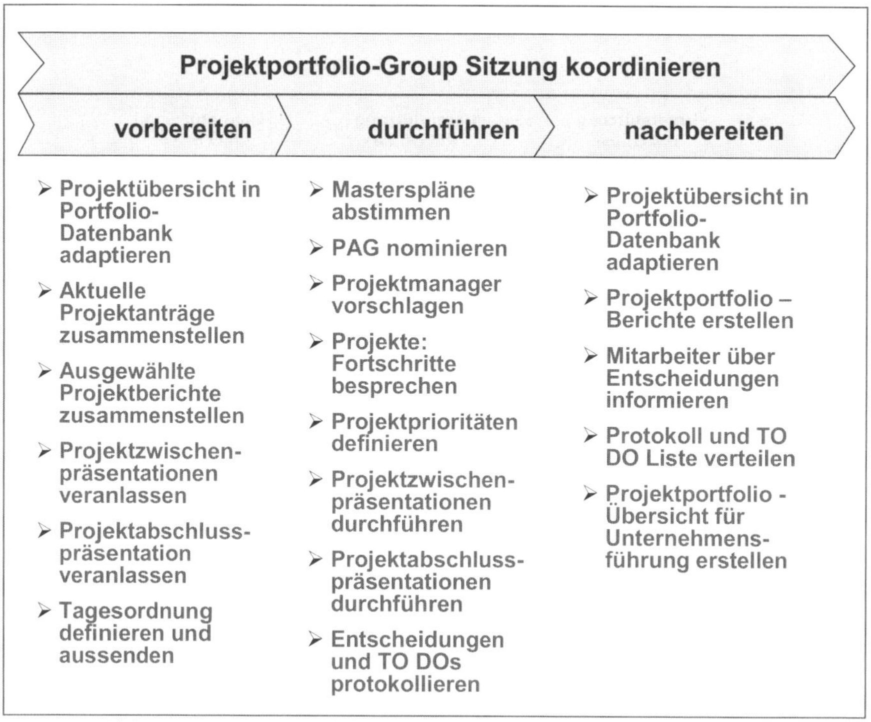

Abb. K3.9: Prozess „Projektportfolio-Group Sitzung koordinieren"

Kapitel K

Prozess „Projekt leiten"

Die Prozessorientierung im Projektmanagement-Prozess sollte durch die tätigkeitsorientierte Bezeichnung des Prozesses und der Teilprozesse zum Ausdruck kommen.

Grundlage und Voraussetzung für den Start des Prozesses „Projekt leiten" war der formale Projektauftrag. Der Abschluss von Projekten veränderte die Struktur des Projektportfolios und leitete die Beauftragung von allfälligen Folgeprojekten ein. Abbildung K3.10 zeigt den Prozess „Projekt abwickeln", bestehend aus dem Prozess „Projekt leiten" und den inhaltlichen Prozessen, die durch die einzelnen Bereiche des Unternehmens zu erfüllen sind. Die inhaltlichen Prozesse laufen nicht sequenziell ab, durch die Darstellung soll aber die Projektbeteiligung aller Bereiche ausgedrückt werden.

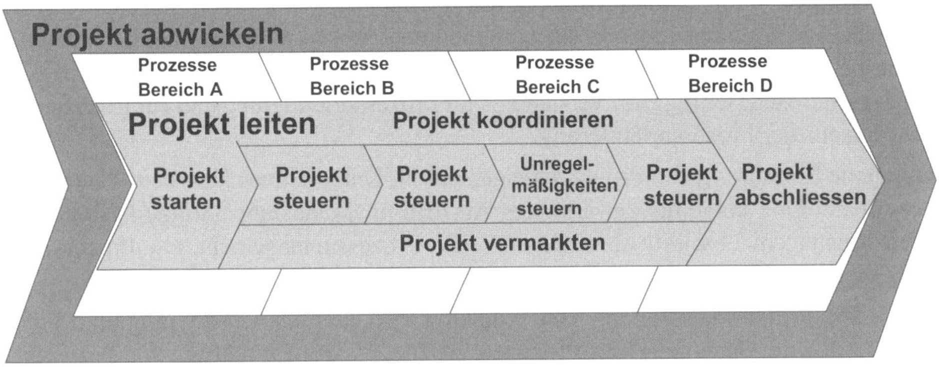

Abb. K3.10: „Projekt abwickeln“

K 3.5 Prozessmanagement im Unternehmen

Zuständig für das Prozessmanagement im Unternehmen war nicht das PM Office, sondern die Abteilung Qualitätsmanagement. Dafür gab es historische Gründe. Die Erlangung von ISO-Zertifikaten galt als „Prozessmanagement-Thema“ und lag im Verantwortungsbereich der Abteilung Qualitätsmanagement.

Das Potenzial von „Projekt- und Prozessmanagement unter einem Dach“ wurde folglich nicht ausgeschöpft. Die Trennung der Verantwortung für Projektmanagement und Prozessmanagement war eine strukturelle Schwäche des Unternehmens und zog eine mangelnde Integration von Projekt- und Prozessmanagement nach sich.

Zahlreiche Aktivitäten im Unternehmen wurden unter dem Titel „Einführung von Prozessmanagement“ geführt, zum Teil auch in Projektform. Gemeinsames Ziel dieser unterschiedlichen Aktivitäten war weniger die Weiterentwicklung der Prozessorientierung im Sinn einer Optimierung der betrieblichen Abläufe, sondern die Erlangung bzw. Verlängerung von ISO Zertifikaten, die unter anderem im Zusammenhang mit der Teilnahme an Ausschreibungen, dem Zutritt zum Markt oder für die Aufrechterhaltung von bestehenden Verträgen erforderlich waren.

Das Projekt „Einführung von Prozessmanagement“ wurde daher auf die Beschreibung der Hauptprozesse, die Erhebung der damit zusammenhängenden Kennzahlen im Unternehmen und die Erfüllung der Anforderungen zur Verlängerung von ISO Zertifikaten reduziert. Nicht angestrebt wurden Prozessoptimierungen, die Verfolgung erster Ansätze einer Prozesskostenrechnung oder Eingriffe in die bestehende Aufbaustruktur des Unternehmens. Durch diese Vorgangsweise wurde ein reduziertes Bild von Prozessmanagement vermittelt und eine Kultur entwickelt, die einer Weiterentwicklung von Prozessmanagement in Unternehmen hinderlich ist.

K 3.6 Resumée

Prozessmanagement erfolgte durch das PM Office hauptsächlich aus der Rolle des Prozesseigentümers des Projektmanagement-Prozesses und der Projektportfolio-Management-Prozesse. Projekt- und Projektportfolio-Management wurden gut etabliert, alle Bereiche und Hierarchieebenen des Unternehmens waren in unterschiedlichen Rollen einbezogen. Prozessorientiertes Projekt- und Projektportfolio-Management leistete einen wesentlichen Beitrag zum Verständnis für Prozessorientierung und zur Realisierung des Nutzens der Prozessorientierung.

Durch die Einführung von Projektmanagement im Unternehmen kam dem Thema Prozessorientierung ebenfalls ein erhöhtes Ausmaß an Managementaufmerksamkeit zu. Projektmanagement wirkte als Katalysator für Prozessmanagement. Die Prozess- und Projektorientierung des Unternehmens drückte sich durch folgende Fakten aus:

- Die formale Darstellung von Projekten im Unternehmensorganigramm unterstrich die Bedeutung von Projekten. Im Prozess der Einführung von Projektmanagement spielte dieses symbolische Management eine bedeutende Rolle.
- Es wurde ein Bewusstsein zur Unterscheidung von permanenten und temporären Strukturen geschaffen. Die Entscheidung „Projekt oder Linienorganisation" war Inhalt des Projektbeauftragungsprozesses. Die Konsequenz von „Projekt" war die Anforderung Projektmanagement anzuwenden.
- Projektmanagement wurde als Methode zur Sicherung der Umsetzung von Unternehmensstrategien eingesetzt.
- Eine ganzheitliche Betrachtung von Produktlebenszyklen erfolgte unter anderem durch Projekte-Ketten und den Masterplan.

Formal lag die Verantwortung für Prozessmanagement in der Abteilung Qualitätsmanagement, der Schwerpunkt des PM Office lag im Projektmanagement. Punktuell wurde das PM Office mit Prozessmanagement-Themen betraut. Darüber hinaus erhob das PM Office einen Anspruch auf eine informelle Führungsfunktion im Prozessmanagement. Dieser Anspruch entstand aus dem Ziel, einen Beitrag zur Stärkung der Prozessorientierung des Unternehmens zu leisten und Projektmanagement stärker mit Prozessmanagement zu koppeln. Eine stärkere Integration von Projekt- und Prozessmanagement könnte ein entscheidender Beitrag zur Weiterentwicklung als prozess- und projektorientiertes Unternehmen sein.

Literaturverzeichnis

Ashby, W. R., (Process of model-building) The process of model-building in the behavioral sciences, Ohio State University Press, Columbia, 1970

Bleicher, K., (Organisation) Organisation, Gabler, Wiesbaden, 1991

BOC, http://www.boc-eu.com

Burghardt, M., Projektmanagement – Leitfaden für die Planung, Überwachung und Steuerung von Entwicklungsprojekten, PUBLICIS KommunikationsAgentur, Erlangen, 2002

Crosby, Ph. B., (Quality is free) Quality is free, McGraw-Hill, New York, 1979

Deming, W.E., (Crisis) Out of the Crisis, Cambridge University Press, Cambridge, 1992

DeMarco, T., Spielräume. Projektmanagement jenseits von Burn-out, Stress und Effizienzwahn, Carl Hanser, München, 2001

Disterer, G., Bechte, W., (Taschenbuch der Wirtschaftsinformatik) Taschenbuch der Wirtschaftsinformatik, Fachbuchverlag Leipzig, München/Wien, 2003

Eberhard, U., Jostes, M., Die Organizer-Spirale. Eine Anleitung zum Mächtigwerden für Kampagnen, Initiativen, Projekte, Stiftung Mitarbeit, Bonn, 2003

Fahrenkrog, S., Abrams, F., Haeck, W. P., Whelbourn D., (OPM3) OPM3 – The Project Management Institute's Organizational Project Management Maturity Model, Paper, PMI North American Congress, USA, 2003

Fincher, A., Levin, G., (Project Management Maturity Model) Project Management Maturity Model, Paper, PMI28th Annual Seminars & Symposiums, Chicago, 1997

Frese, E., (Grundlagen der Organisation) Grundlagen der Organisation. Konzept – Prinzipien – Strukturen, 8. Auflage, Gabler, Wiesbaden, 2000

Gaitanides, M., (Prozessorganisation) Prozessorganisation. Entwicklung Ansätze und Programme prozessorientierter Organisationsgestaltung, Vahlen, München, 1983

Gareis, R., (Happy Projects) Happy Projects!, 2. Auflage, Manz, Wien, 2005

Gareis, R., (Prozessorientiertes Projektmanagement) Prozessorientiertes Projektmanagement, Vortragsunterlage, WU Wien, Wien, 1997

Gareis, R., Gruber, C., (Abschlussbericht) Abschlussbericht: Bewertung Österreichs als projektorientierte Gesellschaft anhand eines Maturity-Modells, Wien, 2005

Gaitanides, M., (Prozessorganisation) Prozessorganisation. Entwicklung Ansätze und Programme prozessorientierter Organisationsgestaltung, Vahlen, München, 1983

Gehring, H., (Betriebliche Anwendungssysteme) Betriebliche Anwendungssysteme, Kurseinheit 2, Prozessorientierte Gestaltung von Informationssystemen, in: Gadatsch, A., Grundkurs Geschäftsprozess-Management, 3. Auflage, Friedrich Vieweg & Sohn Verlage, Wiesbaden, 2003

Gessler, M., Goerner, M., Projektmanagement und Teamarbeit. Prozess- und ressourcenorientierte Konzepte für Training und Praxis, Shaker, Aachen, 2003

Hadeler, T., (Gabler Wirtschaftslexikon) Gabler Wirtschaftslexikon, Gabler, Wiesbaden, 2004

Hammer, M., Champy, J., (Business Reengineering) Business Reengineering – Die Radikalkur für das Unternehmen, 5. Auflage, Campus Verlag, Frankfurt, 1995

Hinterhuber, H. H., Aichner, H., Lobenwein, W., (Unternehmenswert und Lean Management) Unternehmenswert und Lean Management, Manz, Wien, 1994

Hoffmann, F., (Unternehmenskulturen) Erfassung, Bewertung und Gestaltung von Unternehmenskulturen – Von der Kulturtheorie zu einem anwendungsorientierten Ansatz, in: Zeitschrift für Organisation, 3/1989

Horvath, P., Herter, N., (Benchmarking) Benchmarking – Vergleich mit den Besten der Besten, in: Controlling, 1/1992

Huemann, M., Individuelle Projektmanagement-Kompetenz in projektorientierten Unternehmen, Peter Lang Verlag, Frankfurt am Main/Wien, 2002

IDS Scheer, http://www.ids-scheer.de

Imai, M., (Der Schlüssel zum Erfolg der Japaner im Wettbewerb) Kaizen – Der Schlüssel zum Erfolg der Japaner im Wettbewerb, 3. Auflage, Langen/Müller, München, 1992.

Ishikawa, K., Lu, D., (Quality Control) What is Total Quality Control? The Japanese Way, Prentice Hall, Englewood Cliffs, NJ, 1985

Jung, H., (Allgemeine Betriebswirtschaftslehre) Allgemeine Betriebswirtschaftslehre, 9. Auflage, Oldenbourg, München, 2004

Jankulik, E., Kuhlang, P., Piff, R., (Projektmanagement und Prozessmessung) Projektmanagement und Prozessmessung – die Balanced Scorecard im projektorientierten Unternehmen, Publicis Corporate Publishing, Erlangen, 1995

Juran, J. M., (Handbuch der Qualitätsplanung) Handbuch der Qualitätsplanung, 3. Auflage, Verlag Moderne Industrie, Landsberg am Lech, 1991

Kaplan, R., Norten, P., (Balanced Scorecard) Balanced Scorecard – Strategien erfolgreich umsetzen, Schäffer-Pöschel, Stuttgart, 1997

Kasper, H., Mayrhofer, W., Meyer, M., (Management aus systemtheoretischer Sicht) Management aus systemtheoretischer Sicht in: Eckardstein, D., Kasper, H., Mayrhofer, W., Management, Schäffer-Pöschel, Stuttgart, 1999

Kuster, J., Huber, E., Lippmann, R., Schmid, A., et. al., Handbuch Projektmanagement, Springer, Berlin, 2005

Kemmetmüller, W., Bogensberger, S., (Handbuch der Kostenrechnung) Handbuch der Kostenrechnung, 7. Auflage, Service Fachverlage, Wien, 2002

Krüger, W., (Organisation der Unternehmung) Organisation der Unternehmung, Kohlhammer, Stuttgart, 1993

Kugeler, M., (Supply Chain Management und Customer Relationship Management) Supply Chain Management und Customer Relationship Management – Prozessmodellierung für Extended Enterprises, in: Becker, J., Kugeler, M., Rosemann, M., Prozessmanagement – Ein Leitfaden zur prozessorientierten Organisationssysteme, 5. Auflage, Springer Verlag, Berlin, 2005

Lang, K., Rattay, G., Leben in Projekten, Lindeverlag, Wien, 2005

Luhmann, N., (Soziale Systeme) Soziale Systeme: Grundriss einer allgemeinen Theorie, Suhrkamp, Frankfurt, 1984

Mellis, W., (Projektmanagement der SW-Entwicklung) Projektmanagement der SW-Entwicklung, Friedrich Vieweg & Sohn Verlage, Wiesbaden, 2004

Möller, T., Dörrenberg F., Projektmanagement, Oldenbourg Verlag, München/Wien, 2003

Nägele, R., Schreiner, P., (Bewertung von Werkzeugen für das Management von Geschäftsprozessen) Bewertung von Werkzeugen für das Management von Geschäftsprozessen, in: Zeitschrift für Organisation, 4/2002

Osterloh, M., Frost, J., (Prozessmanagement als Kernkompetenz) Prozessmanagement als Kernkompetenz, 4. Auflage, Gabler, Wiesbaden, 2004

Patzak, G., Rattay, G., Orojektmanagement. Leitfaden zum Management von Projekten, Projektportfolios und projektorientierten Unternehmen, Lindeverlag, Wien, 2004

Paulk, M. C., Curtis, B., et al., (Capability Maturity Model for Software) Capability Maturity Model for Software, Technical Report, Version 1.1,. Pittsburgh, Pennsylvania, Software Engineering Institute, Carnegie Mellon University, 1983

Porter, M. E., (Wettbewerbsvorteile) Wettbewerbsvorteile – Spitzenleistungen erreichen und behaupten, 4. Auflage, Campus Verlag, Frankfurt, 1996

Projektmagazin, http://www.projektmagazin.de/glossar/gl-0842.html

Rattay, G., Führung von Projektorganisationen, Lindeverlag, Wien, 2003

Sassen, H., (Organisationsstrukturen) Organisationsstrukturen – Abgrenzung oder Vernetzung von Funktionen?, in: Trigon Themen, 2/1991

Schelle, H., Projekte zum Erfolg führen. Projektmanagement systematisch und kompakt, Dt. Taschenbuch Verlag, München, 2005

Scheuring, H., Der www.schlüssel zum Projektmanagement. Eine kompakte Einführung in alle Aspekte des Projektmanagements und Projektportfolio-Managements, Industrielle Organisation, Zürich, 2004

Schober, H., (Prozessorganisation) Prozessorganisation: Theoretische Grundlagen und Gestaltungsoptionen, Gabler Edition Wissenschaft, Deutscher Universitätsverlag, Wiesbaden, 2002

Schmelzer, H. J., Sesselmann, W., (Geschäftsprozessmanagement in der Praxis) Geschäftsprozessmanagement in der Praxis, 4. Auflage, Carl Hanser Verlage, München/Wien, 2004

Senge, P., (The fifth discipline) The fifth discipline: the art and practice of the learning organization, Century Business, London, 1998

Simon, F. B., Sterlin H., (Die Sprache der Familientherapie), Die Sprache der Familientherapie, Klett-Cotta, Stuttgart, 1984

Simulation von Supply-Chain-Management Systemen, http://beergame.uni-klu.ac.at/bg.htm

Staehle, W. H., (Management) Management, 3. Auflage, Vahlen, Stuttgart, 1987

Stummer, M., (Organisational learning by documentations) Organisational learning by documentations), Präsentation, IPMA congress, London, 2000

Stummer, M., (Projektmanagement-Kompetenzmodell) Projektmanagement-Kompetenzmodell für projektorientierte Unternehmen, Diplomarbeit, WU Wien, Wien, 1998

Telemanagement Forum, http://www.tmforum.org

Thommen, J.-P., Achleitner A.-K., (Allgemeine Betriebswirtschaftslehre) Allgemeine Betriebswirtschaftslehre, 3. Auflage, Gabler, Wiesbaden 2001

Vahs, D., (Organisation) Organisation – Einführung in die Organisationslehre und -praxis, Schäffer-Pöschel, Stuttgart, 2001

Weuster, A., (Unternehmensorganisation) Unternehmensorganisation – Organisationsprojekte – Aufbaustrukturen, 2. Auflage, Hampp, München, 2004

Willke, H., (Systemtheorie 2) Systemtheorie II: Interventionstheorie, Lucius & Lucius, Stuttgart, 1994

Womack, J., (Die zweite Revolution in der Autoindustrie) Die zweite Revolution in der Autoindustrie, Campus, Frankfurt am Main, 1992

Wüest, G., (Prozessplanung und -steuerung) Prozessplanung und -steuerung, in: Eschenbach, R., Controlling, 2. Auflage, Schäffer-Pöschel, Stuttgart, 1996

Zingel, H., (Qualitätsmanagement) Qualitätsmanagement und die ISO 9000er Normenfamilie, Skriptum, 2003, http://www.zingel.de

Abbildungen

A Organisation und Management

B Prozess- und Projektorientierung als Organisationsstrategien von Unternehmen

C Ziele und Aufgaben des Prozessmanagement

D Methoden des Makro-Prozessmanagement

E Methoden des Mikro-Prozessmanagement

F Projekt-, Programm- und Projektportfoliomanagement im prozess- und projektorientierten Unternehmen

G Zusammenhänge zwischen Prozessmanagement und Projekt-, Programm- bzw. Projektportfolio-Management

H Organisationsstrukturen des prozess- und projektorientierten Unternehmens

I Personalmanagement im prozess- und projektorientierten Unternehmen

J Maturity des prozess- und projektorientierten Unternehmens

K Fallstudien prozess- und projektorientierter Unternehmen

Stichwortverzeichnis

A

B

C

D

E

F

I

K

L

M

N

O

P

Z

Die Autoren und die Fallstudienautoren

Autor: Roland Gareis

Roland Gareis wurde 1948 in Wien geboren. Zusammen mit seiner Frau Haldis hat er zwei Kinder: Luisa und Lorenz. Früher war er professioneller Fußballspieler, heute spielt er Tennis und fährt Ski. Seine Freizeit verbringt er sehr gerne in Reichenau an der Rax.

Er studierte an der Hochschule für Welthandel in Wien und habilitierte an der Technischen Universität Wien. Er war Professor am Georgia Institute of Technology in Atlanta, Gastprofessor an der Eidgenössischen Technischen Hochschule in Zürich, an der Georgia State University in Atlanta und an der University of Quebec in Montreal.

Von 1986–2002 war er Vorstandsvorsitzender der Projektmanagement-Vereinigung – PROJEKT MANAGEMENT AUSTRIA. 1990 organisierte er den IPMA Weltkongress zum Thema „Management by Projects" in Wien. Er ist ehemaliger Forschungsdirektor der IPMA – International Project Management Association.

Er ist Universitätsprofessor für Projektmanagement und Leiter des Universitätslehrgangs „Internationales Projektmanagement" und der PROJEKTMANAGEMENT GROUP an der Wirtschaftsuniversität Wien sowie Geschäftsführer und Berater der ROLAND GAREIS CONSULTING.

Autor: Michael Stummer

Michael Stummer wurde 1974 in Neunkirchen, Niederösterreich, geboren. Er hat zwei Söhne, Alexander und Benjamin. Er ist passionierter Läufer, Fußball- und Tennisspieler. Er absolvierte das Studium der Betriebswirtschaftslehre und den Universitätslehrgang „Internationales Projektmanagement". Er hat Erfahrung als Projektmanager in IT-, Organisationsentwicklungs-, Forschungs- sowie in Produktentwicklungsprojekten und ist zertifizierter Projektmanager. Seit 1999 ist er Trainer im Universitätslehrgang für „Internationales Projektmanagement". Er ist Vorstandsmitglied von PROJEKT MANAGEMENT AUSTRIA und in dieser Funktion Facilitator des PM Office-Netzwerks. Seit 1998 ist er Trainer und Berater der ROLAND GAREIS CONSULTING und seit 2003 Prokurist.

Autor einer Fallstudie: Stefan Fiedler

Stefan Fiedler wurde 1967 in Hainburg an der Donau, Niederösterreich, geboren. Er ist verheiratet und Familienvater. Neben seinen Leidenschaften Mountainbiking, Windsurfen und Snowboarden ist er passionierter Fernreisender. Er absolvierte das Studium der Betriebswirtschaftslehre und den Universitätslehrgang „Internationales Projektmanagement". Nach Beratungs-, Lehr- und Forschungstätigkeiten bei der ROLAND GAREIS CONSULTING und PROJEKT MANAGEMENT AUSTRIA wechselte er in die Industrie und war mehrere Jahre im Anlagenbau-Projektmanagement tätig. Seit 2001 ist er bei der One GmbH im Projekt- und Programmmanagement, in der Organisationsentwicklung sowie im Bereich Strategieentwicklung beschäftigt. Daneben ist er Kooperationspartner der ROLAND GAREIS CONSULTING.

Autor einer Fallstudie: Wolfgang Vrzal

Wolfgang Vrzal wurde 1966 in Allensteig/NÖ geboren. Er studierte an der Universität für Bodenkultur/Wien und war von 1994 – 1997 an der University of British Columbia/Vancouver, Kanada tätig. Er absolvierte den Universitätslehrgang „Internationales Projektmanagement" an der WU/TU Wien und ist zertifizierter Projektmanager. Das Internationale Institut für Angewandte Systemanalyse in Laxenburg ist ein weiterer Meilenstein seines beruflichen Werdegangs. Wolfgang Vrzal war von 2003 – 2004 PM Office Manager in einem internationalen Produktionsunternehmen und leitete Organisationsentwicklungs-, Produktentwicklungs- und Verlagerungsprojekte. Er ist seit 2001 Trainer und Berater der ROLAND GAREIS CONSULTING, sein Schwerpunkt ist die Gestaltung von projekt- und prozessorientierten Unternehmen.

Autorin einer Fallstudie: Dagmar Zuchi

Dagmar Zuchi wurde 1971 in Wien geboren. Ihren persönlichen Ausgleich findet sie im Kreis ihrer Familie und ihrer Freunde, die für sie einen zentralen Lebensbestandteil darstellen. Zu ihren Hobbies zählen u. a. Kino-, Theater- und Museumsbesuche, Reisen, Lesen und Sport (Laufen und Skifahren). Sie absolvierte das Studium der Handelswissenschaften an der Wirtschaftsuniversität Wien und an der Erasmus Universität Rotterdam und besuchte den Universitätslehrgang „Internationales Projektmanagement". Dagmar Zuchi hat Erfahrung als Projektmanagerin in CRM-, Organisationsentwicklungs-, Veranstaltungs-, Anlagenbau- sowie Call-Center-Realisierungsprojekten. Sie ist Lektorin für Projektmanagement an der Wirtschaftsuniversität Wien, an der Fachhochschule des bfi Wien, am Technikum Wien, an der Fachhochschule IMC Krems und an der Donau Universität Krems. Dagmar Zuchi ist zertifizierte Senior Projektmanagerin durch PROJEKT MANAGEMENT AUSTRIA und arbeitet derzeit als Trainerin und Beraterin der ROLAND GAREIS CONSULTING.